普通高等教育材料类系列教材

无 损 检 测

第 2 版

主 编　林　莉　马志远　李喜孟
参 编　杨志懋　武新军　周正干
　　　　赵　扬　徐春广　李卫彬
主 审　沈功田

机 械 工 业 出 版 社

本书系统地介绍了无损检测的目的、意义及其在工业现代化进程中的重要作用，对超声波、射线、涡流、磁粉、渗透和声发射检测技术都分章进行了介绍，具体阐述了各种检测技术的原理、特点、适用范围，并列举了应用实例。第七章则集中介绍了一些正在发展中的无损检测新技术（含激光超声、红外、太赫兹及非线性超声检测）。

本书可作为大学本科材料科学与工程、材料加工等专业的教材，也可供有关技术人员参考。

图书在版编目（CIP）数据

无损检测/林莉，马志远，李喜孟主编. —2版. —北京：机械工业出版社，2024.6（2025.3重印）

普通高等教育材料类系列教材

ISBN 978-7-111-75398-8

Ⅰ.①无… Ⅱ.①林… ②马… ③李… Ⅲ.①无损检验–高等学校–教材 Ⅳ.①TG115.28

中国国家版本馆 CIP 数据核字（2024）第 058075 号

机械工业出版社（北京市百万庄大街22号　邮政编码100037）
策划编辑：冯春生　　　　　　责任编辑：冯春生　王　良
责任校对：郑　婕　张亚楠　　封面设计：张　静
责任印制：单爱军
天津嘉恒印务有限公司印刷
2025年3月第2版第3次印刷
184mm×260mm·11.75印张·285千字
标准书号：ISBN 978-7-111-75398-8
定价：39.80元

电话服务　　　　　　　　　　网络服务
客服电话：010-88361066　　机 工 官 网：www.cmpbook.com
　　　　　010-88379833　　机 工 官 博：weibo.com/cmp1952
　　　　　010-68326294　　金 书 网：www.golden-book.com
封底无防伪标均为盗版　　机工教育服务网：www.cmpedu.com

第 2 版前言

本书第 1 版于 2001 年首次出版发行，其特色在于以检测原理和检测方法为基础，强调对检测结果的分析和应用实例的介绍，深入浅出，繁简适当，受到广大读者的热烈欢迎和好评，至今已印刷了 23 次，近 70000 册。

进入 21 世纪以来，伴随着物理学、材料科学、计算机技术、信息技术等的进步，无损检测技术朝着数字化、自动化和智能化方向快速迈进，在现代工业和科学技术发展中发挥着越来越重要的作用。正是在这样的背景下，为了使教材跟上技术的进步，我们于 2020 年启动了本书的再版工作。此次再版增加了对部分先进无损检测技术的介绍，主要包括相控阵超声、超声 TOFD、计算机射线照相、数字化 X 射线照相、工业 CT、漏磁场、巴克豪森噪声、远场涡流、涡流阵列等近年来应用日渐广泛的先进检测技术。同时，将声发射检测单独设为第六章加以介绍。第七章无损检测新技术则主要包括激光超声、红外、太赫兹以及非线性超声等检测技术。

本书由大连理工大学林莉、马志远和李喜孟担任主编，林莉和李喜孟负责编写绪论和第一章；西安交通大学杨志懋编写了第二和第五章，华中科技大学武新军编写了第三章，北京航空航天大学周正干编写了第四章，哈尔滨工业大学赵扬编写了第六章，厦门大学李卫彬、北京理工大学徐春广编写了第七章第一、三及四节，马志远和林莉编写了第七章第二节。本书由中国特种设备检测研究院沈功田研究员担任主审。

作为新形态教材，本书尝试创新呈现方式，每章均配有视频，提供检测案例分享或知识点讲解。此外，部分插图可扫二维码观看彩图。

本书的再版得到了大连理工大学及参编院校的领导、教务部门的指导与支持，获得了大连理工大学精品教材建设项目的资助，在此一并致以衷心的感谢。

由于编者水平和编写时间所限，书中缺点错误在所难免，恳请读者批评指正。

编　者

第1版前言

本书是根据《全国高校第二届材料工程类专业教学指导委员会金属材料及热处理指导组第二次会议纪要》的精神编写的。

全书分为绪论和第一章至第七章等八部分，内容涉及无损检测的五大常规检测技术，以及激光、声振、微波、红外、声发射等新技术。为了适应大学本科教育扩大知识面、淡化专业、强化素质教育等教学改革的需要，本书在编写时对于每一种检测技术，只简单介绍其检测原理和检测方法，重点突出对检测结果的分析和应用实例的介绍。由于学时有限，对有关检测设备的工作原理、技术条件、制造方法以及传感器技术等基本未做介绍，或介绍很少，目的是使大学本科学生能在较短的时间内，获得有关无损检测的基本理论和检测方法的基本知识。在学时数的分配上，适当地向超声检测和无损检测新技术倾斜。本书主要面向材料研究和材料加工专业（侧重于金属材料加工）的大学本科学生，也可供其他专业师生和有关技术人员参考。

本书由大连理工大学李喜孟担任主编，并负责编写绪论和第一章；西安交通大学杨志懋编写了第二和第五章，天津大学王立君编写了第三和第四章，哈尔滨工业大学刚铁编写了第六章。本书由北方交通大学郑中兴教授担任主审。

本书的编写得到了西安交通大学宋晓平教授、哈尔滨工业大学周玉教授、大连理工大学高守义教授、天津大学赵乃勤教授和上述各校领导以及教务部门的指导与支持，还获得了大连理工大学教材出版基金的资助，在此一并致以衷心的谢意。

鉴于编者水平和时间所限，书中缺点错误在所难免，恳请读者批评指正。

编　者

目　录

Chapter 0

绪　论

一、无损检测概述

随着我国科学和工业技术的迅速发展，工业现代化进程日新月异，高温、高压、高速度和高负荷，已成为现代化工业的重要标志。但高温，高压，高速度和高负荷的实现是建立在材料（或构件）高质量的基础之上的，为确保这种优异的质量，还必须采用不破坏产品原来的形状、不改变使用性能的检测方法，对产品进行百分之百的检测（或抽检），以确保产品的安全可靠性，这种技术就是无损检测技术。

无损检测以不损害被检验对象的使用性能为前提，应用多种物理原理和化学现象，对各种工程材料、零部件、结构件进行有效的检验和测试，借以评价它们的连续性、完整性、安全可靠性和某些物理性能，包括探测材料或构件中是否有缺陷，并对缺陷的形状、大小、方位、取向和分布等情况进行判断；还能提供组织分布、应力状态以及某些机械和物理量等信息。无损检测技术的应用范围十分广泛，已在机械制造、石油化工、能源、铁路、冶金、造船、汽车、航空航天等工业中被普遍采用。无损检测工序在材料和产品的静态和（或）动态检测以及质量控制中，已成为一个不可缺少的重要环节。无损检测人员已发展为一支庞大的生力军，并享有"工业卫士"的美誉。

无损检测技术的理论基础是材料的物理性质，无损检测技术的发展与材料物理性质研究的进展是一致的。目前，在无损检测技术中利用的材料的物理性质有材料在弹性波作用下呈现出的性质，在射线照射下呈现出的性质，在电场、磁场、热场作用下呈现出的性质等。例如射线检测（X 射线、γ 射线、高能 X 射线、中子射线、质子和 X 射线工业电视等）、超声和声振检测（超声脉冲反射、超声透射、超声共振、超声成像、超声频谱、电磁超声和声振检测等）、电学和电磁检测（电位法、电阻法、涡流法、微波法、录磁与漏磁法、磁粉法、核磁共振法、巴克豪森效应和外激电子发射等）、力学和光学检测（目视法和内窥镜、荧光法、着色法、光弹性覆膜法、脆性涂层、激光全息干涉法、泄漏检测、应力测试等）、热力学方法（热电势法、液晶法、红外线热成像法等）和化学分析方法（电解检测法、离子散射、俄歇电子分析和穆斯堡尔谱等）。现代无损检测技术还应包括计算机数据和图像处理、图像的识别与合成以及自动化检测技术等。无损检测是一门理论上综合性较强，又非常重视实践环节的很有发展前途的学科。它涉及材料的物理性质、产品设计、制造工艺、断裂力学以及有限元计算等诸多方面。

综上所述，分析材料（或构件）在不同势场作用下的物理性质，并测量材料（或构件）性能的细微变化，说明产生变化的原因并评价其适用性，就构成了无损检测工作的基本内容。

无损检测的目的可以主要从三个方面予以阐述。

（一）质量控制

每种产品的使用性能、质量水平，通常在其技术文件中都有明确规定，如技术条件、规范、验收标准等，均以一定的技术质量指标予以表征。无损检测的主要目的之一，就是对非连续加工（如多工序生产）或连续加工（如自动化生产流水线）的原材料、零部件提供实时的质量控制，如控制材料的冶金质量、加工工艺质量、组织状态、涂镀层的厚度以及缺陷的大小、方位与分布等。在质量控制过程中，将所得到的质量信息反馈到设计与工艺部门，便可反过来促使其进一步改进产品的设计与制造工艺，产品质量必然得到相应的巩固与提高，从而收到降低成本、提高生产效率的效果。当然，利用无损检测技术也可以根据验收标准，把原材料或产品的质量水平控制在设计要求的范围之内，无须无限度地提高质量要求，甚至在不影响设计性能的前提下，使用某些有缺陷的材料，从而提高社会资源利用率，亦使经济效益得以提高。

（二）在役检测

使用无损检测技术对装置或构件在运行过程中进行监测，或者在检修期进行定期检测，能及时发现影响装置或构件继续安全运行的隐患，防止事故的发生。这对于重要的大型设备，如核反应堆、桥梁建筑、铁路车辆、电站锅炉、压力容器、石油天然气输送管道、飞机、火箭等，能防患于未然，具有不可忽视的重要意义。

在役检测的目的不仅仅是及时发现和确认危害装置安全运行的隐患并予以消除，更重要的是根据所发现的早期缺陷及其发展程度（如疲劳裂纹的萌生与发展），在确定其方位、尺寸、形状、取向和性质的基础上，还要对装置或构件能否继续使用及其安全运行寿命进行评价。无损评价已成为无损检测技术的一个重要发展方向。

（三）质量鉴定

对于制成品（包括材料、零部件）在进行组装或投入使用之前，应进行最终检验，此即为质量鉴定。其目的是确定被检对象是否达到设计性能，能否安全使用，亦即判断其是否合格，这既是对前面加工工序的验收，也可以避免给以后的使用造成隐患。应用无损检测技术在铸造、锻压、焊接、热处理以及切削加工的每道（或某一种、某几种）工序中，检测材料或部件是否符合要求，实质上也属于质量鉴定的范畴。产品使用前的质量验收鉴定是非常必要的，特别是对那些将在复杂恶劣条件（如高温、高压、高应力、高循环载荷）下使用的产品。在这方面，无损检测技术表现出了能进行百分之百检验的无比优越性。

综上所述，无损检测在生产设计、制造工艺、质量鉴定以及经济效益、工作效率的提高等方面都显示了极其重要的作用。所以无损检测技术已越来越被有远见的企业负责人和工程技术人员认识和接受。无损检测基本理论、检测方法和对检测结果的分析，特别是对一些典型应用案例的剖析，也就成为工程技术人员的必备知识。

需要指出的是，无损检测技术并非所谓的"成形技术"，因而对产品所期待的使用性能或质量只能在产品制造中达到，而不可能单纯靠产品检验来完成。

二、无损检测技术的发展

20世纪70年代至90年代是国际无损检测技术发展的兴旺时期，其特点是微型计算机技术不断向无损检测领域移植和渗透，无损检测本身的新方法和新技术不断出现，从而使得无损检测仪器的改进得到很大提高。金属陶瓷管的小型轻量 X 射线机、X 射线工业电视和图像增强与处理装置、安全可靠的 γ 射线装置和微波直线加速器、回旋加速器等分别出现和应用。X 射线、γ 射线和中子射线的计算机辅助层析摄影术（CT 技术）在工业无损检测中已经得到应用。超声检测中的 A 扫描、B 扫描、C 扫描和超声全息成像装置、超声显微镜、具有多种信息处理和显示功能的多通道声发射检测系统，以及采用自适应网络对缺陷进行识别和分类，采用模/数转换技术将波形数字化，以便存储和处理的微型计算机化超声检测仪均已开始应用。用于高速自动化检测的漏磁和录磁探伤装置及多频多参量涡流检测仪，以及各类高速、高温检测、高精度和远距离检测等技术和设备都获得了迅速发展，微型计算机在数据和图像处理、过程的自动化控制两个方面得到了广泛应用，从而使某些项目达到了在线和实时检测的水平。

复合材料、胶结结构、陶瓷材料以及记忆合金等功能材料的出现，给无损检测提出了新的检测课题，因此还需研究新的无损检测仪器和方法，以满足对这些材料进行无损检测的需要。

长期以来，无损检测经历了三个发展阶段，即无损探伤（Non-destructive Inspection，NDI）、无损检测（Non-destructive Testing，NDT）和无损评价（Non-destructive Evaluation，NDE）。目前一般统称之为无损检测（NDT）。20 世纪后半叶无损检测技术得到了迅速发展，从无损检测的三个简称及其工作内容中（详见表 0-1），便可清楚地了解其发展过程。实际上国外工业发达国家的无损检测技术已逐步从 NDI 和 NDT 阶段向 NDE 阶段过渡，即用无损评价来代替无损探伤和无损检测。在无损评价（NDE）阶段，自动无损评价（ANDE）和定量无损评价（QNDE）是该发展阶段的两个组成部分。它们都以自动检测工艺为基础，非常注意对客观（或人为）影响因素的排除和解释。前者多用于大批量、同规格产品的生产、加工和在役检测，而后者多见之于关键零部件的检测。

表 0-1　无损检测的发展阶段及其基本工作内容简介

内容	发展阶段		
	第一阶段	第二阶段	第三阶段
简称	NDI 阶段	NDT 阶段	NDE 阶段
汉语名称	无损探伤	无损检测	无损评价
英文名称	Non-destructive Inspection	Non-destructive Testing	Non-destructive Evaluation
基本工作内容	主要用于产品的最终检验，在不破坏产品的前提下，发现零部件中的缺陷（含人眼观察、耳听诊断等），以满足工程设计中对零部件强度设计的需要	不但要进行最终产品的检验，还要测量过程工艺参数，特别是测量在加工过程中所需要的各种工艺参数，如温度、压力、密度、黏度、浓度、成分、液位、流量、压力水平、残余应力、组织结构、晶粒大小等	不但要进行最终产品的检验以及过程工艺参数的测量，而且当认为材料中不存在致命的裂纹或大的缺陷时，还要： 1. 从整体上评价材料中缺陷的分散程度 2. 在 NDE 的信息与材料的结构性能（如强度、韧性等）之间建立联系 3. 对决定材料的性质、动态响应和服役性能指标的实测值（如断裂韧性、高温持久强度）等因素进行分析和评价

随着现代化工业水平的提高，我国无损检测技术近年来发展迅速，已建立和发展了一支训练有素、技术精湛的无损检测队伍，形成了一个包括中等专业教育、大学专科、大学本科

（或无损检测专业方向）和无损检测硕士生、博士生培养方向等门类齐全的教育体系。可以乐观地说，今后在我国无损检测行业，将是一个人才济济的新天地。很多工业部门，近年来亦大力加强了无损检测技术的应用推广工作。

与此同时，我国已有一批生产无损检测仪器设备的专业厂家，主要生产常规无损检测技术所需的仪器、设备。虽然从整体上讲，我国的无损检测技术和仪器设备的水平整体仍落后于发达国家 5~10 年，但一些专门仪器设备（如 X 射线探伤仪、多频涡流仪、超声波探伤仪等）都逐渐采用计算机控制，并能自动进行信号处理，大大提高了我国的无损检测技术水平，有效地缩短了我国无损检测技术水平与发达国家之间的差距。

无损检测技术的发展，首先得益于电子技术、计算机科学、材料科学等基础学科的发展，才不断产生了新的无损检测方法。同时，也由于无损检测技术广泛应用于产品设计、加工制造、成品检验，以及在役检测等阶段，且都发挥了重要作用，因而越来越受到人们的重视并得到有效的经济投入。从某种意义上讲，无损检测技术的发展水平，是一个国家工业化水平高低的重要标志，也是在现代企业中，开展全面质量管理工作的一个重要标志。有资料认为，目前世界上无损检测技术最先进者当属美国，而德国、日本是将无损检测技术与工业化实际应用协调得最为有效的国家。

三、无损检测方法的选用及其对产品质量的影响

有人按照不同的检测和不同的探测方法及信息处理方式，详细地统计了各种无损检测方法，总共达 70 余种。其中最常用的仍然是射线检测、超声检测、磁粉检测、渗透检测和涡流检测五种常规检测方法。在其他无损检测方法中，用得比较多的有声发射检测、红外检测和声振检测等。合理地选择无损检测方法十分重要。一般而言，选择不同的无损检测方法，主要基于经济和技术两个方面的考虑。

（一）经济方面的考虑

目前，在加工制造业采用无损检测技术对成品进行最终检验，其主要目的是满足用户要求。将无损检测指定用作工艺质量控制时，作为第一步便是根据产品（或工程）的要求，制定实用的验收/拒收标准，该标准将成为实际检测工作的依据。

但无损检测技术在质量和成本竞争中的地位又如何呢？这里应评估的有两个成本因子，即制造成本和使用期成本。成本的高低，往往主要取决于对产品的内在质量及对关键零部件及组装件的检测效能。例如：日本轿车中 30% 的零件采用无损检测后，质量迅速超过美国；德国奔驰汽车公司对汽车的几千个零件全部进行无损检测后，运行公里数增加了一倍，大大提高了在国际市场上的竞争能力。

当然应用无损检测技术，必须有全局观念，对其局部的有限的使用，经济收益未必能表现得那么明显。例如：若能检测出钢中的夹层，就可减少焊缝中产生的缺陷，而要防止钢中存在夹层，在轧钢时就应检测钢坯，当然要保证钢坯的质量，在连续铸造时就应对工作过程进行有效的控制。在此过程中，一环紧扣一环，无损检测穿插或融入产品的生产制造过程中。而这一切控制和检测工作，在资本投入方面，往往是某些企业负责人最为关注的。据资料统计，世界上先进的大型企业，其在检测方面的投入，有的高达整个企业投入的 10%。也就是说，无损检测方法的采用，首先应考虑必要的资本投入，并详细评估资金的回收（图 0-1）。

（二）技术方面的考虑

在工程技术界，人们普遍认为：①没有缺陷的材料是不存在的，而所有的装置又都是选用不同材料来制作零部件，然后安装而成的；②不产生缺陷的（缺陷的多少轻重不一）加工方法是没有的，而所有的零部件都是经过多种加工工序制造的。

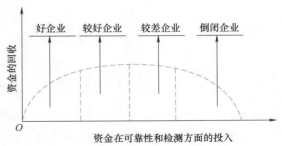

图 0-1　在检测方法和可靠性方面
增加费用所引发的效果

在对材料或构件进行无损检测时，不论在什么情况下，首先要明确检测对象，然后才能确定应该采用怎样的检测方法和检测规范来达到预定的目的。为此，必须先分析被检工件的材质、成形方法、加工过程和使用经历，必须预先分析缺陷的可能类型、方位和性质，以便有针对性地选择恰当的检测方法进行检测。为了达到各种不同的检测目的，发展并应用了各种不同的检测方法。所有这些无损检测方法可以说都是很重要的，且往往又是不能完全互相替代的。或者说在诸多的无损检测方法中，没有哪一种方法是万能的。

根据检测目的或被检对象的重要性，需要用来描述材料和构件中缺陷状态的数据相应地有多有少，且任何一种检测方法都不可能给出所需的全部信息。因此，从发展的角度来看，有必要使用两种或多种无损检测方法，并使之形成一个检测系统，才能比较满意地达到检测目的，对大型复杂设备的检测就更是如此。

就缺陷的检出而言，各种检测方法的适用范围，有关资料已做了详细整理（各种加工工艺和材料中常见的缺陷见表 0-2）。同时就一个成功的 NDT 工艺设计而言，还应考察被检对象的许多情况，主要包括以下几点：

1）材料的特性（铁磁性、非铁磁性、金属、非金属等）。

2）零（部）件的形状（管、棒、板、饼及各种复杂的形状）。

3）零（部）件中可能产生的缺陷的形态（体积型、面积型、连续型、分散型）。

4）缺陷在零（部）件中可能存在的部位（表面、近表面或内部）。

表 0-2　各种加工工艺和材料中常见的缺陷

材料与工艺		常见的缺陷
加工工艺	铸造	气泡、疏松、缩孔、裂纹、冷隔
	锻造	偏析、疏松、夹杂、缩孔、白点、裂纹
	焊接	气孔、夹渣、未焊透、未熔合、裂纹
	热处理	开裂、变形、脱碳、过烧、过热
	冷加工	表面粗糙度、缺陷层深度、组织转变、晶格扭曲
金属型材	板材	夹层、夹灰、裂纹等
	管材	内裂、外裂、夹杂、翘皮、折叠等
	棒材	夹杂、缩孔、裂纹等
	钢轨	白核、黑核、裂纹

（续）

材料与工艺		常见的缺陷
非金属材料	橡胶	气泡、裂纹、分层
	塑料	气孔、夹杂、分层、粘合不良等
	陶瓷	夹杂、气孔、裂纹
	混凝土	空洞、裂纹等
复合材料		未粘合、粘合不良、脱粘、树脂开裂、纤维断裂、水溶胀、柔化等

就缺陷类型来说，通常可分为体积型和面积型两种。表0-3为不同的体积型缺陷及其可采用的无损检测方法，表0-4为不同的面积型缺陷及其可采用的无损检测方法。一般来说，射线检测对体积型缺陷比较敏感，超声波检测对面积型缺陷比较敏感，磁粉检测只能用于铁磁性材料的检测，渗透检测则用于表面开口缺陷的检测，而涡流检测对开口或近表面缺陷、磁性或非磁性的导电材料都具有很好的适用性。就检测对象来说，尽管目前被检测对象中仍然以金属材料（或构件）为主，但无损检测技术在非金属材料中的应用越来越多。例如复合材料、陶瓷材料、钢筋混凝土构件的无损检测等亦全面展开。当然合理地掌握无损检测的实施时间也十分重要，无损检测应该在对材料（或构件）的质量有影响的各工序之后进行，仅以焊缝的检测为例，在热处理前应视为对原材料和焊接质量的检测；而在热处理后则是对热处理工艺的检测。另外高合金钢焊缝有时会发生延迟裂纹，因此这种焊缝通常至少要在焊接后24~72h之后再进行无损检测。

表0-3 不同的体积型缺陷及其可采用的无损检测方法

缺陷类型	可采用的检测方法
夹杂、夹渣、夹钨、疏松、缩孔、气孔、腐蚀坑	目视检测（表面）、渗透检测（表面） 磁粉检测（表面及近表面） 涡流检测（表面及近表面） 超声检测、射线检测、红外检测、 微波检测、中子照相、光全息检测

表0-4 不同的面积型缺陷及其可采用的无损检测方法

缺陷类型	可采用的检测方法
分层、粘接不良、折叠、冷隔、裂纹、未熔合	目视检测、超声检测、磁粉检测、涡流检测、微波检测、 声发射检测、红外检测

无损评价（NDE）与无损检测（NDT）相比而言，NDE所考虑的问题要复杂得多。在失效分析研究的基础上，首先NDE采用的检测技术通常不是单一技术，往往是同时采用几种检测技术。其次，NDE利用传感器获取被检对象的信息，再将这些信息转换成材料性能和（或）缺陷的参数，并对其进行模拟、分析等，以便对被检对象的使用状态进行评价。进而言之，因为有些缺陷，特别是它们的发展趋势，对系统服役寿命的影响至关重要，因而，有必要按照失效分析理论做出合理的判定。失效模式分析示意图如图0-2所示，腐蚀性缺陷产生的原因和无损检测方法如图0-3所示。

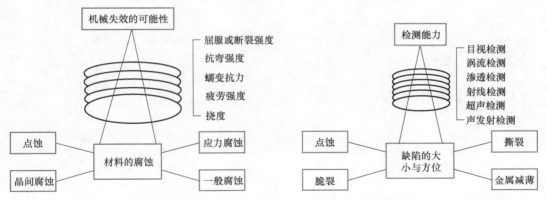

图 0-2　失效模式分析示意图　　　　　图 0-3　腐蚀性缺陷产生的原因和无损检测方法一览

　　NDE 技术的应用不仅仅限于冶金学领域，它还能监控被检对象内部损伤和疲劳积累的程度，金三角（图 0-4）表达了这种思想的内涵。即 NDE 是把材料微观结构与直观测量力学性能的方法相联系，同时还与决定力学性能的微观因子相结合，这些细微的工作是利用计算机模拟以及神经网络系统等先进工具进行的。

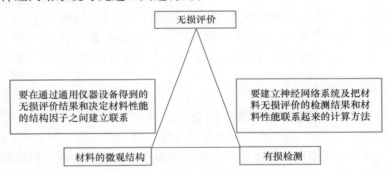

图 0-4　金三角（NDE 模式简图）

　　总之，面对一个 NDE 工程设计，设计师对被检对象的物理性能要有清楚的了解，对失效形式及失效理论要有明确的分析，对可能进行的检测方法要有详细的阐述，并分别介绍各种检测方法的基本工作原理、检测方法及典型应用实例分析等。

参 考 文 献

［1］石井勇五郎. 无损检测学［M］. 吴义，王东江，沐志成，译. 北京：机械工业出版社，1986.

［2］张俊哲，等. 无损检测技术及其应用［M］. 北京：科学出版社，1993.

［3］夏纪真. 无损检测导论［M］. 北京：劳动部锅炉压力容器安全杂志社，1988.

［4］张家俊. 无损检测技术的发展及其对国民经济发展的影响［J］. 无损检测，1993，15（2）：31-35.

［5］中国机械工程学会无损检测学会. 无损检测概论［M］. 北京：机械工业出版社，1993.

［6］PIERRE R R. A knowledge-based shell for selecting a nondestructive evaluation technique［J］. Materials Evaluation，1995，53（2）：166-171.

［7］VARY A. NDE of the Universe—New ways to look at Old Facts［J］. Materials Evaluation，1993，51（3）：380-387.

第一章
超声检测

第一节　超声检测的物理基础

超声波是超声振动在介质中的传播，是在弹性介质中传播的机械波，与声波和次声波在弹性介质中的传播类同，区别在于超声波的频率高于 20kHz。

工业超声检测常用的超声波工作频率为 0.5~10MHz。较高频率的超声波主要用于细晶材料和高灵敏度检测，而较低频率的超声波则常用于衰减较大和粗晶材料的检测。有些特殊要求的检测工作，往往需要首先对超声波的频率做出选择，如粗晶材料的超声检测常选用 1MHz 以下的工作频率，金属陶瓷等超细晶材料的检测，其工作频率可达数十 MHz，甚至更高。

一、超声波的特点

超声波可用于无损检测是由其特性决定的。

1）超声波的方向性好。超声波具有像光波一样良好的方向性，经过专门的设计可以定向发射，犹如手电筒的灯光可以在黑暗中帮助人的眼睛探寻物体一样，利用超声波可在被检对象中进行有效的探测。

2）超声波的穿透能力强。对于大多数介质而言，超声波具有较强的穿透能力。例如在一些金属材料中，其穿透能力可达数米。

3）超声波的能量高。超声检测的工作频率远高于声波的频率，超声波的能量远大于声波的能量。研究表明，材料的声速、声衰减、声阻抗等特性携带有丰富的信息，并且成为广泛应用超声波的基础。

4）遇有界面时，超声波将产生反射、折射和波形转换。人们利用超声波在介质中传播时的这些物理现象，经过巧妙的设计，使超声检测工作的灵活性、精确度得以大幅度提高，这也是超声检测得以迅速发展的原因。

5）对人体无害。

二、超声波的分类

（一）描述超声波的基本物理量

声速：单位时间内，超声波在介质中传播的距离称为声速，用符号"c"表示。

频率：单位时间内，超声波在介质中任一给定点所通过完整波的个数称为频率，用符号"f"表示。

波长：声波在传播时，同一波线上相邻两个相位相同的质点之间的距离称为波长，用符号"λ"表示。

周期：声波向前传播一个波长距离时所需的时间称为周期，用符号"T"表示。

角频率：角频率以符号 ω 表示，定义为 $\omega=2\pi/f$。

上述各量之间的关系为

$$T=1/f=2\pi/\omega=\lambda/c$$

（二）超声波的分类

对超声波的分类有很多方法，介质质点的振动方向与波的传播方向之间的关系，是研究超声波在介质中传播规律及分类的重要理论根据，应认真加以研究。

1. 纵波 L

介质中质点的振动方向与波的传播方向相同的波叫作纵波，用 L 表示（图 1-1）。介质质点在交变拉压应力的作用下，质点之间产生相应的伸缩变形，从而形成了纵波。在纵波传播时，介质的质点疏密相间，所以纵波有时又被称为压缩波或疏密波。

固体介质可以承受拉压应力的作用，因而可以传播纵波，液体和气体虽不能承受拉应力，但在压应力的作用下会产生容积的变化，因此液体和气体介质也可以传播纵波。

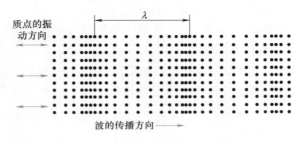

图 1-1　纵波

2. 横波 S（T）

介质中质点的振动方向垂直于波的传播方向的波叫作横波，用 S 或 T 表示（图 1-2）。

横波的形成是由于介质质点受到交变切应力作用时，产生了切变形变，所以横波又叫作切变波。液体和气体介质不能承受切应力，只有固体介质能够承受切应力，因而横波只能在固体介质中传播，不能在液体和气体介质中传播。

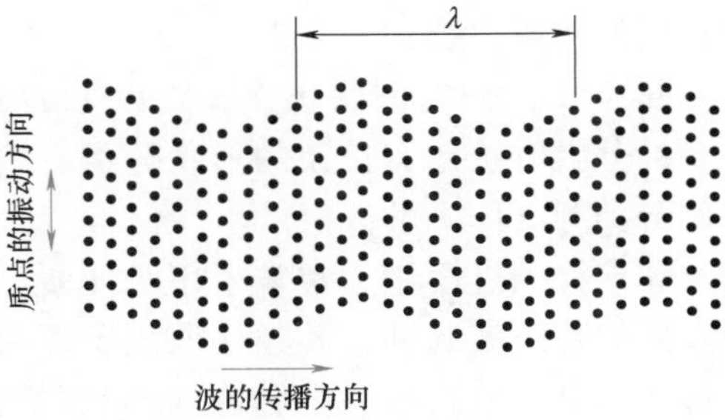

图 1-2　横波

3. 表面波 R

当超声波在固体介质中传播时，对于有限介质而言，有一种沿介质表面传播的波叫表面波（图 1-3）。1885 年，瑞利（Raleigh）首先对这种波给予理论上的说明，因此表面波又称为瑞利波，常用 R 表示。

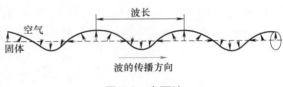

图 1-3　表面波

超声波在介质表面以表面波的形式传播时，介质表面的质点做椭圆运动，椭圆的长轴垂直于波的传播方向，短轴平行于波的传播方向，介质质点的椭圆振动可视为纵波与横波的合成。表面波同横波一样只能在固体介质中传播，不能在液体和气体介质中传播。

表面波的能量随着在介质中传播深度的增加而迅速降低，其有效透入深度大约为一个波长。此外，质点振动平面与波的传播方向相平行时称 SH 波，也是一种沿介质表面传播的波，又叫乐埔波（Love Wave）。

4. 板波

在板厚和波长相当的弹性薄板中传播的超声波叫板波（或兰姆波）。板波传播时薄板的两表面和板中间的质点都在振动，声场遍及整个板的厚度。薄板两表面质点的振动为纵波和横波的组合，质点振动的轨迹为椭圆，在薄板的中间也有超声波传播（图 1-4）。

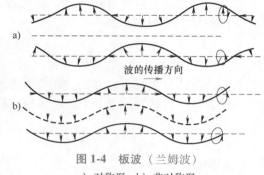

图 1-4　板波（兰姆波）
a）对称型　b）非对称型

板波按其传播方式又可分为对称型（S 型）和非对称型（A 型）两种。

S 型：薄板两面有纵波和横波成分组合的波传播，质点的振动轨迹为椭圆。薄板两面质点的振动相位相反，而薄板中部质点以纵波形式振动和传播。

A 型：薄板两面质点的振动相位相同，质点振动轨迹为椭圆，薄板中部的质点以横波形式振动和传播。

超声波在固体中的传播形式是复杂的，如果固体介质有自由表面时，可将横波的振动方向分为 SH 波和 SV 波来研究，其中 SV 波是质点振动平面与波的传播方向垂直的波。在具有自由表面的半无限大介质中传播的波为表面波。但是传声介质如果是细棒材、管材或薄板，且当壁厚与波长接近时，则纵波和横波受边界条件的影响，不能按原来的波形传播，而是按照特定的形式传播。超声纵波在特定的频率下，被封闭在介质侧面之中的现象叫波导，这时候传播的超声波统称为导波。

超声波的分类方法很多，除以上的分类方法外，主要的分类方法还有按波的形状分类、按振动的持续时间分类等（图 1-5）。

超声检测过程中，常常采用脉冲波。由超声波探头发射的超声波脉冲，其频率取决于探头的结构、晶片形式和电子电路中激励脉冲的形状。当然，脉冲波并非单一频率。可以认为，对应于脉冲宽度为 τ 的脉冲波，约有（$1/\tau$）Hz 的频率范围。仿照傅里叶分析法，脉冲波可视为是由许多不同频率的正弦波组成的，

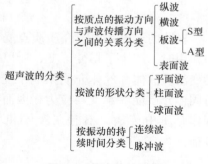

图 1-5　超声波的分类

其中每种频率的声波决定一个声场，总声场为各种频率的声场成分的叠加。

第二节　超声场及介质的声参量

一、描述超声场的物理量

充满超声波的空间，或在介质中超声振动所波及的质点占据的范围叫超声场。描述超声

波声场常用的物理量有声压、声强、声阻抗、质点振动位移和质点振动速度等。

（一）声压 p

超声场中某一点在某一瞬间所具有的压强 p_1，与没有超声场存在时同一点的静态压强 p_0 之差叫作该点的声压，常用 p 表示。$p=p_1-p_0$，单位为帕［帕斯卡］，记作 Pa（$1\text{Pa}=1\text{N/m}^2$）。

对于平面余弦波可以证明：

$$p=\rho cA\omega\cos\left[\omega\left(t-\frac{x}{2}\right)+\frac{\pi}{2}\right] \tag{1-1}$$

式中，ρ 是介质的密度；c 是介质中的波速；A 是介质质点的振幅；ω 是介质中质点振动的圆频率（$\omega=2\pi f$）；$A\omega$ 是质点振动的速度振幅（$V=A\omega$）；t 是时间；x 是至波源的距离。

且有：

$$|p_{\text{m}}|=|\rho cA\omega| \tag{1-2}$$

式中，p_{m} 是声压的极大值。

可见声压的绝对值与波速、质点振动的速度振幅（或角频率）成正比。因超声波的频率高，所以超声波比声波的声压大。

（二）声强 I

在超声波传播的方向上，单位时间内介质中单位截面上的声能叫声强，常用 I 表示，单位：W/cm^2。

现以纵波在均匀各向同性固体介质中的传播为例，可以证明，对于平面波传播：

$$I=\frac{1}{2}\rho cA^2\omega^2=\frac{1}{2}p_{\text{m}}^2\frac{1}{\rho c}=\frac{1}{2}\rho cV_{\text{m}}^2 \tag{1-3}$$

式中，V_{m} 是质点振动的速度振幅。

可见，超声波的声强正比于质点振动位移振幅的平方，正比于质点振动角频率的平方，还正比于质点振动速度振幅的平方。由于超声波的频率高，其强度（能量）远远大于可闻声波的强度。例如 1MHz 声波的能量等于 100kHz 声波能量的 100 倍，等于 1kHz 声波能量的 100 万倍。

（三）分贝和奈培的概念

将引起听觉的最弱声强 $I_0=10^{-16}\text{W/cm}^2$ 作为声强标准，这在声学上称为"闻阈"，即 $f=1000\text{Hz}$ 时引起人耳听觉的声强最小值。将某一声强 I 与标准声强 I_0 之比 I/I_0 取常用对数，得到二者相差的数量级，称为声强级，用 L_I 表示。声强级的单位为贝尔（BeL），即 $L_I=\lg(I/I_0)$ 贝尔（BeL）。

在实际应用中，人们认为贝尔这个单位太大，常用分贝（dB）作为声强级的单位。超声波的幅度或强度比值亦用相同方法，即用分贝（dB）来表示，并定义为：$(p_2/p_1)=20\lg(p_2/p_1)(\text{dB})$。因为声强与声压的平方呈正比，如果 I_1 和 I_2 与 p_1 和 p_2 相对应，那么 $(I_2/I_1)=10\lg(I_2/I_1)(\text{dB})$。

目前市售的放大线性良好的超声波探伤仪，其示波屏上波高与声压成正比，即荧光屏上同一点的任意两个波高之比（H_1/H_2）等于相应的声压之比（p_1/p_2），二者的分贝差 $\Delta(\text{dB})$ 为：

$$\Delta=20\lg\frac{p_1}{p_2}=20\lg\frac{H_1}{H_2} \tag{1-4}$$

若对（H_1/H_2）或（p_1/p_2）取自然对数，其单位则为奈培（NP）：

$$\Delta = \ln\frac{H_1}{H_2} = \ln\frac{p_1}{p_2} \tag{1-5}$$

令（p_1/p_2）=（H_1/H_2）= e 并分别代入式（1-4）与式（1-5），则有：

$$1\text{NP} = 8.68\text{dB}$$

$$1\text{dB} = 0.115\text{NP}$$

在实际检测时，常按照式（1-4）计算超声波探伤仪的示波屏上任意两个波高的分贝差。

二、介质的声参量

无损检测领域中，超声检测技术的研究和应用工作非常活跃。声波在介质中的传播是由声速、声阻抗、声衰减系数等声学参量决定的，因而深入分析研究介质的声参量具有重要意义。

（一）声阻抗

超声波在介质中传播时，任一点的声压 p 与该点速度振幅 V 之比叫声阻抗，常用 Z 表示，单位：$g/(cm^2 \cdot s)$；$kg/(m^2 \cdot s)$。

$$Z = \frac{p}{V} \tag{1-6}$$

声阻抗表示声场中介质对质点振动的阻碍作用。在同一声压下，介质的声阻抗越大，质点的振动速度就越小。不难证明 $Z = \rho c$，但这仅是声阻抗与介质的密度和声速之间的数值关系，绝非物理学表达式。同是固体介质（或液体介质）时，介质不同，其声阻抗不同。同一种介质中，若波形不同则 Z 值也不同。当超声波由一种介质传入另一种介质，或是在异质界面发生反射时，传输情况主要取决于相邻介质的声阻抗。

在所有传声介质中，气体、液体和固体的 Z 值相差较大，通常认为气体的密度约为液体密度的千分之一，固体密度的万分之一。实验证明，气体、液体与金属之间特性声阻抗之比接近于 1：3000：8000。

（二）声速

声波在介质中传播的速度称为声速，常用 c 表示。在同一种介质中，超声波的波形不同，其传播速度亦各不相同，超声波的声速还取决于介质的密度、弹性模量等。

声速又可分为相速度与群速度。

相速度：相速度是声波传播到介质的某一选定的相位点时，在传播方向上的声速。

群速度：群速度是指一系列简谐波叠加后的包络线或波包的相速度。群速度是波群的能量传播速度，在非频散介质中，群速度等于相速度。

从理论上讲，声速应按照一定的方程式，并根据介质的弹性系数和密度来计算，声速的一般表达式为：

$$\text{声速} = \sqrt{弹性率/密度} \tag{1-7}$$

式中，弹性率即弹性系数，根据介质的不同，有不同的定义。

下面分别介绍几种介质中，不同波形的声波的声速。

（1）液体中的声速　如前所述，在液体介质中只能传播纵波，液体中的纵波声速为：

$$c_L = \sqrt{K/\rho} \tag{1-8}$$

式中，c_L 是纵波声速；K 是介质的体积弹性模量；ρ 是介质的密度。

（2）无限固体介质中的纵波声速

$$c_L = \sqrt{\frac{E(1-\sigma)}{\rho(1+\sigma)(1-2\sigma)}} \qquad (1-9)$$

式中，E 是介质的弹性模量；σ 是介质的泊松比。

（3）无限固体介质中的横波声速

$$c_t = \sqrt{\frac{G}{\rho}} = \sqrt{\frac{E}{2\rho(1+\sigma)}} \qquad (1-10)$$

式中，G 是介质的切变模量。

（4）半无限固体介质中的表面波声速　当介质的泊松比 σ 在 $0<\sigma<0.5$ 的范围内时，表面波（瑞利波）的声速 c_r 的近似计算式为

$$c_r \approx \frac{0.87+1.13\sigma}{1+\sigma}\sqrt{\frac{G}{\rho}} = \frac{0.87+1.13\sigma}{1+\sigma}c_t \qquad (1-11)$$

（5）细棒中的纵波声速　当棒的直径与波长相当时，这种棒称为细棒。声波在细棒中以膨胀波的形式传播，故称之为棒波。当棒的直径 $d \ll 0.1\lambda$ 时，棒波与泊松比无关，其纵波声速 c_d 可按下式计算：

$$c_d = \sqrt{E/\rho} \qquad (1-12)$$

（6）板波的声速　板波的声速具有频散特性，其相速度 c_p 可用双曲线函数的形式来表示：

对称型：
$$c_p = \frac{\tanh\pi fd(R_S/c_p)}{\tanh\pi fd(R_L/c_p)} = \frac{(1+R_S^2)}{4R_LR_S} \qquad (1-13)$$

非对称型：
$$c_p = \left[\frac{\tanh\pi fd(R_S/c_p)}{\tanh\pi fd(R_L/c_p)}\right]^{-1} = \frac{4R_LR_S}{(1+R_S^2)^2} \qquad (1-14)$$

式中，d 是板厚；f 是频率；$R_S = (1-c_p/c_t)^{\frac{1}{2}}$；$R_L = (1-c_p/c_L)^{\frac{1}{2}}$。

由式（1-13）和式（1-14）可知，板波相速度是频率和板厚乘积的函数，即板波相速度 c_p 与 d/λ_p 有关。只有在板厚 d 与板波波长 λ_p 相当时，被检对象中才会有板波。当 $c_p>c_t$ 时，公式中将出现多个根值，这说明介质中出现了高次形式的板波。当板厚远远大于声波的波长时，板波声速变为表面波（或瑞利波）的声速（即 $c_p \cong c_r$）。

（三）声衰减系数

超声波在介质中传播时，随传播距离的增加能量逐渐减弱的现象叫作超声波的衰减。在传声介质中，单位距离内某一频率下声波能量的衰减值叫作该频率下介质的衰减系数，常用 α 表示，单位为 dB/m 或 dB/cm。

（1）扩散衰减　声波在介质中传播时，因其波前在逐渐扩展，从而导致声波能量逐渐减弱的现象叫作超声波的扩散衰减。它主要取决于波阵面的几何形状，而与传播介质无关。

对于平面波而言，由于该波的波阵面为平面，波束并不扩散，因此不存在扩散衰减。如在活塞声源附近，就存在一个波束的未扩散区，在这一区域内不存在扩散衰减问题。而对于球面波和柱面波，声场中某点的声压与其至声源的距离关系密切。在探测大型工件时，波阵面在距离声源较远区域往往有较明显的扩展，应给予充分的注意。

（2）散射衰减　散射是因为物质的不均匀性产生的。不均匀材料含有使声阻抗急剧变化的界面，超声波传播过程中若遇到这样的界面，将产生声波的反射、折射和波形转换现象，必然导致声能的降低。在固体介质中，最常遇到的是多晶材料，每个晶粒之中又分别由一种相或几种相组成，加之晶体的弹性各向异性和晶界均使声波产生散射，杂乱的散射声程复杂，且没有规律性。声能将转变为热能，导致声波能量的降低。特别是在粗晶材料中，如奥氏体不锈钢、铸铁、β黄铜等，对声波的散射尤其严重。

通常超声检测多晶材料时，对频率的选择都注意要使波长远大于材料的平均晶粒尺寸。当超声波在多晶材料中传播时，就像灯光被雾中的小水珠散射那样，只不过这时被散射的是超声波。当平均晶粒尺寸为波长的（1/1000）~（1/100）时，对声能的散射随晶粒度的增加而急剧增加，且约与平均晶粒尺寸的3次方成正比。一般地说，若材料具有各向异性，且平均晶粒尺寸在波长的（1/10）~1的范围内，常规的反射法探伤工作就难以进行了。

（3）吸收衰减　超声波在介质中传播时，由于介质质点间的内摩擦和热传导引起的声波能量减弱的现象，叫作超声波的吸收衰减。介质质点间的内摩擦、热传导以及材料中的位错运动、磁畴运动等都是导致吸收衰减的原因。

在固体介质中，吸收衰减相对于散射衰减几乎可以忽略不计，但对于液体介质来说，吸收衰减是主要的。吸收衰减和散射衰减使超声检测工作受到限制，克服两种衰减带来的检测限制的方法略有不同。

纯吸收衰减是声波传播能量减弱或者说反射波减弱的现象，为降低由此带来的影响，可以增强探伤仪的发射电压和增益。另外，降低检测频率以减少吸收也可达到此目的。比较难解决的是超声波在介质中的散射衰减。这是由于声波的散射在反射法中不仅降低了缺陷波以及底面波的高度，而且产生了很多种各不相同的波形，在探伤仪上表现为传播时间不同的反射波，即所谓的林状回波，而真正的缺陷反射波则隐匿其中。这正犹如汽车驾驶员在雾中，自己车灯的灯光能够遮蔽自己的视野一样。在这种情况下，由于"林状回波"也同时增强，不管是提高探伤仪的发射电压，还是增加增益，都无济于事。为消除其影响，只能采用降低检测频率的方法。但由于声束变钝和脉冲宽度增加，不可避免地限制了检测灵敏度的提高。

（4）衰减系数的测定

1）厚件衰减系数的测定：当工件厚度 $x \geq 3N$（N：近场区长度），并且有平行底面或圆柱曲底面时，材质的衰减系数为

$$\alpha = \frac{20\lg\frac{B_1}{B_2}-6}{2x} = \frac{\Delta-6}{2x} \tag{1-15}$$

式中，B_1、B_2 分别是第一次、第二次底面反射波高度。

当考虑工件底面反射损失时：

$$\alpha = \frac{20\lg\frac{B_1}{B}-6-\delta}{2x} = \frac{\Delta-6-\delta}{2x} \tag{1-16}$$

式中，δ 是底面反射损失，与底面光滑程度有关，由专门的实验测定。

2）薄件衰减系数的测定：薄工件衰减系数只存在介质衰减，因此通常采用比较多次反射回波高度的方法予以测定。其衰减系数为

$$\alpha = \frac{(H_m/H_n)}{2(n-m)d} \qquad (1-17)$$

式中，m、n 是超声波的底面反射次数；H_m、H_n 分别是第 m 次和第 n 次底面反射波的高度；d 是试块的厚度。

式（1-17）忽略了超声波的反射损失和扩散衰减，只适用于薄试块，实际应用时，还应根据具体情况给予修正。使用这种方法测得的衰减系数，只是同一材料的相对值。

第三节　超声波在介质中的传播特性

一、超声波垂直入射到平界面上的反射和透射

超声波在无限大介质中传播时，将一直向前传播，并不改变方向。但遇到异质界面（即声阻抗差异较大的界面）时，会产生反射和透射现象。即有一部分超声波在界面上被反射回第一介质，另一部分透过介质交界面进入第二介质。

（一）单一界面

当超声波垂直入射到足够大的光滑平界面时，将在第一介质中产生一个与入射波方向相反的反射波，在第二介质中产生一个与入射波方向相同的透射波。反射波与透射波的声压（声强）是按一定比例分配的。这个分配比例由声压反射率（或声强反射率）和声压透射率（或声强透射率）来表示。界面上反射波声压 p_r 与入射波声压 p_o 之比称为界面的声压反射率，用 r 表示。

$$r = \frac{p_r}{p_o} = \frac{Z_2 - Z_1}{Z_2 + Z_1} \qquad (1-18)$$

式中，Z_1 是介质 1 的声阻抗；Z_2 是介质 2 的声阻抗。

界面上透射波声压 p_t 与入射波声压 p_o 之比称为界面的声压透射率 t：

$$t = \frac{p_t}{p_o} = \frac{2Z_2}{Z_2 + Z_1} \qquad (1-19)$$

界面上反射波声强 I_r 与入射波声强 I_o 之比称为声强反射率 R：

$$R = \frac{I_r}{I_o} = \left(\frac{Z_2 - Z_1}{Z_2 + Z_1}\right)^2 \qquad (1-20)$$

界面上透射波声强 I_t 与入射波声强 I_o 之比称为声强透射率 T：

$$T = \frac{I_t}{I_o} = \frac{4Z_1 Z_2}{(Z_2 + Z_1)^2} \qquad (1-21)$$

以上说明，声波垂直入射到平界面上时，声压和声强的分配比例仅与界面两侧介质的声阻抗有关。值得指出的是，在垂直入射时，界面两侧的声波必须满足以下两个边界条件：

1）一侧总声压等于另一侧总声压。否则界面两侧受力不等，将会发生界面运动。

2）两侧质点速度振幅相等，以保持波的连续性。

实际检测过程中，当 $Z_2 > Z_1$、$Z_2 < Z_1$、$Z_1 \gg Z_2$ 或 $Z_2 \cong Z_1$ 的情况是各不相同的，图 1-6 给出了钢-水（$Z_2 < Z_1$）界面和水-钢（$Z_2 > Z_1$）界面超声波的反射和透射声压情况。

上述超声波纵波垂直入射到单一平界面上的声压、声强与其反射率、透射率的计算公

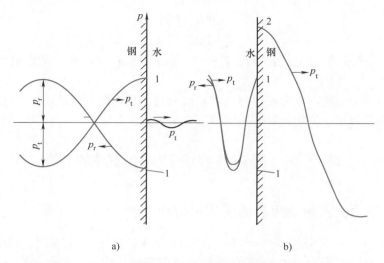

图 1-6　在钢和水组成的界面上超声波的反射和透射声压

a）钢-水入射　b）水-钢入射

式，同样适用于横波入射的情况。但必须注意：在固/液、固/气界面上，横波将发生全反射，这是因为横波不能在液体和气体中传播。

（二）薄层界面

在进行超声检测时，经常遇到很薄的耦合层和缺陷薄层，这些都可以归纳为超声波在薄层界面的反射和透射问题。

此时，超声波是由声阻抗为 Z_1 的第一介质，入射到 Z_1 和 Z_2 的交界面；然后通过声阻抗为 Z_2 的第二介质薄层射到 Z_2 和 Z_3 界面；最后进入声阻抗为 Z_3 的第三介质。实际应用中，在有三层介质时，很多情况是第一介质和第三介质为同一种介质。

超声波通过一定厚度的异质薄层时，反射和透射情况与单一的平界面不同。异质薄层很薄，进入薄层内的超声波会在薄层两侧界面引起多次反射和透射，形成一系列的反射和透射波。当超声波脉冲宽度相对于薄层较窄时，薄层两侧的各次反射波、透射波就会互相干涉。由于上述原因，声压反射率和透射率的计算比较复杂。

一般来说，超声波通过异质薄层时的声压反射率和透射率不仅与介质声阻抗和薄层声阻抗有关，而且与薄层厚度同其波长之比（d_2/λ_2）有关。

1）当一、三介质为同一介质时，对均匀介质中的异质薄层有如下规律：

$$r = \sqrt{\frac{\frac{1}{4}\left(m-\frac{1}{m}\right)^2 \sin^2\left(\frac{2\pi d_2}{\lambda_2}\right)}{1+\frac{1}{4}\left(m-\frac{1}{m}\right)^2 \sin^2\left(\frac{2\pi d_2}{\lambda_2}\right)}} \tag{1-22}$$

$$t = \sqrt{\frac{1}{1+\frac{1}{4}\left(m-\frac{1}{m}\right)^2 \sin^2\left(\frac{2\pi d_2}{\lambda_2}\right)}} \tag{1-23}$$

式中，d_2 是异质薄层的厚度；λ_2 是异质薄层中超声波的波长；m 是两种介质的声阻抗之比，$m=(Z_1/Z_2)$。

由式（1-22）和式（1-23）可知：

当 $d_2 = n \dfrac{\lambda_2}{2}$ 时（n 为正整数），$r \approx 0$，$t \approx 1$。

当 $d_2 = (2n-1) \dfrac{\lambda_2}{4}$ 时（n 为正整数），r 最高，$t \to 0$。

当 $d_2 \to 0$ 时，即 $d_2 < \dfrac{\lambda_2}{4}$ 时，则薄层厚度越小，透射率越大，反射率越小。

2）$Z_1 \neq Z_2 \neq Z_3$，即非均匀介质中的薄层。例如晶片-保护薄膜-工件，或晶片-耦合剂-工件等情况。此时声压往复透射率为

$$T = \frac{4Z_1 Z_3}{(Z_1 + Z_3)^2 \cos^2\left(\dfrac{2\pi d_2}{\lambda_2}\right) + \left(Z_2 + \dfrac{Z_1 Z_3}{Z_2}\right)^2 \sin^2\left(\dfrac{2\pi d_2}{\lambda_2}\right)} \tag{1-24}$$

由式（1-24）可知，当 $d_2 = n \dfrac{\lambda_2}{2}$ 时（n 为正整数），则有：

$$T = \frac{4Z_1 Z_3}{(Z_1 + Z_3)^2}$$

即：超声波垂直入射到两侧介质声阻抗不同的薄层，若薄层厚度等于半波长的整数倍时，通过薄层的声压往复透射率与薄层的性质无关。

当 $d_2 = (2n-1) \dfrac{\lambda_2}{4}$ 时（n 为正整数），且 $Z_2 = \sqrt{Z_1 Z_3}$ 时，则有：

$$T = \frac{4Z_1 Z_3}{\left(Z_2 + \dfrac{Z_1 Z_3}{Z_2}\right)^2} = 1$$

上式表明超声波垂直入射到两侧介质声阻抗不同的薄层，若 $d_2 = \lambda_2 / 4$ 的奇数倍，Z_2 为 $\dfrac{Z_1 + Z_3}{2}$ 时，或 $Z_2 = \sqrt{Z_1 Z_3}$ 时，其声压往复透射率等于 1，此即为全透射的情况。

当 $d_2 < \dfrac{\lambda_2}{4}$ 时，薄层越薄，声压往复透射率越大。

二、超声波倾斜入射到平界面上的反射和折射

在两种不同介质之间的界面上，声波传输的几何性质与其他任何一种波的传输性质相同，即斯涅尔定律是有效的。不过声波与电磁波的反射和折射现象之间有所差异。当声波沿倾斜角到达固体介质的表面时，由于介质的界面作用，可能引起声波传输模式的改变（例如从纵波转变为横波，反之亦然）。传输模式的变化还导致传输速度的变化，此时应以新的声波速度代入斯涅尔定律。

（一）斯涅尔定律

$$\frac{\sin\alpha_L}{c_{L_1}} = \frac{\sin\gamma_L}{c_{L_1}} = \frac{\sin\gamma_S}{c_{S_1}} = \frac{\sin\beta_L}{c_{L_2}} = \frac{\sin\beta_S}{c_{S_2}} \tag{1-25}$$

式中，α 是入射角；β 是折射角；γ 是反射角；L 代表纵波；S 代表横波；下角 1、2 分别代表异质界面 1 和 2。

（二）临界角（专指入射角）

1）第一临界角：当 $c_{L_2} > c_{L_1}$ 时，必然有 $\beta_L > \beta_S$。

令 $\beta_L = 90°$，得第一临界角：$\alpha_I = \arcsin \dfrac{c_{L_1}}{c_{L_2}}$。当 $\alpha_L = \alpha_I$ 时，第二介质中将只存在折射横波。

2）第二临界角：若 $c_{S_2} > c_{L_1}$（例如有机玻璃/钢），则有 $\beta_S > \alpha_L$。

令 $\beta_S = 90°$，得：$\alpha_{II} = \arcsin \dfrac{c_{L_1}}{c_{S_2}}$。

即，当 $\alpha_L = \alpha_{II}$ 时，第二介质中既无折射纵波，又无折射横波，这时在介质的表面将产生表面波。

3）第三临界角：当超声波横波倾斜入射到界面时，在第一介质中产生反射纵波和反射横波。由于在同一介质中，c_{L_1} 恒大于 c_{S_1}，所以 α_L 恒大于 α_S。随着 α_S 增加，当 $\alpha_L = 90°$ 时介质中只存在反射横波。

令 $\alpha_L = 90°$，则有：$\alpha_S = \alpha_{III} = \arcsin \dfrac{c_{S_1}}{c_{L_1}}$。

显然，只有第一介质为固体时，才会有第三临界角。

（三）声压反射率与透射率

斯涅尔反射、折射定律只讨论了超声波倾斜入射到界面上时，各种类型反射波和折射波的传播方向，没有涉及它们的声压反射率和透射率。

在斜入射情况下，各种类型的反射波和折射波的声压反射率和透射率，不仅与界面两侧介质的声阻抗有关，而且还与入射波的类型以及入射角的大小有关。由于其理论计算公式复杂，借助于由公式或实验得到的几种常见界面的声压反射率和透射率图来确定检测方案，不失为一种方便、快捷之举（图 1-7、图 1-8、图 1-9）。

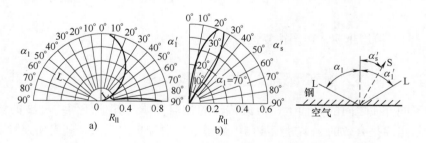

图 1-7　纵波入射至钢-空气界面时的反射

a）反射纵波的声压反射率　b）反射横波的声压反射率

（四）声压往复透射率

超声波倾斜入射时，声压往复透射率等于两次相反方向通过同一界面的声压透射率的乘积（图 1-10）。

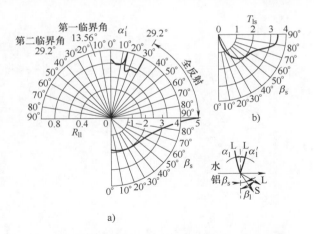

图 1-8　纵波入射至水-铝界面时的反射和折射

a）反射纵波的声压反射率及折射纵波的声压透射率　b）折射横波的声压透射率

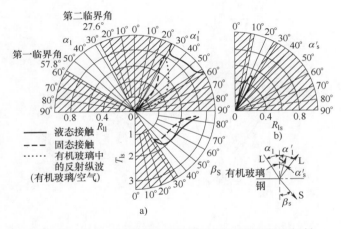

图 1-9　纵波入射至有机玻璃-钢界面时的反射和折射

a）反射纵波的声压反射率及折射横波的声压透射率　b）反射横波的声压反射率

$$T = \frac{p_a}{p_o} = \frac{p_t}{p_o} \frac{p_a}{p_t} \qquad (1-26)$$

式中，p_o 是入射波声压；p_t 是透射波声压；p_a 是回波声压。

（五）端角反射

当工件的两个相邻表面构成直角，超声波束倾斜射向任一表面，且其反射波束指向另一表面时，即构成了端角反射的情况。在这种情况下，同类型的反射波和入射波总是互相平行，方向相反；不同类型的反射波和入射波互不平行，且难以被发射探头接收。端角反射现象在工程实践中得到了广泛应用（图 1-11）。

三、超声波在曲界面上的反射和透射

从某种意义上讲，超声波是遵循斯涅尔定律的，"几何光学"的定律也适用于超声波。然而，有两点读者应当根据具体情况认真加以考虑：

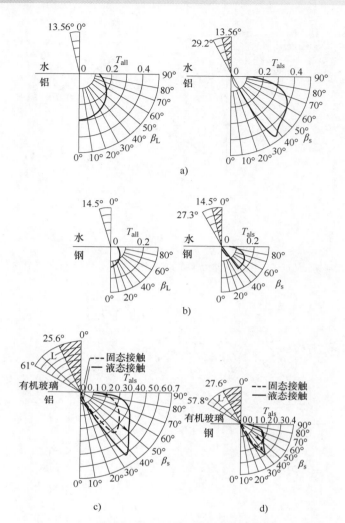

图 1-10　各种界面上的声压往复透射率

a）水-铝界面　b）水-钢界面　c）有机玻璃-铝界面　d）有机玻璃-钢界面

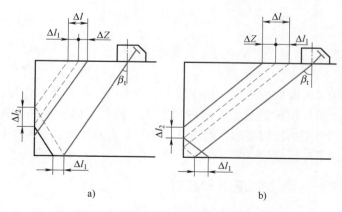

图 1-11　端角内反射时探头的位移距离

a）$\beta_t < \dfrac{\pi}{4}$　b）$\beta_t > \dfrac{\pi}{4}$

1）所考虑的波束必须有足够的宽度，即它的宽度应延伸到比波长大得多的程度。不然，其衍射影响将会超过折射或镜面反射。

2）在固态介质中，伴随着纵波与横波波形之间的转变，声速会发生相应的变化。在光学中，没有可以与之比拟的现象。

按上述条件，凹透镜、凸透镜或各种透镜均能用于聚集或扩展声束，还能用于成像。这个学科称为"几何超声光学"或"声-光学"。

现对平面波在曲界面上的反射和透射介绍如下。

1. 反射波

超声波入射时，凹曲面的反射波聚焦，凸曲面的反射波发散。反射波波阵面的形状取决于曲界面的形状（图1-12）。

1）界面为球面时，具有焦点。反射波波阵面为球面时，凹球面上的反射波好像是从实焦点发出的球面波，凸球面上的反射波好像是从虚焦点发出的球面波。

2）界面为柱面时，具有焦轴。反射波波阵面为柱面时，凹柱面上的反射波好像是从实焦轴发出的柱面波，凸柱面上的反射波好像是从虚焦轴发出的柱面波。

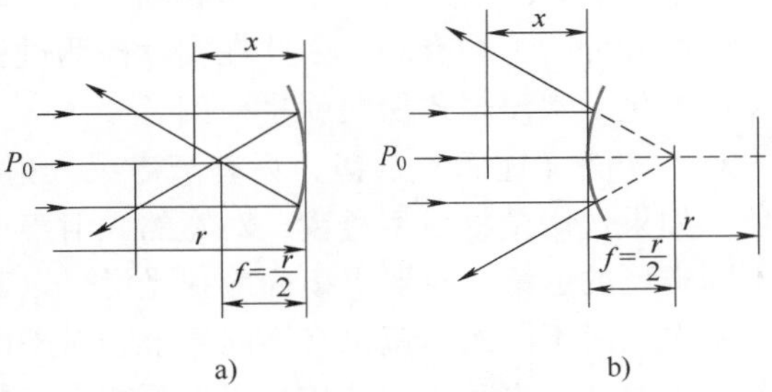

图 1-12　平面波入射弯曲界面时的反射
a）凹曲面　b）凸曲面

声束中心轴线上，反射波的声压分别为：

球曲面：

$$p_x = p_0 \frac{f}{x \pm f} \quad （发散取"+"，聚焦取"-"） \tag{1-27}$$

柱曲面：

$$p_x = p_0 \sqrt{\frac{f}{x \pm f}} \quad （发散取"+"，聚焦取"-"） \tag{1-28}$$

式中，p_0 是入射平面波的声压；f 是焦距 $\left(f = \dfrac{r}{2} \right)$；$x$ 是中心轴线上，某点 x 至曲面顶点的距离；p_x 是中心轴线上 x 点处反射波声压。

2. 透射波

超声平面波入射到曲界面上时，其透射波同样会产生聚焦或发散。这时是聚焦还是发散，不仅与曲界面的（凹、凸）曲率有关，而且与两种介质的声速（c_1 和 c_2）有关。

由斯涅尔定律可得，超声平面波入射到 $c_1 < c_2$ 的凹曲面和 $c_1 > c_2$ 的凸曲面上时，其透射波将聚焦；超声平面波入射到 $c_1 < c_2$ 的凸曲面和 $c_1 > c_2$ 的凹曲面上时，其透射波将发散（图1-13）。

透射波波阵面的形状，取决于曲界面的形状。如果曲面为球面，则其透射波波阵面为球面，透射波好像是从焦点发出的球面波。同理，

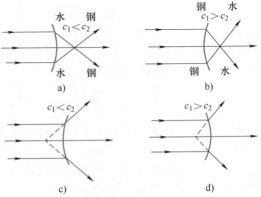

图 1-13　平面波入射弯曲界面时的透镜作用
a）凹曲面（$c_1 < c_2$）　b）凸曲面（$c_1 > c_2$）
c）凸曲面（$c_1 < c_2$）　d）凹曲面（$c_1 > c_2$）

曲面为柱面时，透射波好像是从焦轴发出的柱面波。波束中心轴线上，透射波声压分别为：

球曲面：
$$p_x = tp_o \frac{f}{x \pm f} \text{（聚焦取"+"，发散取"-"）} \tag{1-29}$$

柱曲面：
$$p_x = tp_o \sqrt{\frac{f}{x \pm f}} \text{（聚焦取"+"，发散取"-"）} \tag{1-30}$$

式中，t 是声压透射率$\left(t = \dfrac{p_t}{p_o} = \dfrac{2Z_2}{Z_1 + Z_2}\right)$。

声束发散，将使按原扩散角扩散的声束更加发散，声能损失增加，中心轴线上声压降低。声束聚焦，使得声能集中，中心轴线上的声压增强，声束的指向性得以改善，对提高检测灵敏度和分辨力均有利。因此在实际检测过程中，有时在探头晶片前加装声透镜，使透过的声束聚焦，水浸聚焦探头就是一例。

对于球面（柱面）透镜，只有窄声束入射时才能很好地汇聚。声束过宽，将发生散焦现象。如果选用抛物线型透镜，对宽的入射声束也可能聚焦得很好。超声检测时，常采用这些不同类型的透镜，且要求镜面应很光滑，以避免由于声波漫散射而损失声能。

其次，对不同的透镜也有不同要求。对平面反射透镜，除要求平整外，还要求透镜材料与声波入射介质之间声阻抗相差得尽可能大一些，以改善反射条件，增加反射波的能量。对曲面声透镜，除了须准确计算曲率半径以外，还要保证较高的表面质量。为使声透镜的反射声能尽可能小，要求透镜材料与传声介质的声阻抗之间尽可能相差不大。但为了获得满意的折射，二者之间的声速应尽可能不同。

依照 $\dfrac{\sin\alpha_1}{c_{L_1}} = \dfrac{\sin\beta_2}{c_{L_2}}$，当 $c_{L_1} \to c_{L_2}$ 时，则 $\alpha_1 \approx \beta_2$，这时就得不到满意的折射了。

3. 水浸聚焦探头的设计

水浸聚焦探头是根据平面波入射到 $c_1 > c_2$ 的凸曲面上时，透射波将产生聚焦的原理设计制作的（图 1-14）。

设声透镜曲率半径为 r，当不考虑超声波的干涉时，根据几何光学，在第二介质中的焦距 f 为

$$f = \frac{c_1}{c_1 - c_2} r \tag{1-31}$$

式中，c_1 是声透镜（第一介质）中的声速；c_2 是水（第二介质）中的声速。且有：

$$f' = f - L \frac{c_3}{c_2} \tag{1-32}$$

式中，c_3 是工件中的声速；L 是工件中的焦距；f' 是新焦距。

聚焦探头中的声透镜如果为球面，将获得点聚焦；如果为柱面，将获得线聚焦。目前在实际检测中，线聚焦多用于机械化自动检测，点聚焦多用于人工检测。

目前较普遍采用的声透镜为平凹面形式。

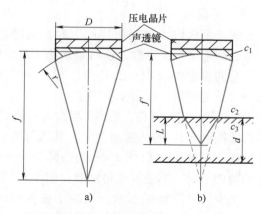

图 1-14　声透镜聚焦作用原理

a）水中无工件　b）水中有工件

设平面凹透镜曲率半径为 r，晶片半径为 R。

当 $r \gg R$ 时：

$$r = \frac{n-1}{n}f = \frac{\dfrac{c_1}{c_2}-1}{\dfrac{c_1}{c_2}}f = \left(1-\frac{c_2}{c_1}\right)f \tag{1-33}$$

当 $r \approx R$ 时：

$$r = \frac{n}{n+1}f \tag{1-34}$$

式中，n 是折射率，且 $n=(c_1/c_2)$；f 是焦距。

假如透镜材料采用环氧树脂或有机玻璃，传声介质为水，上式可简化成简便的近似计算公式：

$$r \cong 0.45f$$

超声波在被聚焦后，理论上用几何声学观点，在焦点处可汇聚成一点。但事实上不可能为一点，由于声波的波动性，在焦点附近声波互相干涉。因此，实际上聚焦声束的焦点存在一定的大小，设焦点直径为 d，则

$$d = 1.2\frac{\lambda f}{R} \tag{1-35}$$

式中，d 是焦点直径；λ 是波长；R 是晶片半径；f 是焦距。

按声轴上的声压降低一半（即-6dB）时的扩散角来定义焦点尺寸，与实际情况更为接近。长声束不仅出现在焦点内，而且是在焦点附近的一段距离内。因此-6dB 时的焦点长度为 $L_{-6\text{dB}}$。

$$d_{-6\text{dB}} = 0.71\frac{\lambda f}{R} \tag{1-36}$$

$$L_{-6\text{dB}} = \frac{2R^2}{R^4 - \lambda^2 f^2} \tag{1-37}$$

式中，$d_{-6\text{dB}}$ 是声压降低 6dB 时的焦点直径；$L_{-6\text{dB}}$ 是声压降低 6dB 时的焦点长度。

从上式看，R 越小 L 就越长，且 $L_{-6\text{dB}}$ 就越粗大，这便失去了透镜的效果。因此为了保证得到所需要的超声细声束和焦点长度，就要综合考虑晶片的半径、频率和焦距长度。对于大直径长焦距超声波聚焦探头，往往用以下两公式做简便计算：

$$D_{-6} = \frac{\lambda f}{2R} \tag{1-38}$$

$$L_{-6} = \frac{\lambda f^2}{R} \tag{1-39}$$

第四节 由圆形压电晶片产生的声场（活塞源声场）

一、圆形压电晶片声场中的声压

超声检测中使用的超声波探头，其主要部件是用压电材料做的压电晶片，在压电晶片的

两表面涂有导电银层作为电极，使晶片表面上各点都具有相同的电位。将晶片接于高频电源时，晶片两面便以相同的相位产生拉伸或压缩效应，发射超声波的晶片恰如活塞做往复运动一样辐射出声能。因此它相当于一个活塞声源，通常将直探头所产生的超声场作为圆形活塞声源来处理。

如图 1-15 所示，可将圆形声源视为由无限多的小声源 dS 组成，每个小声源都可在 2π 半径空间辐射球面波，而处于声场中任一点 M 的声压 p 等于每一个小声源向该点所辐射声能的叠加。若晶片的半径为 a，那么，晶片上任一个小面积元 dS 在该点所产生的声压为

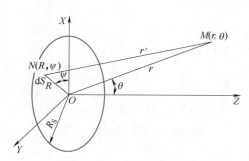

$$dp = -\frac{j\omega\rho_o v_o}{2\pi x} e^{j(\omega t - Kr)} dS \qquad (1\text{-}40)$$

式中，ω 是角频率；ρ_o 是介质密度；v_o 是介质声速。

图 1-15　圆盘源远场中任意一点的声压推导图

可以证明，在声场中该点的总声压为

$$p = \frac{p_o S}{\lambda x}\left[\frac{2 J_1(Ka\sin\theta)}{(Ka\sin\theta)}\right] e^{j(\omega t - Kr)} \qquad (1\text{-}41)$$

式中，$p_o = c\rho_o v_o$；$\omega = 2\pi\dfrac{c}{\lambda x}$；$J_1$ 是第一类一阶贝塞尔函数；$S = \pi a^2$；θ 是 Z 方向与 OM 之间的夹角；a 是圆盘半径；x 是从 dS 中心到空间观察点 p 的距离；t 是时间；K 是波数。

在圆形晶片声场中心轴线某点处的声压为（图 1-16）

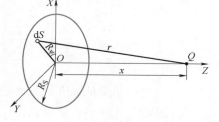

$$p = 2p_o\sin\left[\frac{\pi}{\lambda}\left(\sqrt{\frac{D^2}{4}+x^2}-x\right)\right] \qquad (1\text{-}42)$$

式中，p_o 是晶片表面的声压；晶片直径 $D = 2a$；x 是声程。

若用晶片的面积 $F_D = \dfrac{1}{4}\pi D^2$ 代入式（1-42），则有

$$p = 2p_o\sin\left[\frac{\pi}{\lambda}\left(\sqrt{\frac{F_D}{\pi}+x^2}-x\right)\right] \qquad (1\text{-}43)$$

图 1-16　圆盘源轴线上声压推导图

式（1-42）和式（1-43）是描述直探头中心轴线上声压分布的公式。在采用当量法进行缺陷定量时，它是最基本的公式。

二、近场区、远场区和超声波的指向性

在超声检测中用压电晶片作振源，借助于晶片的振动向工件中发射超声波，并以一定速度由近及远地传播，使工件中充满超声场。因晶片大小、振动频率和传播介质的不同，声压和声能对应不同的分布，即声场的状况不同。

从式（1-43）可知，圆形活塞声源轴线上的声压是声程 x 的正弦函数。由于正弦函数最大值为1，所以声压最大值为 $2p$；正弦函数最小值为0，声压最小值也为0。

当 $x > D$ 时：

$$p \approx 2p_\text{o}\sin\left(\frac{\pi D^2}{8\lambda x}\right) \tag{1-44}$$

若轴线上的声压 p 为最小值，令 $\sin(n\pi)=0$，可以证明：

$$x = \frac{D^2-(2n\lambda)^2}{8n\lambda} \tag{1-45}$$

式中，$n=1$、2、$\cdots < D/2\lambda$，且在声源的声束轴线上具有 n 个最小值。

若轴线上声压 p 具有最大值，令 $\sin(2m+1)\dfrac{\pi}{2}=1$，可以证明：

$$x = \frac{D^2-(2m+1)^2\lambda^2}{4(2m+1)\lambda} \tag{1-46}$$

式中，$m=0$、1、2、$\cdots < (D-\lambda)/2\lambda$，且在声束轴线上有（$m+1$）个最大值。

当 $n=0$，对应此值至声源的距离 $x=N$，则：

$$N = \frac{D^2}{4\lambda} - \frac{\lambda}{4} \tag{1-47}$$

当 $D \gg \lambda$ 时，式（1-47）中的（$\lambda/4$）可以忽略，则有：

$$N = \frac{D^2}{4\lambda} \tag{1-48}$$

在声场中，称 $x<N$ 的区域为声源的近场区，最后一个声压最大值至声源的距离 N 称为近场长度。在近场区内，由于声源表面上各点辐射至被考察点的波程差大，所引起的声源振幅差和相位差也大，且它们彼此互相干涉，结果使近场区的声压分布十分复杂，出现很多极大值与极小值（图 1-17）。因此在近场区内如有缺陷存在，其反射波极不规则，导致对缺陷的判断十分困难。

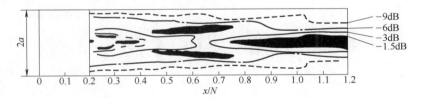

图 1-17　近场区截面声压分布（黑色部分为波峰）

注：$2a$ 为作为振源的压电晶片的直径。

在声场中，$x>N$ 时的区域为远场区，该区域内声压随距离增加而减小。声源轴线上距离为 x 处（此时 $\theta=0$）声压 p 的最大值为

$$p_{\max}(0) = \frac{p_\text{o}F_\text{D}}{\lambda x} \tag{1-49}$$

设声场外缘与声轴的夹角为 θ，那么距离为 x 处的声压 p 的最大值为

$$p_{\max} = \frac{p_\text{o}F_\text{D}}{\lambda x}\left[\frac{2J_1(Ka\sin\theta)}{(Ka\sin\theta)}\right] \tag{1-50}$$

声场的指向性是指声场中 θ 方向的声压振幅 $p_{\max}(\theta)$ 与 θ 为 $0°$ 时的声压振幅 $p_{\max}(0)$ 之比，它表达了声场中声压 p 的振幅与方向角 θ 之间的变化关系，以 D_c 来表示。

$$D_c = \left[\frac{2J_1(Ka\sin\theta)}{(Ka\sin\theta)} \right] \tag{1-51}$$

在声场中沿中心轴线声压最大，形成声场的主瓣，即主声束。在近场区声压交替出现极大与极小值，形成声束的副瓣，即副声束，如图1-18所示。当声源为圆形活塞声源且直径为 D、半径为 a 时，用指向角 θ（单位：度）来描述主声束宽度，或称半扩散角：

$$\begin{cases} \theta = \arcsin\left(0.61 \frac{\lambda}{a}\right) \\ \quad\quad 或 \\ \theta = \arcsin\left(1.22 \frac{\lambda}{D}\right) \end{cases} \tag{1-52}$$

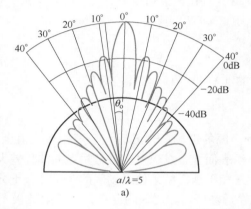
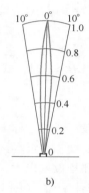

超声波声场及指向性

图 1-18　圆盘源远场声压的指向性
a）主声束和副声束　b）主声束

第五节　超声检测方法

一、超声检测通用技术

1. 仪器选择

选择检测仪器应从被检对象的材质及缺陷存在的状况来考虑，如果仪器选择不当，不但检测结果不可靠，在经济上也将蒙受不应有的损失。适当的探伤仪及与之匹配得当的探头是仪器选择工作的主要内容。仪器的选择应从选择最合适的探头开始，因为探头的性能是检测工作得以顺利进行的关键，当然所选的探伤仪也应使探头的性能获得最充分的发挥。与此同时还要决定是否需要自动化，仅选择标准试块还是增加自制与被检对象材质相同的试块，以及辅助工具和耦合介质等。

实际上不可能对每一种被检对象都配备相应的仪器，应主要考虑重复性大的被检材料（或工件）的需要，甚至要为以后其他的检测对象留有余地。而探头则要尽可能满足专用的需要。在自动检测装置中，仪器和探头的专用性往往都比较突出，即使在这种情况下，仪器的零部件也应尽量具备一定的互换性，以便于管理。

　　超声波探伤仪是根据超声波传播原理、电声转换原理和无线电测量原理设计的，其种类繁多，性能也不尽相同，脉冲式超声波探伤仪应用最为广泛。脉冲式超声波探伤仪主要分为A型显示和平面显示两大类，其中A型显示超声波探伤仪具有结构简单、使用方便、适用面广等许多优点，在我国已形成系列产品。A型显示的缺点是难以判断缺陷的几何形状和缺乏直观性。

　　为了更好地进行缺陷的定量和定位，人们还研发了多种超声波检测设备，例如B型显示、C型显示、准三维显示和超声透视等。

　　B型显示是一种可以显示出工件的某一纵断面的声像显示方法，C型显示是一种可以显示出工件的某一横断面的声像显示方法。若把接收探头与发射探头分置于被检工件的两侧，所得图像便是超声的投影面，它与X射线检测时对缺陷的显示类似，此即为超声"透视"。

　　在获得B型显示和C型显示的基础上，借助于计算机信号处理技术，可以获得准三维显示的缺陷图像，经过仔细处理后，该图像将具有较好的立体感。

　　2. 探头的选择

　　目前超声检测工作中应用最广、数量最多的是以压电效应为工作原理的超声波探头，或称之为超声波换能器。当它用作发射时，是将来自发射电路的电脉冲加到压电晶片上，转换成机械振动，从而向被检对象辐射超声波。反之，当它用作接收时，是将声信号转换成电信号，以便信号被送入接收、放大电路并在荧光屏上进行显示。可见，探头是电子设备和超声场间联系的纽带，是超声检测设备的重要组成部分。

　　在超声检测中，超声波探头大多使用脉冲信号，其脉冲又分为宽脉冲和窄脉冲。宽脉冲是频率近乎单一的脉冲，而宽脉冲探头发射的超声波，在声束轴线上的声压分布近似于连续激励的情况。

　　窄脉冲是包含较多频率成分的谐波，且每一谐波都有自己的近场、远场和声压分布规律。由于高频谐波近场长，低频谐波近场短，各频率谐波的声压叠加后近场变平滑，故而窄脉冲能减小干涉现象的影响，与宽脉冲相比，其分辨率高。利用窄脉冲发射超声波，联合频谱分析技术，是今后超声检测的发展方向之一。

　　探头的种类繁多、形式各异，其基本形式是直探头和斜探头。直探头主要用于发射和接收纵波，斜探头常用的有横波探头、表面波探头、板波探头等。其他的各种探头，例如聚焦探头、高温探头、高分辨率探头、可变角探头和组合探头等，都可以说是它们的变型。探头的主要使用性能指标除频率外，还有检测灵敏度和分辨力。检测灵敏度是指探头与探伤仪配合起来，在最大深度上发现最小缺陷的能力，它与探头的换能特性有关。一般来讲辐射效率高、接收灵敏度高的探头，其检测灵敏度亦高，且辐射面积越大，检测灵敏度越高。检测分辨力可分为横向分辨力和纵向分辨力，纵向分辨力是指沿声波传播方向、对两个相邻缺陷的分辨能力。脉冲越窄，频率越高，分辨能力亦越高，然而其灵敏度越高，则分辨力越低。横向分辨力是指声波传播方向上对两个并排缺陷的分辨能力，探头发射的声束越窄，频率越高，则横向分辨力越高。总之探头的频率和频率特性以及其辐射特性，均对超声检测有很大影响。

　　在选择探头时，首先必须明确两个问题的要求，即缺陷的检出和缺陷大小与方位的确定。检测人员往往期望选择的探头能检出以任何形式出现在任意方位上的缺陷，并要求探头的声场能够以同样的灵敏度覆盖被检工件的最大范围。一般来讲，当探头的指向角稍大时，上述要求即难以满足。从理论上讲，高强度细声束的探头对于小缺陷具有较强的检出能力，但是被检出的缺陷只限于声束轴线上很小的范围内。因此，使用细声束探头进行超声检测时，必须认真考虑由于缺陷漏检而造成的危害。

大多数探头的直径为5~40mm。若探头直径大于40mm，由于很难获得与之对应的平整的接触面，故而一般不予采用。

因为在近场区内底面波高度与探头晶片的面积成正比，但在远场区则与晶片面积的平方成正比。换言之，在远场区底面波高度是按晶片直径的4次方变化的，所以当晶片直径小于5mm时，由于检测灵敏度显著下降而难以采用。

总之，基于不同的检测目的、使用仪器和环境条件，对探头的要求是不一样的。性能稳定、结构可靠、使用方便，并能满足静压力、温度等条件的要求，是探头选择工作中应考虑的基本内容。

3. 试块的选用

在表征缺陷大小的当量法中所采用的具有简单几何形状的人工反射体的试样被称为试块。严格来说，试块并不属于仪器范畴，但在超声检测中常用其调整和确定探伤仪的测定范围，确定合适的检测方法、检验仪器和探头的性能以及检测灵敏度，测量材料的声学特性（如声速、声衰减系数、弹性模量等），因此试块的选用十分重要。

试块主要分为标准试块（简称STB）和参考试块（简称RB）两种。从本质上来说，参考试块和标准试块所起的作用是一致的，图1-19和图1-20给出了常用的CSK-I型试块和IIW试块。

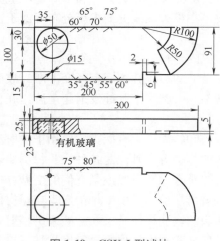

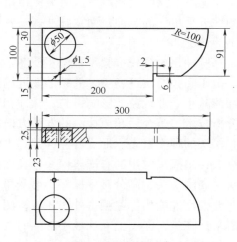

图1-19　CSK-I型试块　　　　　　　　　图1-20　IIW试块

标准试块可用以测试探伤仪的性能、调整检测灵敏度和声时的测定范围。例如我国的标准试块CSK-I、国际标准试块IIW、IIW₂等（IIW试块是国际焊接协会在1958年确定为用于焊缝超声检测用的试块，IIW₂试块是国际焊接学会于1974年通过的标准试块）。

参考试块是针对特定条件（如特殊的厚度、形状与缺陷等）而设计的非标准试块，一般要求该试块的材质和热处理工艺与被检对象基本相同。有些参考试块实际上是一种专用的标准试块，如我国的RB-1、RB-2及RB-3试块等，有些含缺陷的参考试块用于检测时与实际工件缺陷的对比。

4. 声波的耦合

为了使探头有效地向试件中发射和接收超声波，必须保持探头与试件之间良好的声耦合，即在二者之间填充耦合介质以排除空气，避免因空气层的存在致使声能几乎全部被反射的现象发生。探头与试件之间为排除空气而填充的耦合介质叫耦合剂，耦合剂应具有较好的透声性能和较高的声阻抗等，如水、甘油、硅油等。

根据不同的耦合条件和耦合介质，探头与试件之间的耦合方式可分为直接接触法和液浸法。工件表面的状况、表面粗糙度以及耦合剂的种类等都将影响超声波的耦合效果。

二、超声检测方法

(一) 透射法

透射法又叫穿透法，是最早采用的一种超声检测技术（图 1-21）。

1. 透射法的工作原理

透射法是将发射探头和接收探头分别置于试件的两个相对面上，根据超声波穿透试件后的能量变化情况，来判断试件内部质量的方法。如试件内无缺陷，声波穿透后衰减小，则接收信号较强；如试件内有小缺陷，声波在传播过程中部分被缺陷遮挡，使之在缺陷后形成阴影，接收探头只能收到较弱的信号；若试件中缺陷面积大于声束截面，则全部声束被缺陷遮挡，接收探头收不到信号。值得指出的是，超声信号的减弱既与缺陷尺寸有关，还与探头的超声特性有关。

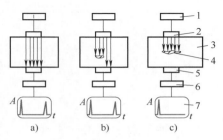

图 1-21 穿透法示意图

a) 无缺陷 b) 有小缺陷 c) 有大缺陷

1—脉冲波高频发生器 2—发射探头
3—工件 4—缺陷 5—接收探头
6—放大器 7—显示屏

透射法简单易懂，便于实施，不需考虑反射脉冲幅度，而且裂纹的遮蔽作用不受缺陷表面粗糙度或缺陷方位等因素的影响，而这些通常是造成反射法检测结果变化的主要原因。

2. 透射法检测的优缺点

(1) 透射法检测的主要优点 透射法是根据缺陷遮挡声束而导致声能变化来判断缺陷的有无和大小的。当缺陷尺寸大于探头波束宽度时，该方法所测得的裂纹尺寸的精度高于±2mm。

1) 声波在试件中只做单向传播，适合检测高衰减的材料。

2) 对发射和接收探头的相对位置要求严格，需专门的探头支架。当选择好耦合剂后，特别适用于单一产品大批量加工制造过程中的机械化自动检测。

3) 在探头与试件相对位置布置得当后，即可进行检测，在试件中几乎不存在盲区。

(2) 透射法检测的主要缺点

1) 一对探头单收单发的情况下，只能判断缺陷的有无和大小，不能确定缺陷的方位。

2) 当缺陷尺寸小于探头波束宽度时，该方法的探测灵敏度低。若用探伤仪显示屏上透射波高低来评价缺陷的大小，则仅当透射声压变化 20% 以上时，才能将超声信号的变化进行有效的区分。若用数据采集器采集超声波信号，并借助于计算机进行信号处理，则可大大提高探测灵敏度和精度。

(二) 脉冲反射法

脉冲反射法是应用最广泛的超声检测方法。在实际检测中，直接接触式脉冲反射法最为常用（图 1-22）。该法按照检测时所使用的波形大致可分为：纵波法、横波法、表面波法、板波法。在某些特殊情况下，有的是用两个探头来进行的，有的则必须在液浸的情况下才能进行检测。

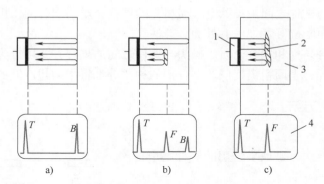

图 1-22　直接接触式脉冲反射法

a）无缺陷　b）有小缺陷　c）有大缺陷

1—探头　2—缺陷　3—工件　4—显示屏

注：T 是始发脉冲；B 是底面回波；F 是缺陷回波。

1. 脉冲反射法的工作原理

脉冲反射法是利用超声波脉冲在试件内传播的过程中，遇有声阻抗相差较大的两种介质的界面时，将发生反射的原理进行检测的方法。该方法采用一个探头兼作发射和接收器件，接收信号在探伤仪的显示屏上显示，根据缺陷及底面反射波的有无、大小及其在时基轴上的位置来判断缺陷的有无、大小及其方位。

2. 脉冲反射法的特点

（1）优点

1）检测灵敏度高，能发现较小的缺陷。

2）当调整好仪器的垂直线性和水平线性后，可得到较高的检测精度。

3）适用范围广，适当改变耦合方式，选择一定的探头可以实现预期的探测波形和检测灵敏度，或者说，可采用多种不同的方法对试件进行检测。

4）操作简单、方便、容易实施。

（2）缺点

1）单探头检测往往在试件上留有一定盲区。

2）由于探头的近场效应，故不适用于薄壁试件和近表面缺陷的检测。

3）缺陷波的大小与被检缺陷的取向关系密切，容易有漏检现象发生。

4）因声波往返传播，故不适用于衰减太大的材料。

3. 直接接触脉冲反射法

直接接触脉冲反射法中，可分为纵波法、横波法、表面波法和板波法等，其中以纵波法应用最为普遍。

直接接触纵波脉冲反射法是使探头与试件之间直接接触，接触情况取决于探测表面的平行度、平整度和表面粗糙度，但良好的接触状态一般很难实现。若在二者之间填充很薄的一层耦合剂，则可保持二者之间良好的声耦合，当然耦合剂的性能直接影响声耦合的效果。

4. 液浸法

液浸法是在探头与试件之间填充一定厚度的液体介质作耦合剂，使声波首先经过液体耦合剂，而后再入射到试件中去，探头与试件并不直接接触，从而克服了直接接触法的上述缺点。液浸法中，探头角度可任意调整，声波的发射、接收也比较稳定，便于实现检测自动化，大大提高了检测速度。其缺点是当耦合层较厚时，声能损失较大。另外，自动化检测还需要相应的辅助设备，有时是复杂的机械设备和电子设备，它们对单一产品（或几种产品）往往具有很高的检测能力，但缺乏灵活性。总之，液浸法与直接接触法相比，各有利弊，应根据被检对象的具体情况，如几何形状的复杂程度和产品的产量等，选用不同的方法。

5. 声波在标准几何反射体上的反射

在超声检测中常用直探头，一般采用圆形压电陶瓷晶片作为超声波的声源，此时发射探头又称为活塞声源。在确定缺陷的当量时，声束轴线上不同位置的入射声压应分两个区域来考虑：当 $N<L\leq6N$ 时，入射声压按活塞近场声压处理；当 $L>6N$ 时，入射声压则应按球面波公式处理。

在远场条件下，当声波垂直入射时，几种简单几何反射体上反射回波声压有着较强的规律性，其相对声压可用数学表达式表示和计算。如果给出声压反射系数，便可以由已知基准回波声压或波高，求得未知缺陷的当量大小。在工程实践中，该方法已得到广泛应用。

第六节　传统超声检测技术的应用

超声检测技术是工业无损检测技术中应用最为广泛的检测技术，也是无损检测领域中应用和研究最为活跃的技术。如用声速法评价灰铸铁的强度和石墨含量，超声衰减法和阻抗法确定材料的性能，超声衍射和临界角反射法检测材料的力学性能和表层深度，超声显像法和超声频谱分析法的进展与应用，激光等新型声源的研究和超声波的接收，以及新型超声检测仪器的研发等，都是比较典型和集中的研究方向。

一、典型构件的超声检测技术

（一）大型锻件检测

锻件是一种常见的构件，在使用中承担的载荷很高，制造成本也较高。因此，对其内在质量和缺陷的检测要求一般都比较严格。在锻件检测中，首先要熟悉其加工工艺过程，根据设计要求和锻件中常见缺陷的形状及取向，合理地确定最佳检测面、检测频率等。为保证探

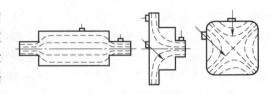

图1-23　大型锻件纤维组织的探伤方法

头与锻件之间的良好耦合，检测前锻件表面应加工处理到一定的表面粗糙度。通常，大型锻件的超声检测（图1-23）一般采用 2~5MHz 的检测频率，检测方法广泛采用直探头纵波脉冲反射法，有时还要用斜探头进行补充性检测；轴类锻件以圆周检测为主，必要时辅以两端面的探测；对于方形锻件，则应在相互垂直的两个端面上进行检测。

1. 锻件中的常见缺陷

锻件中存在多种类型的缺陷,其形成机理比较复杂。全面发现这些缺陷,除用超声检测技术外,像低倍、硫印、金相等多种技术都在被选用之列。可由超声检测发现的缺陷主要分两类:一类是在材料制造工艺过程中(如冶炼和铸造)形成的缩孔、疏松、夹杂与偏析等;另一类是在金属热加工过程中(如锻造和热处理)形成的白点、裂纹和晶粒粗大等。

2. 锻件缺陷的定量

由于影响缺陷定量的因素很多,因而要准确地对锻件中的缺陷进行定量并非易事。对于小于声束直径的缺陷来说,一般使用当量法对其定量。

当量法是以圆形平底孔试块为基准,同时先假设试块和锻件的测试条件基本相当,将缺陷的回波声压和与之同声程的某种标准反射体的回波声压来进行当量对比,若二者的反射回波声压相等,则认为该人工缺陷与实际缺陷是同当量的。因为这样确定下来的缺陷尺寸,并不是锻件中真实缺陷的大小,而只是一种相对比较(或称当量),这种方法称为"当量法"。实际上,由于缺陷的几何形状、表面状况、方向性和性质各不相同,因而对声波的散射和吸收要比标准几何反射体复杂得多。一般来说,实际缺陷比当量缺陷大3~5倍。常用的标准几何反射体有:标准平底孔(或称圆片形反射体)、标准横通孔(或称圆柱形反射体)、短横孔,其他还有球形和矩形的反射体等。

对锻件中缺陷长度的定量常采用连续移动探头检测法。此法的检测精度与超声波波束和缺陷的相互指向性有关,当声束轴线垂直于缺陷的反射面时,荧光屏上将可以获得最高的缺陷反射波。若移动探头,使声束轴线逐渐偏离缺陷,反射波幅则逐渐降低。当波幅下降为最高波幅的1/2时,声束轴线所指的位置即为缺陷的边缘,两个边缘之间的距离,即所谓被测缺陷的长度。

当量法还可细分为:当量试块直接比较法、当量曲线族法、距离波幅曲线定量法、波高比较法以及比例作图法等。这些方法在铸件、棒材、焊缝等检测中也经常采用。

(二) 铸件缺陷检测

虽然铸件种类繁多,但其超声检测方法与锻件有许多相似之处。铸件内部组织粗大、致密性差,与锻件相比,铸件对超声波的衰减大,穿透性亦较差。超声波在粗大的晶界上会发生杂乱反射,声能衰减严重。因此,在检测铸铁件时,一般选用较低的超声波频率,如0.5~2MHz,检测灵敏度较低,只能检出面积较大的缺陷。鉴于铸钢件的穿透性比铸铁件要好,所以可选用2~5MHz的检测频率。铸件的缺陷类型往往以体积型缺陷为主,常有多种形状和性质的缺陷混在一起的情况,且以铸件中心、冒口和浇口附近较多。常见的铸件缺陷有缩孔、疏松、夹渣、夹砂、气孔和铸造裂纹等。

经过表面加工的铸件,可用全损耗系统用油作耦合剂,采用直接接触法进行超声检测。表面粗糙的铸件可采用水浸法,也可使用黏度大的耦合剂(如润滑油或浆糊等)并敷设塑料薄膜后,采用直接接触法进行检测。对不同类型和材质的铸件进行超声检测时,除内部质量较好的铸件可采用反射法外,一般大都采用底面波衰减法,根据底面波的衰减程度来评价铸造质量。当然,超声检测方法与其他方法相配合,是合理、有效地进行缺陷判定和质量评价的最佳途径。

(三) 小型压力容器壳体检测

小型压力容器壳体是由低碳钢锻造成形的,经机械加工后成半球壳状。对此类锻件进行超声检测，通常以斜探头横波检测为主，辅以表面波探头检测表面缺陷。对于壁厚在 3mm 以下的薄壁壳体可只用表面法检测。检测前必须将探头楔块磨制成与工件相同曲率的球面，以利于声耦合，但磨制后的超声波束不能带有杂波。通常使用易于磨制的塑料外壳的环氧树脂小型 K 值（超声折射角的正切值）探头，K 值选 1.5~2，频率为 2.5~5MHz。探伤时采用接触法，用全损耗系统用油耦合。图 1-24 所示为探伤操作情况。探头一方面沿经线上下移动，另一方面沿纬线绕周长水平移动一周，使声束扫描线覆盖整个球壳。在扫查过程中通常没有底面波，但遇到裂纹时会出现缺陷波，可以制作与工件相同、带有人工缺陷的模拟件调试灵敏度。

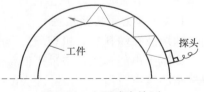

图 1-24 小型球壳检测

如果采用水浸法和聚焦探头检测，可避免探头的磨制加工。但要设计专用的球面回转装置，使工件和探头在相对运动中完成声束对整个球面的扫描。

（四）复合材料检测

某些结构件是由两种材料粘合在一起形成的复合材料制成的。复合材料粘合质量的检测主要有脉冲反射法、脉冲穿透法和共振法。

当复合材料是由两层材料复合而成时，粘合层中的分层（图 1-25）多与板材表面平行，常选用脉冲反射法进行检测。用纵波检测时，对于两层材料的声阻抗相同或相近的复合材料，若其粘合质量良好，产生的界面波会很低，而底波幅度则较高。当粘合不良时，界面波较高，而底波较低甚至消失。对于两层材料的声阻抗相差较大的复合材料，在复合良好时其界面波较高，底波较低。当粘合不良时，界面波更高，底波很低或消失。值得指出的是，上面所述波的高低只是一个相对的概念，是在同一材料不同位置上进行比较的。

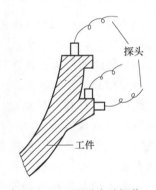

图 1-25 异型法兰探伤

若采用穿透法，两个探头分别放在复合材料的两侧，面对面一发一收，当粘合良好时，接收的超声能量大，否则声能减小。此法特别适用于检测声阻抗不同的多层复合材料。

共振法适用于检测声阻抗相近的复合材料，粘合良好时，测得的厚度为两层之和；粘合不好时，只能测得第一层的厚度，可以使用共振式超声测厚仪进行检测。

（五）各类构件焊缝的检测

在科研和生产过程中，经常遇到各类焊接结构件，如试验筒体、大型测试钢架、焊接容器和壳体等。焊缝形式有对接、角接、搭接、T 形接和接管焊缝等（图 1-26）。超声检测常遇到的缺陷有气孔、夹渣、未熔合、未焊透和焊接裂纹等。

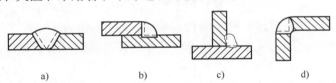

a)   b)   c)   d)

图 1-26 焊接接头形式

a）对接接头 b）搭接接头 c）T 形接头 d）角接接头

焊缝检测主要用斜探头（横波），有时也可使用直探头（纵波）。探测频率通常为 2.5~5MHz，应主要依据工件厚度进行探头角度的选择。发现缺陷后，即可对其进行定位计算，计算时可以使用探头折射角的正弦和余弦，也可使用正切值（它等于探头入射点至缺陷的水平距离与缺陷至工件表面垂直距离之比）。仪器灵敏度调整和探头性能测试应在相应的标准试块（或自制的试块）上进行。

（六）非金属材料检测

超声波在塑料、有机玻璃、陶瓷、橡胶、混凝土等非金属材料中的衰减一般都比金属大。为减少声能衰减，多采用低频率检测，一般为 20~200kHz，也有的用 2~5MHz，为了获得较窄的声束，需采用尺寸较大的探头。

塑料零件的检测一般采用纵波法，探测频率为 0.5~1MHz，使用脉冲反射法。陶瓷材料可用 0.5~2MHz 的纵波和横波检测。橡胶检测频率更低，可用穿透法检测。

炸药饼块和药柱也可用超声波检测，但声能衰减较大，一般采用低频，如 250kHz 进行检测。检测方法可以采用脉冲反射法（在这种情况下，用多次底面波进行判别），但最好采用水浸穿透法。

二、超声波测量技术

超声波测量技术的基本原理是利用介质的声学特性（如声速、声衰减系数、声阻抗）与某些待测的工业非声学量之间存在的函数关系或相关性，并探索这些关系的规律，以便于通过这些声学量的测量来测定工业非声学量。目前，采用超声波方法测量温度、黏度、浓度、流量、流速和液位等参量的方法大都比较成熟，多数已经有通用的测量仪器，此处不再赘述。

超声波在材料中传播时，与材料发生相互作用，接收到的超声波信号中携带了有关材料内部组织结构及物理力学特性等方面的大量信息。借助特定的超声检测方式、信号处理方法识别超声信号特征，能够对几何尺寸、微观组织、材料属性和/或缺陷性质等材料特性进行无损表征，如弹性常数、覆层厚度、界面粗糙度、晶粒尺寸、孔隙率等，这些特性参数对于材料性能评价及质量控制非常重要，用超声波方法进行无损测量具有重要意义。

1. 弹性常数

弹性常数是描述材料弹性阶段力学行为的工程指标，是屈服强度、硬度和残余应力等力学性能测量与评定的基础。弹性常数的超声测量是基于材料弹性特性与声速、密度之间的函数关系，通过测量纵波、横波或表面波声速与密度来实现的。

对于各向同性材料，材料的弹性行为采用弹性模量 E、泊松比 υ 两个独立弹性常数即可描述。通过测量材料的纵波声速和横波声速，或者纵波声速与表面波声速，结合材料的密度值，即可测定弹性模量和泊松比。

各向异性材料需要用多个独立弹性常数来描述其应力-应变关系。如纤维增强树脂基复合材料具有弹性横观各向同性特点，需要用 5 个独立的弹性常数来描述。通常需要结合旋转装置或多组探头实现多方位声速的精准测量，然后依据 Christoffel 方程描述的声速、弹性常数、密度与声波入射角之间的关系，通过解析或反演即可确定材料的弹性常数。

2. 覆层厚度

覆层厚度是反映覆层质量的重要指标之一，它关系到覆层的使用寿命、覆层材料消耗及成本、覆层的应力及覆层结合强度等。利用超声测量覆层厚度的方法主要包括表面波法、兰姆波法和脉冲回波法。脉冲回波法操作简便，在工程中最常用，其是根据覆层界面反射回波之间的时间差及覆层声速来获得覆层厚度信息。但由于实际工程应用中覆层厚度往往很薄（数 μm～数百 μm），界面回波可能产生叠加干涉，常通过对超声干涉信号进行频谱分析的方式实现对较薄覆层厚度的评价，也称为超声干涉法测厚技术。该技术可测量的覆层厚度可以小到超声波长的 1/4～1/8，测厚精度受覆层均匀性、表界面粗糙度等的综合影响。

3. 覆层内界面粗糙度

界面粗糙化是提高覆层和基体结合强度的有效措施，但在服役过程中随着界面粗糙度的增大，覆层内的残余应力也随之增大，高度的应力集中容易导致覆层剥落失效。对界面粗糙度进行超声表征可以为覆层零件的质量控制提供重要依据。可以采用相屏近似（粗糙度 $Rq<$ $<$波长 λ）理论描述超声波作用于粗糙界面的反射及散射规律，推导出含粗糙界面覆层结构的声压反射系数公式，进而实现覆层内界面粗糙度的定量表征。有资料表明，超声波波长、声束覆盖范围、形状误差及覆层非均匀性对覆层内界面粗糙度测量均有影响。

4. 晶粒尺寸

利用超声衰减系数或超声波声速可以对多晶金属材料的平均晶粒尺寸进行无损测量。

超声波在多晶材料中的衰减包括散射和吸收衰减，当波长远大于平均晶粒尺寸时，衰减主要是由散射引起的，因此通过测量超声波散射衰减可以评定材料的晶粒尺寸。测量结果的有效性会受到探头与试样之间的接触状态、耦合效果等的影响，此外，晶粒分布会影响测量结果。有资料给出衰减法评估平均晶粒尺寸的最大不确定度约在 35% 左右。

在某些特定的条件下，也可以利用超声波声速评定晶粒尺寸。针对 AISI316 不锈钢，通过控制热处理工艺，获得具有不同晶粒度的试样，且保证除晶粒尺寸变化外所有试样具有相同的亚结构特性，由此测得的纵波、横波速度与平均晶粒尺寸之间均具有很好的线性关系。金相法也证明了声速法评定结果的有效性。一般认为，声速法评估平均晶粒尺寸的最大不确定度是 20%。

5. 复合材料孔隙率

复合材料的强度与孔隙率有关，通过测量超声波声速或衰减可以评估复合材料的孔隙率。无论是对于颗粒增强金属基复合材料，还是纤维增强树脂基复合材料，都有这方面的研究成果。需要注意的是，孔隙率与超声波参量之间的相关关系可能会受到作为增强体的颗粒相，以及孔隙自身形貌及分布等因素的影响。

类似地，通过测量超声波速度或衰减，还可以对复合材料中增强体的体积分数进行无损评估。例如，颗粒增强金属基复合材料中增强颗粒的体积分数，晶须/纤维增强复合材料中晶须/纤维的体积分数等。

第七节 相控阵超声检测技术

随着现代工业的发展以及制造业水平的提高，对无损检测技术的要求也不断提升。成像化、数字化、自动化、智能化等成为无损检测技术的发展趋势和方向。20 世纪 80 年代初，相控阵超声检测技术从医疗领域进入工业领域，近年来随着电子技术、计算机技术、材料科学等的快速发展，相控阵超声检测技术日益精进，设备功能不断完善，特别是有关法规的制订和发布，为相控阵超声检测技术的普及应用提供了基础和条件。

一、相控阵超声检测原理概述

常规超声检测多采用单晶片探头，超声声束以单一折射角沿声束轴线传播。相控阵超声波探头则与此不同，它基于惠更斯原理设计，由多个相互独立的压电晶片组成阵列，每个晶片称为一个阵元，按一定的规则和时序用计算机控制激发各个阵元，则各阵元的波阵面叠加形成一个新的波阵面，从而产生波束聚焦、偏转等相控效果；在反射波的接收过程中，采用同样的方法控制波束并进行信号合成，最后将合成结果以适当形式显示。

二、相控阵超声发射和接收

在相控阵发射过程中，超声波探伤仪将触发信号传送至相控阵控制器，后者把触发信号转换成高压电脉冲。其间，脉冲宽度应预先设定，而时间延迟则由聚焦律界定。每个阵元接收一个电脉冲，并按照发射聚焦法则产生具有一定角度并聚焦在一定深度的超声波束。在探伤过程中，该声束遇到缺陷即反射回来。接收到回波信号后，相控阵控制器按接收聚焦法则改变延迟时间后将这些信号叠加在一起，形成一个脉冲信号，继而传送至探伤仪。相控阵超声发射、接收及时间延迟示意图如图 1-27 所示。

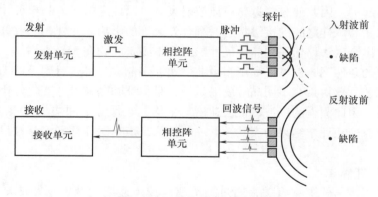

图 1-27　相控阵超声发射、接收及时间延迟

三、相控阵超声声束控制

相控阵超声检测时，声束的控制主要有三种类型：声束的偏转、声束的聚焦以及聚焦声束的偏转。

在相控阵发射时，多个阵元按一定形状、尺寸排列，构成超声阵列探头，分别调整每个阵元发射信号的波形、幅度和相位延迟，使各阵元发射的超声子波束在空间叠加合成，从而形成发射聚焦和声束偏转等效果。下面仅就一维线阵探头的声束控制加以讨论。

（一）声束的偏转

图 1-28 所示为一维线阵探头通过时间延迟控制而实现声束偏转的示意图。该探头由 N 个阵元构成，探头孔径为 D。

如果各阵元同时受同一激励源激励，则其合成波束垂直于探头表面，主瓣与阵列的对称轴重合。若相邻阵元按一定时间差 τ_s 被激励源激励，则各相邻阵元所产生的声脉冲亦将相应延迟 τ_s，这样合成的波阵面不再与阵列平行，即合成波束与阵列轴线成一夹角 θ，从而实现了声束的偏转。

根据波合成理论可知，相邻两阵元的时间延迟 τ_s 为

$$\tau_s = \frac{d}{c}\sin\theta \qquad (1\text{-}53)$$

式中，d 是阵元中心间距；c 是介质声速；τ_s 也被称为发射偏转延迟，通过改变 τ_s 可改变超声波束的偏转角度 θ。

若以探头中心作为参考点，则阵元 n 相对于探头中心的延迟时间 τ_n 可通过下式来描述：

当阵元个数 N 为奇数时，

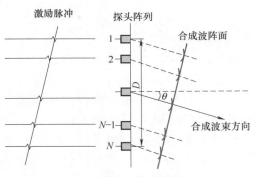

图 1-28　相控阵声束偏转原理

$$\tau_n = \frac{nd\sin\theta}{c} \qquad (1\text{-}54)$$

当阵元个数 N 为偶数时，

$$\tau_n = \frac{(n+0.5)\ d\sin\theta}{c} \qquad (1\text{-}55)$$

式中，$n = 0$，± 1，…，$\pm N/2$；其他定义同式（1-53）。

（二）声束的聚焦

图 1-29 所示为一维线阵探头通过时间延迟控制而实现声束聚焦的示意图，其中，聚焦点 P 离探头表面的距离即为焦距 F。在发射聚焦时，两端阵元最先激励，逐渐向中间阵元加大延迟，最终各阵元的波阵面在介质内合成一个新的波阵面，并指向一个曲率中心即焦点 P 处实现声束的聚焦。在 P 点声波同相叠加而增强，在 P 点以外则因异相叠加而减弱，甚至抵消。

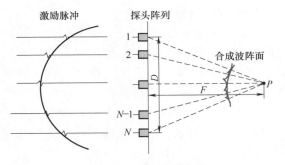

图 1-29　相控阵声束聚焦原理

以阵列中心为参考点，当 N 为奇数时，根据几何声程差可计算出各阵元发射的声波在 P 点聚焦时的相对延迟时间为

$$\tau_n = \frac{F}{c}\left\{1 - \left[1 + \left(\frac{nd}{F}\right)^2\right]^{1/2}\right\} \qquad (1\text{-}56)$$

当 N 为偶数时，式（1-56）中的 n 改为（$n+0.5$）。

根据式（1-56），可通过改变发射聚焦延迟时间 τ_n 来改变焦距 F。接收聚焦是一个与发射聚焦互逆的过程，同样遵循几何聚焦延迟规律。各阵元接收到回波信号后，按设计的聚焦延迟量延迟后相加。

（三）聚焦声束的偏转

图 1-30 所示为一维线阵探头通过时间延迟控制而实现聚焦声束偏转的示意图。以探头中心作为参考点，当 N 为奇数时，根据几何声程差可计算出声束在焦距为 F、偏转角为 θ 的 P 点聚焦时的相对延迟时间为

$$\tau_n = \frac{F}{c}\left\{1 - \left[1 + \left(\frac{nd}{F}\right)^2 - 2\frac{nd}{F}\sin\theta\right]^{1/2}\right\} \qquad (1\text{-}57)$$

当 N 为偶数时，式（1-57）中的 n 改为（$n+0.5$）。

相控阵探头发射的超声波遇到目标后产生回波信号，其到达各阵元的时间存在差异。在相控阵接收端，按照回波到达各阵元的时间差对各阵元接收信号进行延时补偿，然后相加合成，就能将特定方向回波信号叠加增强，而其他方向的回波信号减弱甚至抵消。同时，通过各阵元的相位、幅度控制以及声束形成等方法，能够产生聚焦、变孔径、变迹等多种相控效果。

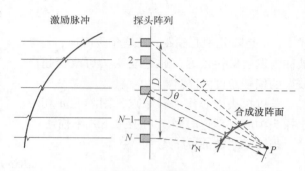

图 1-30　相控阵聚焦声束偏转原理

四、相控阵超声声束扫描方式

在超声相控阵检测系统中，由计算机控制的声束扫描方式主要有电子扫描、动态深度聚焦和扇形扫描三种。

（一）线性扫描

线性扫描，又称 E 扫描、电子扫描，是以固定数量的阵元，以相同聚焦法则沿着探头排列方向移动扫描，直到整个探头扫描完毕。相当于在相控阵探头上加上一个固定大小的选择窗口，每次仅窗口内的阵元参与发射接收，类似常规探头的直线手动扫查，扫查原理如图 1-31 所示。电子扫描过程中无须移动探头即可完成声束的大范围覆盖，特别适合于对板、管等规则形状工件焊缝的高效检测。

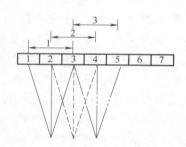

图 1-31　线性扫描示意图
（3 个阵元，间隔 1 个阵元的扫描）

（二）动态深度聚焦

动态深度聚焦，也称 DDF（Dynamic Deep Focusing）。对同一组阵元施加不同的延时律，声束在扫描过程中沿声束轴线对不同深度进行聚焦扫描。在发射时，使用单个聚焦脉冲，而在接收时，接收信号具有一定持续时间，可以由浅渐深地改变焦距，即动态地改变聚焦延迟，使来自各深度的接收声束都处于聚焦状态，此即为动态深度聚焦，如图 1-32 所示。

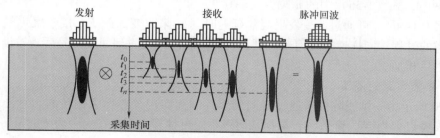

图 1-32　动态深度聚焦示意图

图 1-33 所示为不同深度横孔的标准相控阵聚焦和 DDF 成像对比。比较可知，标准相控阵检测仅在焦距（50mm）附近获得较好的分辨力，偏离焦距区域的横孔成像质量下降明显。相比之下，DDF 在更大的深度范围内都能获得较好的分辨力。位于近场区的两个横孔，DDF 可检出，而标准相控阵聚焦则可能漏检。

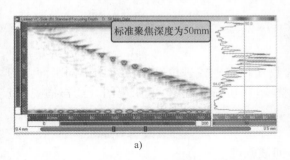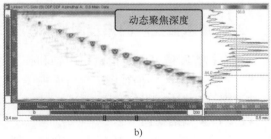

a)　　　　　　　　　　　　　　　　　b)

图 1-33　不同深度横孔标准相控阵聚焦与 DDF 成像对比

a）标准相控阵聚焦　b）DDF

（三）扇形扫描

扇形扫描，又称 S 扫描，是对固定数量的阵元，通过改变聚焦法则使得探头在某个角度范围内进行扫描，相当于在相控阵探头上加上一个固定大小的选择窗口，仅窗口内的阵元进行发射接收。一组阵元发射接收完毕后，不移动窗口，改变聚焦法则，进行下一组发射接收，以此类推，直到扫描完毕，扫查原理如图 1-34 所示。扇形扫描有实际深度指示和体积校正的功能，缺陷的几何位置可测，在实际检测中很常用。

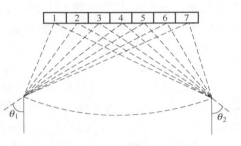

图 1-34　扇形扫描示意图

在超声相控阵检测系统中，扇形扫描一般有以下四种聚焦方式可供选择，如图 1-35 所示：

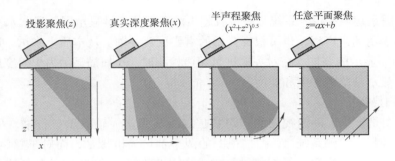

图 1-35　扇形扫描的四种聚焦方式

（1）投影聚焦　所有声束聚焦在一个预设的垂直平面上，此平面垂直于楔块底面，适用于检测窄间隙焊缝。

（2）真实深度聚焦　所有声束聚焦在预设的某一个固定深度，不同角度声束的聚焦深度相同，适用于内壁疲劳裂纹的检测。

（3）半声程聚焦 所有声束聚焦在以单声程为半径的圆弧上，不同角度声束的聚焦路程相同，是扇形扫描中常用的聚焦类型。

（4）任意平面聚焦 所有声束聚焦在自定义的任意平面，适用于焊缝中未熔合缺陷的检测。

五、超声相控阵的扫查图像显示模式

超声扫查图像显示是指由超声轴和扫查参数（扫查轴或进位轴）决定的不同平面上的视图，主要包括 A 扫描视图、S 扫描视图、侧视图（B 扫描视图）、俯视图（C 扫描视图）和端视图（D 扫描视图）。

（一）A 扫描视图

A 扫描视图表示相控阵探头接收到的超声回波幅度与超声传播时间的关系，可为射频信号或检波信号，如图 1-36 所示。A 扫描显示检波信号的幅值经彩色编码处理及添加相关信息后，可将探头移动距离与超声波幅数据联系起来。所有相控阵扫查图像均由 A 扫描信号转换而来，对于 A 扫描显示的射频信号，可利用系统中的相关功能分析其频谱。

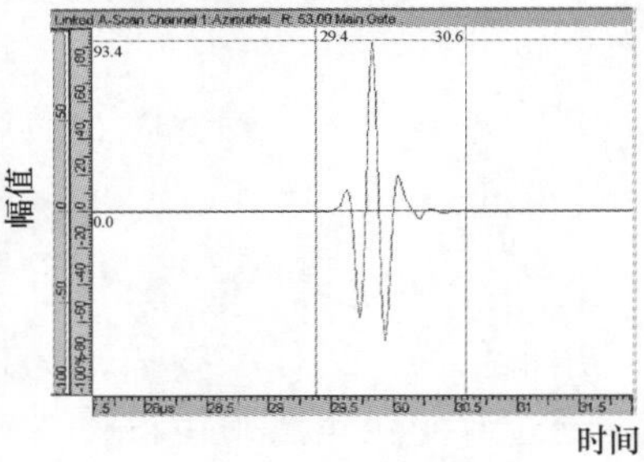

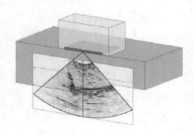

图 1-36 A 扫描视图

（二）S 扫描视图

S 扫描视图（扇形显示或方位角显示）是超声相控阵特有的显示方式，是延时和折射角经校正后的特定通道内所有 A 扫描信号的二维图形显示。典型的 S 扫描是用相同的阵元组聚焦在相同深度，通过一定角度的扫查获得，扫描原理参考图 1-34。S 扫描视图的水平轴代表探头入射点的投影距离（被检试件的宽度），垂直轴代表深度，如图 1-37 所示。

图 1-37 S 扫描视图

（三）B 扫描视图

B 扫描视图是超声相控阵系统记录接收超声波数据的二维显示图，通常水平轴表示扫查位置，垂直轴表示超声声程，也可根据显示的需要反转各轴。从本质上来讲，B 扫描显示是由一系列 A 扫描显示的叠加。在对焊缝进行超声检测时，B 扫描显示为焊缝宽度方向上的横截面图像，可显示缺陷的深度和宽度。

（四）C 扫描视图

C 扫描视图是被检工件俯视图的超声数据二维显示。一轴表示扫查轴，另一轴为进位轴。对于常规的超声检测系统，C 扫描视图的两个轴均为机械轴，而对于超声相控阵系统，一轴为机械轴，另一轴则为电子扫描轴。在 C 扫描图像上，仅显示每个点的最大波幅，从图中可以获得缺陷的水平位置信息，但不能获得缺陷深度信息。

（五）D 扫描视图

D 扫描视图也是超声数据的二维图形显示，一轴是进位轴，另一轴是超声轴。它和 B 扫描显示类似，如果说 B 扫描视图是侧视图，则 D 扫描视图就是端视图，具体情况由放置探

头的倾角来定。此外，B 扫描视图表示扫查轴和时间的关系，D 扫描视图表示进位轴与时间的关系，二者均只显示预先定义的深度范围。

图 1-38 所示为超声检测的 B 扫描、C 扫描、D 扫描视图的原理示意图。

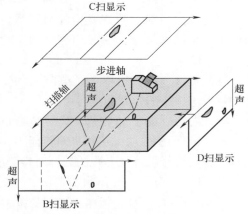

图 1-38　B 扫描、C 扫描、D 扫描视图

六、相控阵探头及声场

（一）相控阵探头的类型

相控阵探头是由多个相互独立的阵元按一定方式排成的阵列。阵元的材料、尺寸、形状、匹配、吸声等参数和工艺都会影响到超声发射/接收特性，需要仔细选择。

按照阵元排列方式的不同，相控阵探头有一维阵列、二维阵列和环形阵列等多种类型，如图 1-39 所示。其中，一维阵列探头结构相对简单，超声发射和接收的通道数较少，无论是带楔块检测，或是直接接触检测以及水浸检测都比较容易实施，通用性好。

分析可知，一维阵列探头产生的声束仅能在 x 方向（阵元分布方向）聚焦，声束焦点具有较大尺寸，对小缺陷的检测能力较弱。相比于一维阵列探头，二维阵列探头能够控制超声波束在一定的三维空间进行偏转和聚焦，具有更强的声束控制能力，提高了对空间微小缺陷的"感知"能力。一维阵列和二维阵列的声束扫查方式如图 1-40 所示。

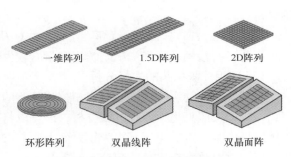

图 1-39　典型的超声相控阵探头类型

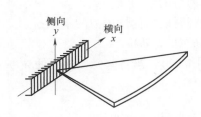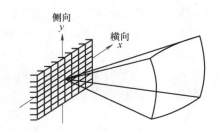

图 1-40　一维阵列和二维阵列的声束扫查方式

（二）相控阵探头的阵元及孔径

这里仅介绍一维阵列探头阵元的相关参数，如图 1-41 所示，其余类型的探头阵元参数都可参考一维阵列探头。

一维阵列探头阵元参数主要包括阵元数（N）、阵元宽度（e）、阵元芯距（d）、阵元间距（g）、主动窗孔径（D）以及从动窗孔径（W）等。

阵元数（N）：相控阵探头包含的单个阵元数量为阵元数。

在探头其他参数一定的情况下，阵元数增加可增加主瓣幅值，抑制旁瓣，主瓣宽度也同时得到抑制，因此增加阵元数有利于提高相控阵超声探头品质。但阵元数增加意味着要增加通道数，这会导致系统的复杂性提高，综合考虑，一般相控阵超声检测时，阵元数选择为16或32个。

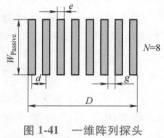

图 1-41　一维阵列探头阵元的相关参数

阵元宽度（e）：指单个压电阵元的宽度。阵元宽度主要影响相控阵探头的旁瓣和主瓣声压。

阵元芯距（d）：指相邻两阵元中心的距离。阵元芯距会影响超声波穿透能力、声束的偏转能力，以及阵元间的串扰信号、旁瓣信号。阵元芯距的选择对检测应用至关重要。

阵元间距（g）：指相邻两阵元的绝缘宽度。

主动窗孔径（D）：指探头阵列受激励的总长度。主动窗孔径长度由下式给出：

$$D = Ne + g(N-1) \tag{1-58}$$

主动窗孔径越大，探头穿透能力越强，能够聚焦的深度范围越大，相应的探头尺寸也越大。

从动窗孔径（W_{passive}）：指阵列探头宽度。推荐的从动窗孔径由探头频率和聚焦深度范围决定：

$$W_{\text{passive}} = 1.4\left[\lambda\left(F_{\min}+F_{\max}\right)\right]^{0.5} \tag{1-59}$$

从动窗孔径对检测灵敏度和缺陷长度定量有较大影响。

（三）相控阵探头的声场分析

相控阵探头的声场理论是超声相控阵检测的基础。对于一个有限尺寸的阵列探头的辐射声场，可以按照惠更斯原理进行分析，即可以将探头的有效辐射面看作是无数点源的组合，则辐射场中某一点的声压可视为辐射面上所有点源在该点产生的声压的叠加结果，该点的声压可以通过对整个辐射面的积分来计算。

此处以一维阵列探头为例说明相控阵探头的声场。一维阵列探头的指向性函数由乘积定理可求出。乘积定理：由相同特征的阵元组成阵列后的指向性函数，等于单个阵元的指向性函数与当每个阵元由位于其中心位置的点声源代替时的指向性函数的乘积：

$$D(\theta,\phi) = D_1(\theta,\phi)D_2(\theta,\phi) \tag{1-60}$$

因此，对于由 N 个线源组成的均匀阵列（图 1-42），当各阵元以相同的频率、相位和振幅振动时，其声压归一化指向性函数为

$$D(\theta_1,\theta_2) = \frac{\sin\left(N\dfrac{kd}{2}\sin\theta_1\right)}{N\dfrac{kd}{2}\sin\theta_1}\cdot\frac{\sin\left(\dfrac{kW}{2}\sin\theta_2\right)}{\dfrac{kW}{2}\sin\theta_2} \tag{1-61}$$

式中，d 是相邻阵元的间距；W 是线源的长度；θ_1 是声线在 xOz 平面上的投影与 z 轴的夹角，θ_2 是声线在 yOz 平面上的投影与 z 轴的夹角；k 是角波数，$k=2\pi/\lambda$。

当阵元间距等于3mm、波长等于2.05mm、阵元数等于16时，由一维阵列的指向性函数可计算得到均匀条形线阵在 xOz 平面的声源指向性，如图 1-43 所示。

从图 1-43 中可以看出，在 0°方向出现了一个相对幅值为 1 的声压极大值，这是主瓣。

在主瓣的两边各出现了一个相对幅值也为 1 的极大值，称为栅瓣；在主瓣和栅瓣之间可见许多幅值较小的尖峰，称作旁瓣。

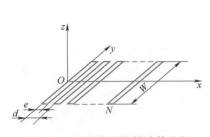

图 1-42　一维阵列及其计算坐标

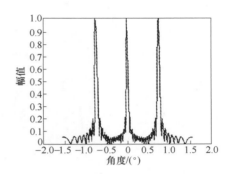

图 1-43　均匀条形线阵在 xOz 平面的声压指向性

（四）相控阵超声检测分辨率及影响因素

相控阵超声检测的成像质量是衡量系统检测能力的重要依据，它主要取决于相控阵超声探头的声束特性，对于相控阵超声探头，有五种分辨率值得考虑。

1. 近表面分辨率和远表面分辨率

近表面分辨率：指离扫查表面的最小可检测距离，具体为对一个正常的超声波束，此处的反射体（横通孔或平底孔）回波幅度和起始脉冲衰减幅度相比有 6dB 以上的分辨率；孔径越大，增益越大，则盲区越大。

远表面分辨率：指离试件内表面的最小可检测距离，具体为对离试件内表面 1~5mm 的反射体（横通孔或平底孔），超声相控阵探头能区分其回波与底面回波，如图 1-44 所示。

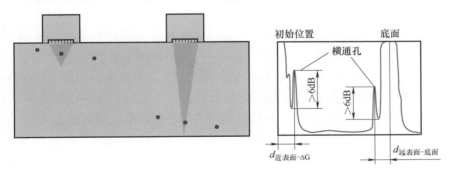

图 1-44　近表面分辨率和远表面分辨率示意图

2. 横向分辨率

横向分辨率，也称侧向分辨率，指超声相控阵探头能区分（缺陷回波峰谷差值达到 6dB 以上）位于同一深度的相邻缺陷的最小距离，如图 1-45 所示。通常，横向分辨率由系统脉冲回波响应主瓣的−6dB 宽度来评估，减小声束宽度可提高横向分辨率。因此，横向分辨率取决于探头的有效孔径、频率和检测深度，是超声相控阵系统成像真实分辨率的粗略估计。

3. 纵向分辨率

纵向分辨率，也称轴向分辨率，指超声相控阵探头在同一角度下能区分（缺陷回波峰谷差值达到 6dB 以上）沿声束轴线上不同深度缺陷的最小距离，如图 1-46 所示。超声脉冲发射持续时间越短，即脉冲宽度越小，纵向分辨率越高。因此使用高阻尼探头或使用较高发射频率均可提高纵向分辨率。

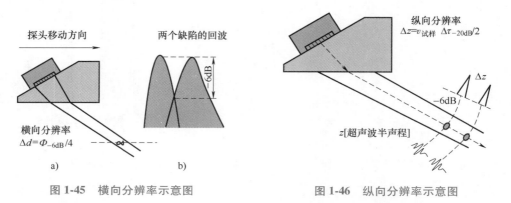

图 1-45　横向分辨率示意图　　　　　　　　图 1-46　纵向分辨率示意图

4. 角度分辨率

角度分辨率，指能区分位于相同深度的相邻缺陷 A 扫描信号的最小角度，如图 1-47 所示。

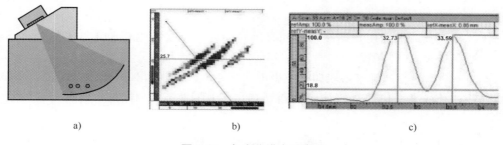

图 1-47　角度分辨率示意图

相控阵超声检测作为一种先进的成像检测技术，对比度分辨率也是衡量检测系统性能的指标之一。对比度分辨率表征缺陷与背景在色彩灰度上的差异，主要由检测系统信噪比和 AD 采样精度位数决定，该指标越好，图像越细腻柔和，细节信息越丰富。

七、相控阵超声检测技术应用

（一）技术特点

相控阵超声检测技术具有传统超声检测方法无法比拟的许多优点，其最显著的特点是可以灵活、便捷而有效地控制声束指向、波前形状及声压分布；其焦柱长度、焦点位置和焦斑大小在一定范围内连续、动态可调；而且通过相位控制可以快速偏转或者移动声束实现扫查。由于各声束在焦点处的相干叠加，缺陷信号的检测信噪比有显著提高。相控阵超声检测技术的应用有助于改善检测的可达性和适用性，提高检测的精确性、重现性及检测结果的可靠性，增强检测的实时性和直观性，促进无损检测与评价技术的应用及发展。

与传统超声检测技术相比，相控阵超声检测技术有很多优点，但同时也存在一些局限性，例如：检测参数多，对操作人员要求高，数据分析和缺陷评定要求高等。

（二）应用情况

1. 提高检测效率和缺陷检出率

借助相控阵超声检测技术的优势，采用相控阵超声探头配合扫查器进行碳素钢、合金钢管道焊缝检测，通过设置合适的工艺参数，能够在现场方便地实施快速扫查和高效检测。对于形状简单规则的板、管等结构，一般而言，相控阵超声检测速度比传统检测方法能提高 5~10 倍。图 1-48 所示为采用相控阵超声检测技术检测碳素钢焊缝。

相控阵超声检测

传统超声检测采用普通单晶片探头，进入到工件的声束角度有限且固定，探头移动距离有限，方向不利或者远离声束轴线位置的缺陷很容易漏检。超声相控阵能够控制超声波在工件中的声束偏转及聚焦扫描，即使是远离声束轴线，随机分布在不同方位的裂纹，相控阵超声也能以镜面反射方式有效检出，如图 1-49 所示。

图 1-48　碳素钢管道焊缝相控阵超声检测
a）带有两个探头的管道扫查器　b）激光对中装置

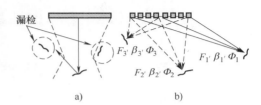

图 1-49　常规单晶片探头超声和相控阵超声的多向裂纹检测比较
a）常规超声检测　b）相控阵超声检测

2. 复杂几何形状工件的超声检测

在对几何形状复杂的工件进行超声检测时，传统的单探头超声检测实施困难。利用相控阵超声进行检测，可灵活控制声束在不同方向、不同区域的扫描，在不移动或少移动探头的情况下即可实现对复杂形状工件的高效检测。采用相控阵超声方法对复杂结构成功实施检测的案例包括：反应堆容器管座角焊缝相控阵超声检测（图 1-50）；转子焊接区的相控阵超声检测（图 1-51）等。

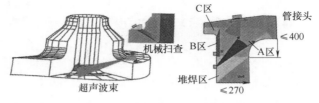

图 1-50　反应堆容器管座角焊缝相控阵超声检测

3. 粗晶高衰减材料的超声检测

奥氏体不锈钢粗晶材料曾被视为传统超声检测的"禁区"，检测难点主要表现为高衰减、检测信噪比低、检测灵敏度和分辨率差。相控阵超声为解决此类检测难题提供了解决途径：采用 500kHz~1.0MHz 低频进行检测，

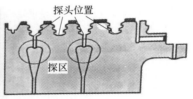

图 1-51　转子焊接区的相控阵超声检测

提高超声波的穿透能力，使用一发一收纵波面阵探头，尽可能消除反射法检测盲区，同时利用相控阵超声对声束的调控优势获得更大的聚焦深度，且在所有深度范围内保持良好的侧向分辨率（图1-52）。此外，相控阵声束可在大范围内扫查，提高对不同取向缺陷的检出率，压电晶片的高阻尼特性又提高了轴向分辨率和信噪比，使得粗晶奥氏体不锈钢的超声检测效果较传统的超声单探头方法有了显著提升。目前，低频一发一收纵波相控阵检测技术已在"华龙一号"全球首堆核电示范工程福清5#机组等多个核电机组推广应用。与传统射线检测技术相比，相控阵超声检测具有无须辐射防护、检测效率高、对面积型缺陷敏感等优点。

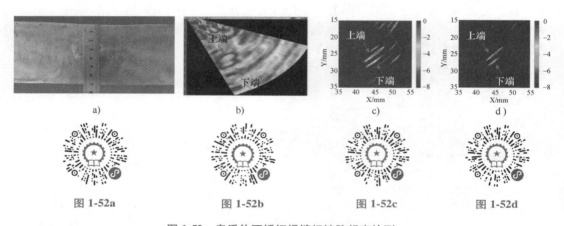

图 1-52a　　　　　图 1-52b　　　　　图 1-52c　　　　　图 1-52d

图1-52　奥氏体不锈钢焊缝相控阵超声检测

a）焊缝试块及人工槽模拟的侧壁未熔合　b）相控阵超声扇扫描图像　c）全聚焦成像　d）相位相干处理后的图像

类似地，相控阵超声检测技术在β型钛合金、灰铸铁件等其他粗晶材料无损检测方面也显现出明显优势。

4. 不规则工件超声检测耦合问题

对于形状不规则的工件，相控阵探头与工件之间的耦合是困扰检测人员的问题。一般的阵列探头都是刚性探头，需要多个楔块来匹配复杂形状工件，大大增加了检测成本，且耦合效果不佳。液浸法虽然可以解决耦合问题，但有些工件由于结构、材质或现场不可拆卸等原因，不宜使用液浸法。

为此，法国原子能委员会（CEA）研制出了"柔性"相控阵探头，其各阵元几何位置可灵活改变，从而紧贴在各种形状曲面上，适用于非平面、复杂表面的物体检测，这种探头在法国核电站压水堆管路系统的检测中发挥了重要作用。但由于结构复杂，成本高，"柔性"相控阵探头的应用尚未普及。

大连理工大学推出一种固体柔性声耦合楔块。这种声楔块是固体介质，透声性好，且柔性可变形、裁剪方便，可根据工件的形状规格进行仿形定制，能够显著改善楔块与工件之间的耦合效果（图1-53）。配套了固体柔性声耦合楔块的相控阵超声检测技术目前已用于核工程厚壁压力容器以及航空复合材料构件的现场检测，相控阵超声技术的优势在复杂结构件的检测中得以进一步充分体现，十分高效便捷。

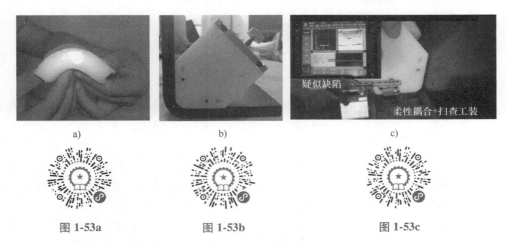

图 1-53a   图 1-53b   图 1-53c

图 1-53 航空复合材料 R 角相控阵超声检测

a) 固体柔性声耦合楔块   b) R 角耦合楔块及工装   c) R 角相控阵超声检测成像

八、相控阵全聚焦超声检测技术

（一）相控阵全聚焦超声检测原理概述

全聚焦方法是由英国 Bristol 大学 Homles 等于 2004 年首先提出，是一种后处理成像技术。全聚焦方法以全矩阵捕捉技术为基础，能够实现整个检测区域各位置点的聚焦成像显示，因而能够获得最佳的成像质量，被认为是相控阵超声成像技术领域的"黄金标准"。如图 1-54 所示，包含 N 个阵元的线性阵列探头在进行全矩阵数据采集时，所有活动阵元顺序发射，同时各自独立地接收超声回波信号，共获得 N^2 个 A 扫描信号，记为 A_{ij}，其中下标 i，j 分别表示发射和接收阵元的序号。这种信号采集方式能够从不同的方向捕捉反射体回波信号，因而被认为是能够最全面地获取缺陷回波信息的数据采集技术。

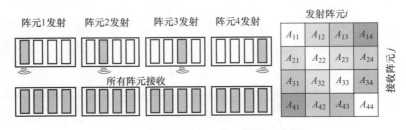

图 1-54 全矩阵捕捉技术原理示意图

全聚焦成像算法采用离线计算的方式对全矩阵数据进行分析，在成像区域划分网格，将每一组时域信号通过延时叠加聚焦到每个网格点以实现图像表征。全聚焦成像原理如图 1-55 所示，通过对全矩阵数据执行"延迟与叠加"

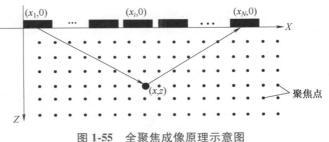

图 1-55 全聚焦成像原理示意图

后处理，可将检测区域内各位置点的反射回波同相位叠加，实现聚焦成像。对于聚焦点 (x,z)，其全聚焦成像幅值 $I(x,z)$ 可由如下公式求得：

$$I(x,z) = \left| \sum_{i=1}^{N} \sum_{j=1}^{N} A_{ij}(t_{ij}(x,z)) \right| \qquad (1-62)$$

式中，$t_{ij}(x,z)$ 是声波由阵元 i 发射传播至成像点，并经反射后返回至接收阵元 j 所需时间。

（二）全聚焦与常规相控阵超声检测方法的比较

全聚焦方法能够实现待检测区域逐点聚焦，成像分辨力具有空间一致性。由于全聚焦成像由阵元多次发-收波程求和而得，对缺陷取向相对不灵敏，可提高焊缝及邻近定向缺陷（裂纹类面型缺陷）的检出率。此外，实施全聚焦检测时阵元间多次发收，图像的盲区小，有利于薄壁工件及近表面缺陷的检测。但是，全聚焦数据量比常规相控阵超声大几个数量级，因此对系统计算处理能力要求明显提高。实际应用中，通常首先采用相控阵超声技术进行检测，如需要对局部区域进行精细表征，可采用高分辨率的全聚焦成像和分析工具。

第八节　超声 TOFD 检测技术

超声波衍射时差（Ultrasonic Time of Flight Diffraction），简称 TOFD，是 20 世纪 70 年代由英国哈威尔无损检测中心提出的，它利用缺陷端部的衍射波来检出缺陷并对其进行定量。TOFD 法具有精度高、检测快捷、实时成像、检测数据易保存等优点。由于 TOFD 能够对工件壁厚方向的裂纹高度进行精准定量，非常有利于结合断裂力学对构件进行剩余寿命评价，因此在核工业、电力和石油化工等领域的在役设备检验中得到高度重视和广泛应用。

一、TOFD 检测原理

TOFD 检测时采用一对频率、尺寸、角度都相同的纵波斜探头，一发一收，如图 1-56 所示。发射探头向被检工件发射超声波，一部分声波沿物体表面传播，直接被接收探头接收，具有传播时间最短的特点，对应于图 1-56 中的①直通波。当工件内部有缺陷时，超声波在缺陷上、下端点分别发生衍射，相应的衍射波②和③在直通波之后到达接收探头。此外，探头还能接收到工件的底面回波④。

根据声波衍射理论，缺陷（如裂纹）上端和下端给出的信号相位相反，

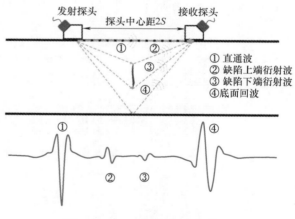

图 1-56　TOFD 检测原理示意图

因此对于任一单个信号，可从相位上来辨别信号是来自缺陷上端还是下端。TOFD 法借助接收信号的相位信息以及缺陷上、下端衍射信号的声时差，实现对缺陷的检测及精准定量。

二、TOFD 检测图像

TOFD 检测图像由一维射频 A 扫描信号和能够显示缺陷深度及位置信息的二维灰度图像构成。A 扫描信号对应某一位置沿焊缝厚度方向的检测情况，其纵坐标代表信号的波幅，横坐标反映超声波传播时间，射频信号能够体现波的相位信息。

TOFD 灰度图像由大量 A 扫描信号构成，图 1-57 所示为 A 扫描信号与灰度图像转换示意图。灰度图像的横坐标表示探头位移，数值代表扫查距离的长短；纵坐标表示声时，代表信号传播的时间。在图像中信号的波幅以灰度明暗显示，白色与黑色分别代表信号幅值最高点与最低点，黑色对应波形中的负相位，白色对应正相位。因此，TOFD 灰度图像可以直观记录缺陷信息，有利于缺陷的识别与判读。

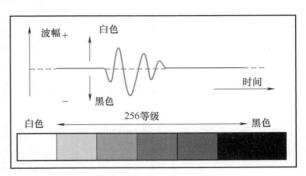

图 1-57　A 扫描信号与灰度图像转换示意图

三、TOFD 扫描方式

TOFD 扫描方式主要分为两种，一种是探头沿焊缝方向移动，探头声束出射面与探头移动方向垂直，该扫描方式称为非平行扫描，即 D 扫描。D 扫描常用于 TOFD 检测中的初始扫描，目的是用来确定检测对象内部缺陷情况，如缺陷数量、深度、长度等信息。

TOFD 检测中另一种常用的扫描方式为平行扫描，也称为 B 扫描。B 扫描中探头垂直于焊缝方向移动，探头声束出射面与探头移动方向平行。B 扫描主要是用来辅助 D 扫描，对已发现的缺陷进行精确定位及定量。

图 1-58 所示为 TOFD 检测中 D 扫描和 B 扫描示意图。

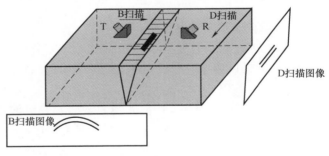

图 1-58　TOFD 检测中 D 扫描和 B 扫描示意图
T—发射探头　R—接收探头

四、TOFD 参数选择

检测参数优化是保证获得良好检测效果的前提，TOFD 检测参数主要包括探头频率、探头尺寸、探头角度以及探头中心间距。

TOFD 为了提高检测效率和缺陷检出率，常采用具有较宽声束截面范围的探头。根据超声探头半扩散角公式（1-63）可知，TOFD 探头频率和探头尺寸共同决定了探头的声束扩散范围。

$$\gamma = \arcsin\left(F \frac{c_{\mathrm{p}}}{Df} \right) \tag{1-63}$$

式中，γ 是发射声束半扩散角；D 是探头尺寸；c_{p} 是纵波声速；f 是探头频率；F 是声束扩散因子，TOFD 中一般取其值为 0.7，对应的 γ 值表示声束幅值下降 12dB 时的扩散角度。

由式（1-63）可以看出，探头尺寸和探头频率越小，声束扩散角度越大，即检测覆盖范围越大。但探头频率越小，会导致检测分辨率降低，因此频率的选择需要综合考虑检测分辨率、工件厚度、衰减等。小尺寸的探头具有较大的声束覆盖范围，但是其发出的声波能量弱，适于检测薄板试块或厚板试块的上层。对较深区域检测时为保证足够的衍射能量，则采用大尺寸探头。

TOFD 探头发出的超声波通过楔块以一定角度进入被检工件，探头的角度和探头中心间距（Probe Center Spacing，PCS）共同决定了超声波在工件内的检测深度区域和主声束交点深度。探头角度越小，主声束交点深度越深，深度覆盖区域越小，但声波能量越集中，主声束交点声压幅值越高。同时直通波与底面回波的时间间隔越大，沿时间轴的信号分辨率越高。

探头中心间距决定了直通波和底面回波的时间范围窗口，影响着检测分辨率。根据 PCS、缺陷深度、缺陷高度、缺陷上下端传播时间差 Δt 等参数之间的关系分析可知，当 PCS 增加时，Δt 值将减小，缺陷上下端回波传播时间差会逐渐减小，相应的，缺陷检测分辨率降低。同时，PCS 越大，主声束交点深度越深，能够检测到的深度区域越靠近试块下层，但是主声束幅值越低。

实际检测时，对薄板试块或厚板试块的上层检测时，常采用大角度探头，而为了保证声束宽度尽可能多地覆盖到目标区域，PCS 的值则依据 2/3 法则进行设置，即使探头声束交点在目标区域的 2/3 处，这样既保证了声束覆盖范围，同时保证了检测区域的声场能量。

五、TOFD 缺陷定位定量

（一）缺陷深度与高度定量

TOFD 技术是根据直通波（或底面回波）与缺陷尖端衍射波之间的时间差对缺陷深度进行定位的。此处以典型的平板中埋藏型缺陷为例，对 TOFD 检测中缺陷的定位定高方法进行说明。

如图 1-59 所示，设探头中心间距为 $2S$，材料纵波声速为 c_c，缺陷上端衍射波传播时间为 t_1，下端衍射波传播时间为 t_2，根据几何关系有：

$$S^2 + d^2 = \frac{c_1^2 t_1^2}{4} \tag{1-64}$$

整理可得缺陷埋深 d 为

$$d = \frac{1}{2}\sqrt{c_1^2 t_1^2 - 4S^2} \tag{1-65}$$

则缺陷自身高度 h 为

$$h = \frac{1}{2}\sqrt{c_1^2 t_2^2 - 4S^2} - d \tag{1-66}$$

在实际检测中，为避免探头延迟时间带来的测量误差，一般以直通波或底面回波做参考，测量缺陷衍射波与直通波（底面回波）之间的声时差，来确定缺陷位置。设直通波和缺陷上端点衍射波之间的声时差为 t_D（$t_D = t_1 - t_L$，t_L 为直通波传播时间），根据几何关系，由式（1-64）便可求得缺陷的深度 d 为

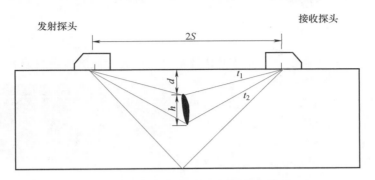

图 1-59　TOFD 检测缺陷定位定高模型

$$d = \frac{1}{2}\sqrt{c_1^2 t_D^2 + 4 t_D c_1 S} \qquad (1\text{-}67)$$

对于表面开口缺陷，因声束无法从上表面通过，故缺陷高度由底面回波与缺陷下端部衍射信号之间的时间差求得。类似的，底面开口缺陷高度由直通波与缺陷上端部衍射波两信号的时间差求得。

若被检测工件结构复杂，如 T 形管、喷嘴等，在利用 TOFD 对其内部缺陷定位时，需要针对具体情况进行综合考虑、反复实验。

（二）缺陷长度定量

TOFD 检测中缺陷长度主要通过 D 扫描过程中缺陷出现和消失对应的衍射信号时间差计算获得。D 扫描过程中，编码器能够实时记录每个位置的 A 扫描信号，扫描图像能够显示焊缝纵断面的情形，因此，可以给出缺陷长度信息。若缺陷表面平行于焊缝纵截面，检测得到的缺陷长度即表示缺陷的实际长度，若缺陷走向与焊缝纵截面不平行或缺陷表面有弧度，此时缺陷长度以其投影在焊缝面上的长度为准。

TOFD 检测中声束具有扩散角，受声束宽度的影响，所记录的缺陷长度通常被拉长，如图 1-60 所示。假设具有一定长度的缺陷与工件表面平行，且探头移动方向与缺陷走向一致，则移动过程中始终有位于探头声束中心线所在垂直平面上的点的衍射信号最先被接收，在缺陷两端由于衍射信号传播时间随着探头位置的远离或靠近而增加，形成一个向下弯曲的特征弧线，即甩弧。甩弧现象的存在导致难以准确确定缺陷起始位置，从而影响对缺陷长度的定量。甩弧的大小与声束宽度成正比，即受 TOFD 检测参数影响而发生变化。

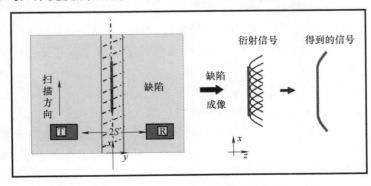

图 1-60　TOFD 检测 D 扫描成像原理

六、TOFD 检测盲区

超声波脉冲具有一定宽度，利用 TOFD 技术对工件进行检测，当缺陷埋深较大时，可清晰识别出缺陷的端点衍射波信号，并从扫查图像中弧顶位置对应的 A 扫描信号提取时间信息进行缺陷定位（图 1-61a）。若缺陷位于工件近表面，则缺陷端点的衍射波易与直通波发生混叠（图 1-61b），导致缺陷不能被发现，即形成所谓近表面盲区。近表面盲区是 TOFD 检测技术固有的。

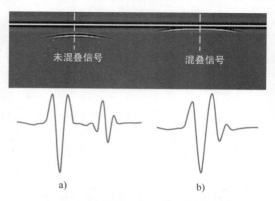

图 1-61 不同区域内缺陷 TOFD 检测信号对比
a) 盲区外 b) 盲区内

设被测工件为平面结构，材料纵波声速为 c_p，直通波的脉冲宽度为 t_p，则近表面盲区深度 d 可由式（1-68）给出：

$$d = \left[c_p^2 \left(\frac{t_p}{2} \right)^2 + c_p S t_p \right]^{1/2} \quad (1-68)$$

由式（1-68）可知，平面 TOFD 检测近表面盲区的大小与 c_p、t_p 和 $2S$ 有关。其中材料纵波声速 c_p 为定值，脉冲宽度 t_p 由探头频率和带宽决定，探头中心间距 $2S$ 的取值与工件尺寸有关。

一般来说，通过减小 PCS、增大探头频率、减小脉冲宽度等可以减小近表面盲区。但由于直通波脉冲宽度只能减小不能消除，因此近表面盲区不可避免。在优选检测参数的基础上，可以从信号后处理和引入不同传播路径的回波信号等方面进行 TOFD 检测盲区抑制。

七、TOFD 检测技术应用

（一）技术特点

传统超声检测由超声信号幅度来评定缺陷尺寸，这种波幅定量法会受到诸如声束角度、探测方向、缺陷表面粗糙度、试件表面状态及探头压力等因素的影响。超声 TOFD 法基于缺陷衍射波信号进行检测，缺陷高度及深度定量准确，具有较高的检测可靠性，且检测记录方便保存，对在役设备的缺陷评价特别有价值。如果结合常规的缺陷测长方法，就可掌握缺陷二维形状，进一步利用断裂力学对被检设备进行剩余寿命评价。

超声 TOFD 法也存在局限性，例如：由于声束的覆盖范围较大，检测图像的横向分辨力低；存在近表面和底面检测盲区；使用的信号幅度较低，通常只适用于超声波衰减较小的材料。此外，TOFD 检测图像的分析较为困难，需要经验丰富的专业人员进行判定。

（二）应用情况

国际上围绕 TOFD 与射线检测、常规超声脉冲回波法的缺陷检测效果比较开展了大量研究工作，其中比较典型的是荷兰焊接协会开展的试验。针对 21 个厚度在 6~15mm 之间的薄板焊缝试块，内置裂纹、未焊透、未熔合、气孔和夹渣等共计 250 个缺陷。分别采用 TOFD 技术、机械扫查和手动扫查脉冲回波超声检测技术、射线检测技术等进行检测。在实施无损检测之后，对试块缺陷进行了解剖，将无损检测结果与破坏性检测结果进行对比，结果如图 1-62 所示。

TOFD 检测

从图中可以看出，相较于其他方法，TOFD 检测技术具有较高的缺陷检出率（Probability of Detection，POD）以及可靠性（Reliability），同时，TOFD 的缺陷误报率（False Call Rate）最低。配合机械扫查的脉冲回波法虽有最高的缺陷检出率，但它所需的扫查时间比 TOFD 要长好几倍。

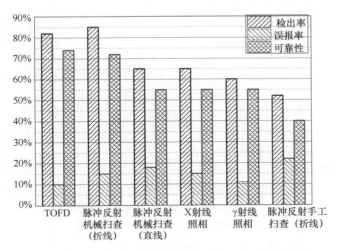

图 1-62 不同无损检测技术的焊缝缺陷检测情况对比

此外，德国联邦材料研究机构针对厚度为 15～40mm 的平板试块，分别采用 TOFD、脉冲回波法、射线检测三种方法进行检测，结果如图 1-63 所示。对比发现，对于取向在 90°～10° 的缺陷，TOFD 检测技术的缺陷检出率远高于脉冲回波法和射线检测，特别是对于小尺寸缺陷，TOFD 技术的优势更为明显。

鉴于 TOFD 检测的优势，该技术已得到越来越广泛的应用。特别是对于射线检测透照困难的厚壁焊缝结构，TOFD 技术不但能够提供高效、便捷的解决途

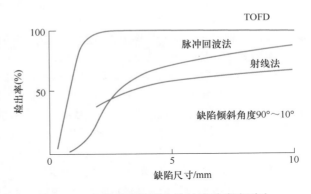

图 1-63 不同无损检测方法缺陷检出率对比

径，同时避免了射线检测技术本身的辐射防护、环境污染等问题，对于现场检测优势尤其明显。

超声 TOFD 技术的应用情况可查阅其他参考书。

复习思考题

1. 试述超声波的特点和适用范围。
2. 简述超声波的基本波形和分类方法。
3. 何谓超声场？它有哪些基本参量？

4. 试分述介质声参量的物理意义和数学表达式。

5. 简述超声波垂直入射时的 r、t、R、T 及界面两侧必须满足的边界条件。

6. 默写斯涅尔定律，第一、第二临界角的数学表达式。

7. 何谓超声波的聚焦？简述水浸聚焦探头的设计思路。

8. 何谓超声场的近场区、远场区和指向性？

9. 同一个探头发射超声波，传播介质分别为水、铝、钢和有机玻璃，试问，在哪种材料中超声波的扩散角最大？

10. 简述标准试块的作用和分类。

11. 一定频率的超声波通过声速低的材料时，其波长将比通过声速高的材料时：

（1）一样 （2）增长 （3）减少 （4）成倍增长

12. 材料中的声速取决于：（1）频率 （2）波长 （3）材质 （4）周期

13. 在给定距离上，下列对超声波衰减最大的材料是：

（1）钢 （2）铸铁 （3）水 （4）有机玻璃

14. 以相同的检测灵敏度分别探测粗晶铸钢和调质锻件中的缺陷，如两者探测面的条件相同，同样深度处（如 200mm）的缺陷回波高度也一样，则两者的缺陷：

（1）当量相同 （2）锻件中的大 （3）铸件中的大 （4）上述都不对

15. 从检测原理分析相控阵超声检测的特点。

16. 试分析传统超声检测与 TOFD 检测在缺陷定量方面的差异。

参 考 文 献

[1] 李喜孟. 无损检测 [M]. 北京：机械工业出版社，2001.

[2] 石井勇五郎. 无损检测学 [M]. 吴义，等译. 北京：机械工业出版社，1986.

[3] 美国无损检测学会. 美国无损检测手册 超声卷：上册 [M]. 美国无损检测手册编审委员会，译. 北京：世界图书出版公司，1996.

[4] 张俊哲，等. 无损检测技术及其应用 [M]. 北京：科学出版社，1993.

[5] HICHOLS R W. 压力容器技术进展 2：探伤与检验 [M]. 陈树宁，译. 北京：机械工业出版社，1994.

[6] 中国机械工程学会无损检测学会. 无损检测概论 [M]. 北京：机械工业出版社，1993.

[7] 李造鼎，李锡润，虞和济. 故障诊断的声学方法 [M]. 北京：冶金工业出版社，1989.

[8] 蒋危平，等. 超声检测学 [M]. 武汉：武汉测绘科技大学出版社，1991.

[9] 全国锅炉压力容器无损检测人员资格鉴定考核委员会. 超声波探伤 [M]. 北京：劳动人事出版社，1989.

[10] 唐慕尧. 焊接测试技术 [M]. 北京：机械工业出版社，1988.

[11] 胡建恺，张谦琳. 超声检测原理和方法 [M]. 合肥：中国科学技术大学出版社，1993.

[12] Olympus NDT. Introduction to phased array ultrasonic technology：R/D tech guideline [M]. [S. l.：s. n.]，Olympus NDT，2007.

[13] 施克仁. 无损检测新技术 [M]. 北京：清华大学出版社，2007.

[14] 王悦民，李衍，陈和坤. 超声相控阵检测技术与应用 [M]. 北京：国防工业出版社，2014.

[15] 卢超，钟德煌. 超声相控阵检测技术及应用 [M]. 北京：机械工业出版社，2021.

[16] 徐春广，李卫彬. 无损检测超声波理论 [M]. 北京：科学出版社，2021.

[17] 林莉，杨平华，张东辉，等. 厚壁铸造奥氏体不锈钢管道焊缝超声相控阵检测技术概述 [J]. 机械工

程学报，2012，48（4）：12-20.

[18] 罗忠兵，曹欢庆，林莉. 航空复材构件 R 区相控阵超声检测研究进展 [J]. 航空制造技术，2019，62（14）：67-75.

[19] 黄文大，李衍. 全矩阵捕获和全聚焦法相控阵成像检测技术 [J]. 无损检测，2021，43（11）：72-78.

[20] 张俊哲. 无损检测技术及其应用 [M]. 2 版. 北京：科学出版社，2010.

[21] 胡先龙，季昌国，刘建屏. 衍射时差法（TOFD）超声波检测 [M]. 北京：中国电力出版社，2015.

[22] 吴俊，王超. 衍射时差法超声检测（TOFD）技术在工程施工中的应用 [J]. 石油化工建设，2012（4）：87-88.

[23] ERHARD A，EWERT U. The TOFD method-between radiography and ultrasonic in weld testing [J]. NDT. net，1999，4（9）：1-4.

[24] MONDAL S，SATTAR T. An overview TOFD method and its Mathematical Model [J]. NDT. net，2000，5（4）：58-63.

第二章
射线检测

　　射线检测是利用 X 射线、γ 射线、中子射线等各种高能射线对材料的透射性能及不同材料对射线的吸收、衰减程度的不同，使底片或探测器感光成衬度不同的图像来观察的，它作为一种行之有效又不可缺少的检测材料（或零件）内部缺陷的手段，为工业上许多部门所采用。首先它适用于几乎所有材料，而且对零件形状及其表面粗糙度均无严格要求，对厚至 0.5m 的钢或薄如纸片的树叶、邮票、油画、纸币等均可检查其内部质量。其次，射线检测能直观地显示缺陷影像，便于对缺陷进行定性、定量和定位。第三，射线图像能长期存档备查，便于分析事故原因。

　　射线检测对气孔、夹渣、疏松等体积型缺陷的检测灵敏度较高，对裂纹、未熔合等平面缺陷的检测灵敏度较低，如当射线方向与平面缺陷（如裂纹）垂直时就很难检测出来，只有当裂纹与射线方向平行时才能够对其进行有效检测。

　　射线检测有 X 射线、γ 射线和中子射线等检测方法。本章主要介绍 X 射线检测，对 γ 射线检测和中子射线检测只做简单介绍。另外，射线对人体有害，需要有保护措施。

　　目前，射线检测已发展成为五大常规检测技术之一，在汽车、化工、冶金、机械、电力、航空航天等领域具有广泛的应用，本章最后将介绍近二十年来发展迅猛的计算机照相检测（CR）、数字化 X 射线照相检测（DR）及工业 CT 技术。

第一节　射线检测的物理基础

一、射线的种类

　　波长较短的电磁波叫射线，那些速度高、能量大的粒子流也叫射线。射线由射线源向四外发射的过程称为辐射，一般分为非电离辐射与电离辐射两大类。前者是指那些能量很低，因而不足以引起物质发生电离的射线，如微波辐射、红外线等；而后者则是指那些能够直接或间接引起物质电离的辐射。

　　直接电离辐射通常是那些带电离子，如阴极射线、β 射线、α 射线和质子射线等。由于它们带有电荷，所以在与物质发生作用时，要受原子的库伦场的作用而发生偏转。同时，会以物质中原子激发、电离或本身产生场致辐射的方式损失其能量，故其穿透本领较差，因而一般不直接利用这类射线进行无损检测。

　　间接电离辐射是不带电的离子，如 X 射线、γ 射线及中子射线等。由于它们属于电中性，不会受到库伦场的影响而发生偏转，且贯穿物质的本领较强，故广泛地用于无损检测。

二、射线的产生

（一）X射线的产生

X射线源即X射线发生器，主要组成如图2-1所示，图中：1是发射电子的灯丝（阴极），2是受电子轰击的阳极靶，3是加速电子的装置——高压发生器，其核心部分为X射线管。X射线管是一种两极电子管，将阴极灯丝通电加热，使之白炽而放出电子。在管的两极（灯丝与靶）间加上几十至几百千伏电压后，由灯丝发出的电子即以很高的速度撞击靶面，此时电子能量的绝大部分将转化为热能形式散掉，而极少一部分以X射线能量形式辐射出来，其波长为0.01~50nm，它是一种混合线，即由连续X射线和标识X射线组成，如图2-2所示。连续X射线主要是由于管电压波形不同，使电子的加速程度不同，这样就不可能使所有电子转换为X射线。另外，电子在阳极靶上受阻止的程度不同，因此，转换为X射线的能量或波长也不同，并呈连续分布。当管电压超过某一临界值时，电子能量增高到足以使原子中的核外电子激发或脱离原子时，此时原子在低能级处于稳定态的核外电子向高能级升迁或被击出，从而在低能级处形成一个空穴，使原子处于不稳定。邻近高能级层中的核外电子就会跃至低能级，更远的高能级层中的核外电子也可能跃至较低能级空穴。这样，当一个内层电子被激发，就可能引起一系列外层电子的跃迁。外层高能级上的电子向内层低能级跃迁将释放出多余能量，而以X射线形式呈现，其能量或波长是确定的，这样就形成了标识（特征）X射线。

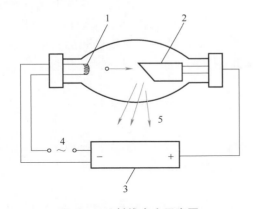

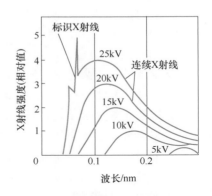

图2-1　X射线产生示意图

图2-2　钼靶的X射线波谱

1—灯丝　2—阳极靶　3—高压发生器　4—电源　5—X射线

在工业探伤中所获得的X射线谱中既有连续谱，也有标识谱，标识射线与连续射线能量相比要小得多，所以起主要作用的是连续谱。

（二）γ射线的产生

γ射线是一种电磁波，可以从天然放射性原子核中产生，也可以从人工放射性原子核中产生。天然放射性同位素如镭-226、铀-235等，这种天然放射性同位素不仅价格高，而且不能制成体积小而辐射能量高的射线源。射线探伤中使用的γ射线源是由核反应制成的人工放射线源。应用较广的射线源有钴-60、铱-192、铯-137、铥-170等，如钴-60就是将其稳定的同位素钴-59置于核反应堆中，获得中子而发生核反应制成的。

（三）中子射线的产生

中子是通过原子核反应产生的。除普通的氢核之外（氢核只有一个质子），其他任何原子核都含有中子，如果对这些原子核施加强大的作用，给予原子核的能量超过中子的结合能时，中子便释放出来了。任何能使原子核受到强烈激发的方式都可以用来获得中子。这些方法大致有：用质子、氘核、α粒子和其他带电粒子以及γ射线来轰击原子核。目前常用的中子源有三大类，分别是同位素中子源、加速器中子源和反应堆中子源。

同位素中子源——利用天然放射性同位素（如镭、钋等）的α粒子去轰击铍，引起核反应而产生中子，但中子强度较低。

加速器中子源——用被加速的带电粒子去轰击适当的靶，可以产生各种能量的中子，其强度比普通同位素中子源要高出好几个数量级。

反应堆中子源——利用重核裂变，在反应堆内形成链式反应，不断地产生大量的中子，反应堆中子源是目前强度最大的中子源。

三、射线的特性

X射线、γ射线和中子射线都可用于固体材料的无损检测，现将其共性与各自的特性分述如下：

（一）具有穿透物质的能力

X射线和γ射线随被穿透物质原子序数的增大而穿透能力逐渐减弱，轻元素（即原子序数小的元素）对中子射线吸收系数特别大，如氢、硼等轻元素；铁、铅等重元素对中子的吸收系数反而小。其次，对同一元素的不同同位素，中子的质量吸收系数也差别很大。正是由于这些吸收系数的差异，使中子照相具有不同于X射线和γ射线检测的某些特点，可以弥补前两者的不足，换言之，上述各条又是不同检测技术相互补充的理论依据。

（二）不带电荷、不受电磁场的作用

X射线、γ射线和中子射线均不受电磁场的作用，即具有不带电性。

（三）具有波动性、粒子性，即所谓二象性

X射线、γ射线和中子射线在材料中传播的过程中，可以产生折射、反射、干涉和衍射等现象，但不同于可见光在传播时的折射、反射、干涉和衍射等。

（四）能使某些物质起光化学作用

使某些物质产生荧光现象，能使X射线胶片感光；但中子对X射线胶片作用效率较低。

（五）能使气体电离和杀死有生命的细胞

因射线具有一定能量，当穿过某些气体时与其分子发生作用而电离，能产生生物效应，杀死有生命的细胞，特别是中子射线，它具有比X射线和γ射线更强的杀伤力。

四、射线通过物质时的衰减

射线穿过物质时，将与物质中的原子发生撞击，发生能量转换，并引发上述种种物理效应和射线能量的衰减。

（一）X射线、γ射线通过物质时的衰减

X射线、γ射线通过物质时，主要与物质发生光电效应、康普顿效应、汤姆森散射和电子对的产生等作用。

光电效应：射线光子透过物质时，与原子壳层电子作用，将所有能量传给电子，使其脱离原子而成为自由电子，但光子本身消失，这种现象称为光电效应。当射线光子能量小时，只和原子外层电子作用；当射线光子能量大，加之与被检物质内层电子的相互作用，除产生上述光电现象外，并伴随次级标识 X 射线的产生，如图 2-3a 所示。

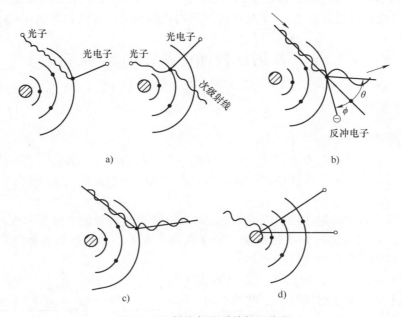

图 2-3　X 射线与物质的相互作用

a）光电效应　b）康普顿效应　c）汤姆森散射　d）电子对的产生

康普顿效应：当 X 射线的入射光子与被检物质的一个壳层电子碰撞时，光子的一部分能量传给电子并将其打出轨道（该电子称为康普顿电子），光子本身能量减少并改变了传播方向，成为散射光子，这种现象叫作康普顿效应，如图 2-3b 所示。

汤姆森散射：射线与物质中带电粒子相互作用，产生与入射波长相同的散射线的现象叫作汤姆森散射，这种散射线可以产生干涉，能量衰减十分微小，如图 2-3c 所示。

电子对的产生：当射线光子能量较大时（即 $E > 1.02\text{MeV}$），光子在原子核场的作用下，转化成一对正、负电子，而光子则完全消失，这种现象叫作电子对的产生，如图 2-3d 所示。

由于 X 射线（γ 射线）通过厚度为 d 的物质时发生上述作用，并使其能量衰减，对单色平行射线，其强度的衰减规律可用下式表示：

$$I = I_0 e^{-\mu d} \tag{2-1}$$

式中，I_0、I 分别是入射线和透射线强度；μ 是衰减系数（吸收系数）；d 是被测物质的厚度。

实际上射线束是锥体形，经过修正后为

$$I = I_0 \left(\frac{H}{H+d} \right) e^{-\mu d} \tag{2-2}$$

式中，H 是物体表面至射线源的距离。

（二）中子射线通过物质时的衰减

中子是一种呈电中性的微粒子流，它不是电磁波，这种粒子流具有巨大的速度和贯穿能力。中子射线在被测物质中的衰减主要取决于材料对中子的捕获能力。其能量衰减规律为

$$I = I_0 e^{-N\sigma_t d}$$

(2-3)

式中，I_0、I 分别是入射线和透射线强度；σ_t 是中子与被检物质中发生核相互作用的全截面（等于吸收截面和散射截面之和）；N 是单位体积内核的数目，则吸收系数 $\mu = N\sigma_t$。

第二节　X 射线检测的基本原理和方法

一、检测原理

X 射线检测的原理是：当射线通过被检物体时，有缺陷部位（如气孔、非金属夹杂）与无缺陷部位对射线吸收能力不同，一般情况是透过有缺陷部位的射线强度高于无缺陷部位的射线强度，因而可以通过检测透过被检物体后的射线强度的差异，来判断被检物体中是否有缺陷存在。

换言之，强度均匀的射线照射被检测的物体时，会产生能量的衰减，其衰减程度与射线的能量（波长）以及被穿透物质的质量、厚度及密度有关。如果被照物体是均匀的，射线穿过物体衰减后的能量只与其厚度有关。

当物体内有缺陷时，在缺陷部位穿过射线的衰减程度则不同。由于材质以及厚度的不同，最终得到不同强度的射线，如图 2-4 所示。当存在厚度 h 的台阶以及厚度 X 的体缺陷时，根据式（2-1），不同处透过样品的射线强度有：$I_h = I_0 e^{-\mu(h+d)}$、$I_A = I_0 e^{-\mu A}$、$I_X = I_A e^{-\mu' X}$ 以及 $I_B = I_X e^{-\mu(d-A-X)}$，所以：$I_B = I_0 e^{[-\mu(d-X)-\mu' X]}$，即：$I_d \neq I_h \neq I_B$，在 X 射线图像上会出现衬度的区别。

如将这些不同能量进行照相或转变为电信号指示、记录或显示，就可以评定材料质量，从而达到无损检测的目的。

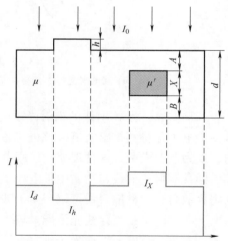

图 2-4　X 射线检测原理示意图
（样品中存在厚度 h 的台阶以及厚度 X 的体缺陷）

二、检测方法

目前工业上主要有照相法、电离检测法、荧光屏直接观察法、电视观察法、数字成像合成法等 X 射线检测方法。

（一）照相法

照相法是将感光材料（胶片或 CCD）置于被检测试件后面，接收透过试件的不同强度的射线，如图 2-5 所示。因为胶片乳剂的摄影作用与感受到的射线强度有直接的关系，经过暗室处理后就会得到透照影像，根据影像的形状和黑度情况来评定材料中有无缺陷及缺陷的形状、大小和位置。

照相法灵敏度高，直观可靠，重复性好，是最常用的方法之一，将在后面详细讨论。

（二）电离检测法

当射线通过气体时，与气体分子撞击使其失去电子而电离，生成正离子，有的气体分子得到电子而生成负离子，此即气体的电离效应。气体的电离效应将产生电离电流，电离电流的大小与射线的强度有关。如果让透过试件的 X 射线再通过电离室进行射线强度的测量，便可以根据电离室内电离电流的大小来判断试件的完整性，如图 2-6 所示。

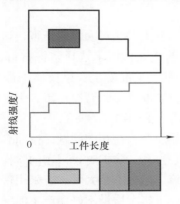

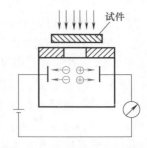

图 2-5　射线照射原理　　　　图 2-6　电离检测法示意图

这种方法自动化程度高，成本低，但对缺陷性质的判别较困难。此方法只适用于形状简单，表面平整的工件，一般应用较少，但可制成专用设备。

（三）荧光屏直接观察法

将透过试件的射线投射到涂有荧光物质（如 ZnS/CaS）的荧光屏上时，在荧光屏上则会激发出不同强度的荧光来，荧光屏直接观察法是利用荧光屏上的可见影像直接辨认缺陷的检测方法，如图 2-7 所示。它具有成本低，效率高，可连续检测等优点，适应于形状简单，要求不严格的产品的检测。

（四）电视观察法

电视观察法是荧光屏直接观察法的发展，就是将荧光屏上的可见影像通过光电倍增管增强图像，再通过电视设备

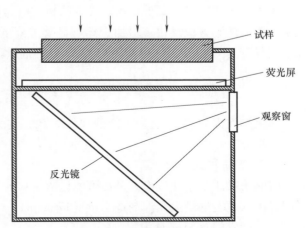

图 2-7　荧光屏直接观察法示意图

显示。这种方法自动化程度高，可观察静态或动态情况，但检测灵敏度比照相法低，对形状复杂的零件检测较困难。

（五）数字成像合成法

随着高分辨 X 射线检测器和计算机图像处理技术的发展，X 射线三维重构技术成为获得样品内部三维结构信息的无损成像手段（图 2-8），可以获得样品内部不同密度的三维结构，如孔洞、裂纹、不同组分的分布等，目前最高可以分辨微米尺寸级别的结构。

图 2-8　X 射线三维重构技术原理图

三、射线的防护

射线防护是通过采取适当措施,减少射线对工作人员和其他人员的照射剂量,从各方面把射线剂量控制在国家规定的允许剂量标准($1\times10^{-3}\mathrm{Sv}/周$)以下,以避免超剂量照射,减少射线对人体的影响。射线防护主要有屏蔽防护、距离防护和时间防护三种防护方法。

1. 屏蔽防护法

屏蔽防护法是利用各种屏蔽物体吸收射线,以减少射线对人体的伤害,这是外照射防护的主要方法。一般根据 X 射线、γ 射线与屏蔽物的相互作用来选择防护材料,屏蔽 X 射线和 γ 射线以密度大的物质为好,如贫化铀、铅、铁、重混凝土、铅玻璃等都可以用作防护材料。但从经济、方便出发,也可采用普通材料,如混凝土、岩石、砖、土、水等。对于中子的屏蔽除防护γ射线之外,还以特别选取含氢元素多的物质为宜。

探伤室的门缝及孔道的泄漏,是实际工作中比较普遍存在的问题,按照具体情况要进行妥善处理。在处理上述问题时,原则上不留直缝、直孔。防护时,采用的阶梯不宜太多,一般采用二阶即可,阶梯的阶宽不得小于孔径的 2 倍,但也不必太大。若采用迷宫式防护,亦可照此原则处理。如果采用砖作屏蔽材料,往往由于施工质量不好而产生泄漏。凡用来屏蔽直接射线的砖墙,砌砖时一定要用水泥砂浆将砖缝填满,砖墙两侧要有 2cm 的 70~100 号水泥砂浆抹面。

2. 距离防护法

距离防护法在进行野外或流动性射线检测时是非常经济有效的方法。这是因为射线的剂量率与距离的平方成反比,增加距离可显著地降低射线的剂量率。若离放射源的距离为 R_1 处的剂量率为 P_1,在另一径向距离为 R_2 处的剂量率为 P_2,则它们的关系为

$$P_2 = P_1 \frac{R_1^2}{R_2^2} \tag{2-4}$$

显见,增大 R_2 时可有效地降低剂量率 P_2,在无防护或防护层不够时,这是一种特别有用的防护方法。

3. 时间防护法

时间防护法是指让工作人员尽可能地减少接触射线的时间,以保证检测人员在任一天都不超过国家规定的最大允许剂量当量(17mrem)。

人体接受的总剂量 D 为

$$D = Pt \tag{2-5}$$

式中,P 是在人体上接受到的射线剂量率;t 是接触射线的时间。

从上式可看出,缩短与射线接触时间 t 亦可达到防护目的。如每周每人控制在最大允许剂量 0.1rem 以内时,则应有 $Pt \le 0.1$rem;如果人体在每透照一次时所接受到的射线剂量为 P' 时,则控制每周内的透照次数 $N \le 0.1/P'$,亦可以达到防护的目的。

四、中子的防护

中子对人体危害很大,所以特别要注意防护。中子防护的特点可归结为快中子的减速和热中子的吸收两个问题,在选择屏蔽材料时要考虑。

（1）减速剂的选择　快中子的减速作用，主要依靠中子和原子核的弹性碰撞，因此较好的中子减速剂是原子序数低的元素，如氢、水、石蜡等含氢多的物质，它们作为减速剂使用减速效果好，价格便宜，是比较理想的防护材料。

（2）吸收剂的选择　对于吸收剂的要求是它在俘获慢中子时放出来的 γ 射线能量要小，而且对中子是易吸收的。锂和硼较为适合作吸收剂，因为它们对热中子吸收截面大，分别为 71barn（靶恩，$1barn = 10^{-24} cm^2$）和 759barn，锂俘获中子时放出 γ 射线很少，可以忽略，而硼俘获的中子中的 95% 放出 0.7MeV 的软 γ 射线，比较易吸收，因此常选含硼物质或硼砂、硼酸作吸收剂。

在设置中子防护层时，总是把减速剂和吸收剂同时考虑，如含 2% 的硼砂（质量分数，下同）、石蜡、砖或装有 2% 硼酸水溶液的玻璃（或有机玻璃）水箱堆置即可，检测时一定特别要注意防止中子产生泄漏。

第三节　X 射线照相检测技术

一、照相法的灵敏度和透度计

（一）灵敏度

X 射线检测的灵敏度是指显示缺陷的程度或能发现最小缺陷的能力，它是检测质量的标志。射线检测的灵敏度通常有两种计算和表示方法，即绝对灵敏度和相对灵敏度。

1. 绝对灵敏度

绝对灵敏度指在射线底片上能发现的被检试件中与射线平行方向的最小缺陷尺寸。

采用射线照相时，对不同厚度的工件所能发现的缺陷的最小尺寸不同，较薄的工件容易发现细小缺陷，较厚工件则只能发现尺寸稍大一些的缺陷，所以采用绝对灵敏度往往不能反映对不同厚度的工件的透照质量。

2. 相对灵敏度

相对灵敏度指在射线底片上能发现的被检工件中与射线平行方向的最小缺陷尺寸占缺陷处试件厚度的百分数，用 K 来表示。

$$K = \frac{X}{d} \times 100\% \tag{2-6}$$

式中，X 是平行射线方向的最小缺陷尺寸；d 是缺陷处工件厚度。

目前，一般所说的射线照相灵敏度都是指相对灵敏度。

实际上，射线照相中，被检工件中所发现的最小缺陷尺寸是无法知道的，所以一般采用带有人工缺陷的试块，并用透度计来确定透照的灵敏度。

（二）透度计

透度计（也称为像质计）是用来评估检测灵敏度的一种标准工具，同时也常用来选取或验证射线检验的透照参数。因此用透度计测得的灵敏度（或称透度计灵敏度）表示底片的影像质量。

透度计通常用与被检工件材质相同或射线吸收性能相似的材料制作，透度计中设有一些人为的有厚度差的结构（孔、槽、金属丝等），其尺寸与被检工件的厚度有一定的数值关系。射线底片上的透度计影像可以作为一种永久性的证据，表明射线透照检测是在适当条件下进行的。但透度计的指示数值（孔径、槽深或线径等）并不等于被检工件中可以发现的自然缺陷的实际尺寸，因为自然缺陷的实际尺寸是缺陷的几何形状、方位和吸收系数的综合函数。

工业射线照相用的线型透度计有金属丝型、孔型、槽型三种。其中金属丝型应用最广，中国、日本、德国、英国、美国，以及国际标准均采用此种线型透度计，此外美国还采用平板孔型线型透度计，英国、法国还采用阶梯孔型线型透度计。

1. 槽型透度计

槽型透度计是在一定厚度的金属板上加工出不同深度的槽而制成的，如图 2-9 所示。槽深一般为 0.1~6mm，用这种透度计计算灵敏度：

$$K=\frac{h}{T+d}\times100\% \qquad (2-7)$$

式中，h 是在底片上显示出来的透度计最小槽的深度；T 是透度计处被检工件厚度；d 是透度计厚度。

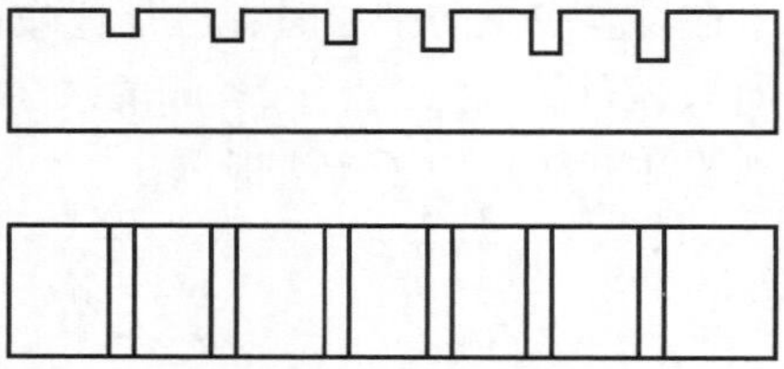

图 2-9　槽型透度计

2. 金属丝型透度计

这种透度计是以一套（7~11 根）直径不同（0.1~4.0mm）的金属丝平行地排在粘紧着的两块橡胶板或塑料板之间而构成的，如图 2-10 所示。金属丝可用钢、铁、铜、铝等材料制作，其灵敏度为

$$K=\frac{b}{A}\times100\% \qquad (2-8)$$

式中，b 是在底片上可见的最小金属丝的直径；A 是工件沿射线透照方向的厚度。

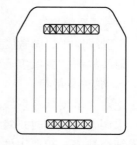

图 2-10　金属丝型透度计

在使用透度计时，除正确选择透度计外，其摆放位置直接影响着检测灵敏度。原则上是将透度计摆放在透照灵敏度最低的位置，每张底片都须有透度计。透度计应放在工件靠近射线源的一侧，并靠近透照场透度计边缘的表面上，让透度计上浅槽的一端或直径小的一侧远离射线中心。

二、增感屏

射线照相的影像主要是由被胶片吸收的能量决定的，然而 X 射线进入胶片并被吸收的效率是很低的，一般只能吸收约 1% 的有效射线能量来形成影像，这意味着要得到一张清晰的具有一定黑度的底片需要很长的感光时间。实际情况是，即使感光时间很长，往往也得不到满意的效果（黑度）。所以常利用某些特殊物质，这些物质在射线作用下能激发荧光或产生次级射线，激发出的荧光或产生的次级射线对胶片有强感光作用，增感屏就是用这种特殊的物质制造的。

增感屏通常有三种：荧光增感屏、金属增感屏和金属荧光增感屏。

荧光增感屏主要是靠荧光物质在射线下发出荧光来增加曝光量，常用钨酸钙（$CaWO_4$）作为荧光增感屏的荧光物质。

金属增感屏（如铅、金箔等）是在射线作用下产生二次射线来增加曝光量的。

金属荧光增感屏是荧光增感屏和金属增感屏的结合。

上述三种增感屏各有其特点，就清晰度来讲，金属增感屏最高，荧光增感屏最低，使用时要根据产品要求、射线能量、胶片特性等来决定选用哪种增感方式。

照相时，通常是在放胶片的一面或两面紧贴增感屏以缩短曝光时间。增感屏的使用应注意以下几个方面：

1）对于荧光增感屏，要注意荧光物质的粒度大小。通常荧光物质粒度越粗，则所发荧光强度越高，增感系数也越大，但影像也越模糊。对于工业射线照相而言，建议尽可能采用较细粒度的荧光增感屏，以确保底片的影像质量。

2）鉴于荧光物质多有余辉，故使用者应通过试验掌握其余辉的持续时间，以免在连续使用时，影响下次透照时射线底片的影像质量。目前工业射线照相已基本不采用荧光增感屏。

3）严防荧光屏在使用中折裂而在底片上产生假象，故曲率过大的工件不宜采用。

4）荧光屏表面要保持清洁、光滑和平整，不宜用有机溶剂（如酒精、丙酮等）擦拭荧光屏的保护膜，而应该使用绸布或脱脂棉等柔软物质蘸肥皂水轻轻擦拭，以免屏面变暗。

5）荧光屏应避光保存，并尽量远离化学试剂。其光敏面切忌划伤或留下指迹。切勿让荧光屏直接接受一次射线的照射，以免使其因为褪色而损坏。

6）金属增感屏的增感因素大小与射线软硬、屏的成分、厚度以及胶片的特性有关。一般来说，射线越硬，增感因素越明显。当采用射线照相时，由于散射线严重，必须采用金属增感屏增感。

三、曝光曲线

影响透照灵敏度的因素很多，主要有 X 射线探伤机的性能，胶片质量及其暗室处理条件，增感屏的选用，散射线的防护，被检部件的材质、形状与几何尺寸，缺陷的尺寸、方位、形状和性质，X 射线探伤机的管电压、管电流，检测过程中曝光时间和焦距等参数的选择等。

在上述诸因素中，通常只选择工件厚度、管电压、管电流和曝光量作为可变参量，其他条件则应相对固定。根据具体条件所作出的工件厚度、管电压和曝光量之间的相互关系曲线，是正确制定射线检测工艺的依据，这种关系曲线叫曝光曲线。

曝光曲线有多种形式，常用的是工件厚度和管电压（T-kV）曲线（图 2-11）、厚度和曝光量（T-E）曲线等。这种曲线是通过改变曝光参量，透照由不同厚度组成的阶梯试块，根据给定的冲洗条件洗出的底片所达到的基准黑度值来制作的。

四、典型工件的透照方向选择

根据不同工件形状和要求，合理地选定透照方向，对检测效果有很大的影响。

（一）平板形工件

平板形工件包括一般工件的平面部分以及曲率半径很大的弧面部分，如扁平铸件、对接焊板、直径大的圆筒形铸件和焊件等。对平板形工件的透照方法是让 X 射线从前方照射，将胶片放在被检查部位的后面，如检测平头对焊的焊缝，单 U 形和双 U 形对焊的焊缝等

（图 2-12a、b）。在检查 V 形坡口对焊的焊缝和 X 形坡口对焊的焊缝时，除了从垂直方向透照外，还要在坡口斜面的垂直方向上进行照射，以便对未熔合等缺陷进行有效的检测（图 2-12c、d）。

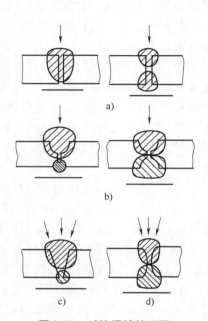

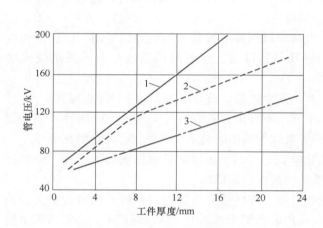

图 2-11　钢的曝光曲线

（焦距 1m，管电流 13mA，曝光时间 13min）

1—无增感　2—铅增感　3—荧光增感

图 2-12　对接焊缝的透照

a）单 I 形焊缝　b）U 形焊缝
c）V 形坡口焊缝　d）X 形坡口焊缝

（二）圆管

所谓圆管是指圆管和直径小的（或大的）管状件，以及曲率半径小的弧形工件。透照这类工件须特别注意，使胶片与被检部位的贴合要紧密，并使锥形中心辐射线与被检区域中心的切面相互垂直。根据焊缝（或铸件）的结构、尺寸和可接近性以及 X 射线机的性能来选择其透照方法。

1. 外透法

胶片在内，射线由外向里照射，适用于大的圆筒状工件（图 2-13a）。如果周围都要检查时，则分段转换曝光。所分的区段数主要根据管径的大小、壁薄以及焦距而定。在分段透照中，相邻胶片应重叠搭接，重叠的长度一般为 10~20mm，以免漏检。

2. 内透法

胶片在外，射线由里向外照射，特别适用于壁厚大而直径小的管子，一般采用棒状阳极的 X 射线管较好（图 2-13b）。

3. 双壁双影法

对于直径小而管内不能贴胶片的管件，可将胶片放在管件的下面，射线源在上方透照。为了使上下焊缝投影不重叠，X 射线照射的方向应该有一个适当的倾斜角。对于射线方向与焊缝纵断面的夹角应区别不同的情况分别加以控制，当管径在 50mm 以下时，一般采用 10°

左右为宜；当管径在 50~100mm 时，一般以 7°左右为宜；当管径在 100mm 以上时，一般以 5°左右为宜（图 2-13c）。

但应指出，上述方法只适用于直径不超过 100mm 的管件的检测，管壁较大时需用的焦距太大，且管壁厚度的增加将限制能一次拍摄的（焊缝）长度。采用这种透照方法时，焦距应尽可能选大些。

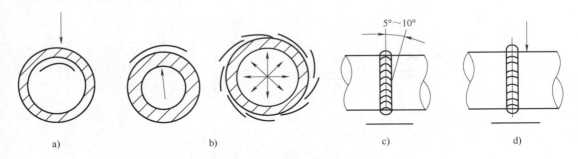

图 2-13 管状工件的透照

a）外透法 b）内透法 c）双壁双影法 d）双壁单影法

4. 双壁单影法

在管径较大的情况下，为了不使上层管壁中的缺陷影像影响到下层管壁中所要检查的缺陷，可采用双壁单影法。双壁单影法是通过缩小焦距的办法，使 X 射线管接近上层管壁。这样可使上层管壁中的缺陷在底片上的影像变得模糊。如有可能，X 射线管可和被检管子相接触，使射线穿过焊缝附近的母材金属。胶片应放在远离射线源一侧被检部位的外表面上，并注意贴紧（图 2-13d）。

此法对于直径大于 100mm、内部不能接近的管状件能获得较好的效果。双壁单影法可用于直径最大为 900mm 的管状件的透照，超过此值后，将由于焦距变得过大而影响检测效果。

（三）角形件

角形件包括由角焊、叠焊、十字焊、丁字焊等焊接工艺焊接的工件，以及铸件肋板的根部和凸缘部等。在检验这一类工件时，X 射线照射的方向多为其角的二等分线的方向。对于内焊的角焊、叠焊以及丁字焊的焊缝等，除上述透照法外，尚须沿坡口方向透照。角形件的透照图例如图 2-14 所示。

（四）管接头焊缝

这种焊缝的各种透照图例如图 2-15 所示。

（五）圆柱体

圆柱体包括轴、圆管、试棒、钢索等圆形或椭圆形断面的工件，以及厚壁而内径很小的圆管形部件等。这一类物体因其断面呈圆形，故在 X 射线方向的厚度差很大。这种情况下，在选择透照方法时，主要应考虑设法减小厚度差对影像质量的影响。对于批量大的相同部件进行射线检测时，可以考虑制作专用的托座或夹具。但在一般情况下，是不具备这种条件的，简单而有效的办法就是使用滤波板。滤波板一般安装在 X 射线管保护罩的窗口上。它的作用是：

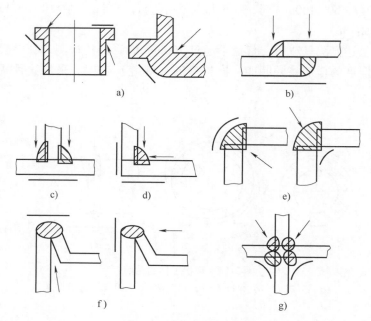

图 2-14　角形件的透照

a）凸缘与轴角处　b）叠焊　c）丁字焊　d）内角焊　e）角焊　f）卷边角焊　g）十字焊

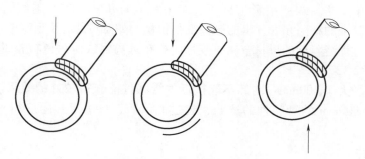

图 2-15　管接头焊缝的透照

1）提高辐射束的平均能量，降低主因衬度，增加其宽容度。

2）由于滤掉了软射线，削弱了散射线的有害影响，从而提高了清晰度。

（六）厚度变化剧烈的物体的透照

当透照厚度变化大的物体时，为避免发生厚度大的部位曝光不足，而薄的部位曝光过度的现象，可采取以下措施予以解决：

1）将感光度不同的两种或两种以上型号各异的胶片同时放在试件下进行曝光透照。在感光快的底片上观察厚处，而在感光慢的底片上观察薄处。

2）如果只有一种型号的胶片，则只有按材料厚薄分别单独曝光。

3）对于物体的薄处可用与其密度相近的材料作补偿块（图 2-16a），亦可将物体埋在与其密度相近材料的介质（液体、骨状物和金属微粒）中（图 2-16b）。经上述处理后，均可一次透照成功。不过要注意，当使用液体或膏状物介质作相近材料时，要防止它们在被检物体表面形成气泡，因为这些气泡可在底片上造成假缺陷的影像。

4）利用铜、铅或锡等重金属做成金属增感屏。

5）将考虑采用荧光增感屏的胶片直接进行不增感曝光。

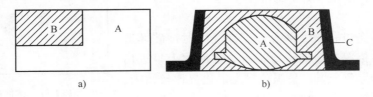

图 2-16　零件的补偿示例

A—试件　B—吸收系数与 A 相近的介质　C—铅制光阑

第四节　常见缺陷的影像特征

众所周知，关于缺陷的特征很难用文字予以确切的描述，生动明晰的视觉印象只有在实践当中才能建立起来。因此，评片者不仅要有较好的理论知识，了解工件的生产工艺过程，还应特别注意在实践中积累丰富的经验。必要的时候，还得对被检部件进行解剖，掌握工件内部缺陷的形态与影像之间的联系，取得可靠的第一手资料。

为了便于初学者了解常见缺陷的影像特征，仅做以下简单介绍。

一、铸件中的常见缺陷

1. 气孔

气孔主要是由于在铸造过程中，有部分未排出的气体而造成的，气孔大部分都接近于表面。气孔在底片上呈圆形、椭圆形、长形或梨形的黑斑，边界清晰，中间较边缘黑些，分布方式有单个的，也有密集的或呈链状分布的。

2. 疏松

疏松是由于在铸造过程中，因局部偏差过大，在金属收缩过程中邻近液态金属补缩不良造成的。疏松多产生在冒口的根部、厚大部位的厚薄交界处和面积较大的薄壁处，其形貌一般分为羽毛状和海绵状两种。前者的图像呈类羽毛或层条状的暗色影像，而后者则呈现为海绵状或云状的暗色团块。

3. 缩孔

铸件的缩孔在底片上呈树枝状、细丝或锯齿状的黑色影像。

4. 针孔

铸件中的针孔一般分为圆形针孔和长形针孔两种。前者在底片上呈近似圆形的暗点，而后者则呈现为长形暗色影像，它们属于铸件内部的细小孔洞，呈局部或大面积分布。

5. 熔剂夹渣

熔剂夹渣是在铸造过程中，镁合金所特有的缺陷，在底片上呈白色斑点或雪花状，有的还呈蘑菇云状。

6. 氧化夹渣

氧化夹渣是在铸造过程中，熔化了的氧化物在冷却时来不及浮出表面，停留在铸件内部而形成的。在底片上呈形状不定而轮廓清晰的黑斑，有单个的和密集的，如图 2-17 所示。

7. 夹砂

夹砂是在铸造过程中，部分砂型在浇注时被破坏造成的。对于镁、铝等轻金属合金铸件，在底片上呈近白色的斑点；对于黑色金属，呈黑色斑点，边界比较清晰，形状不规则，影像密度不均匀。

图 2-17　铸件中的夹渣

8. 金属夹杂物

比铸件金属密度大的夹杂物呈明亮影像，反之呈黑色影像，轮廓一般较明晰，形状不一。

9. 冷隔

铸件中的冷隔是由于在浇注时，因温度偏低，两股金属液体虽流到一起但没有真正融合而形成的，常出现在远离浇口的薄截面处。图像上显示为很明显的似断似续的黑色条纹，形状不规则，边缘模糊不清。这种缺陷多半在铸件表面上有时也有痕迹，显示为未熔合的带有圆角或卷边的缝隙或凹痕。

10. 偏析

铸件中的偏析在底片上呈现为阴影密度变化的区域。按生成的原因可分为密度偏析和共晶偏析两大类。

密度偏析是在液化线以上所沉淀的颗粒聚集而造成的，在底片上呈现为亮的斑点或云状。

共晶偏析是在铸件固化时，某些缺陷或不连续处被临近的剩余共晶液体所填充，形成高密度的富集区。在底片上多呈亮的影像，其形状可因被填充的缺陷形状而变化，如原缺陷为疏松，则呈现为亮暗相间的影像，此为疏松型共晶偏析。

11. 裂纹

裂纹是铸件在收缩时产生的，多产生在铸件厚度变化的转接处或表面曲率变化大的地方。在底片上呈黑色的曲线或直线，两端尖细而密度渐小，有时带有分叉。如果裂纹是发生在工件边缘，且方向垂直于工件的端面，则裂纹在工件端面处较宽，向另一端变细。至于裂纹的清晰度则随裂纹的宽度、深度和破裂面同射线的夹角的大小不同而不同，有的清晰，有的极难辨认。裂纹如果同射线入射方向垂直，则一般的裂纹是不会在底片或 CCD 上留下影像的。

二、焊件中的常见缺陷

1. 气孔

焊件中的气孔在底片上的影像与铸件的基本相同，分布情况不一，有密集的、单个的和链状的，如图 2-18 所示。

2. 夹渣

夹渣是在熔焊过程中产生的金属氧化物或非金属夹杂物来不及浮出表面，停留在焊缝内

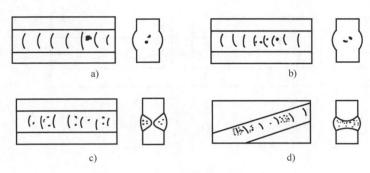

图 2-18 焊件中的气孔

a）单个气孔 b）链状气孔 c）分散气孔 d）密集气孔

部而形成的缺陷，分为非金属夹渣和金属夹渣两种。前者在底片上呈不规则的黑色块状、条状和点状，影像密度较均匀；后者是钨电极氩弧焊中产生的钨夹渣等，在底片上呈白色的斑点，如图 2-19 所示。

3. 未焊透

未焊透分根部未焊透和中间未焊透两种。前者产生于单面焊缝的根部，如直边对接单面焊缝、V 形坡口单面焊缝和直边角焊缝的根部。后者产生于双面焊缝的中间直边部分，如双面单 V 形焊缝（K 焊缝）、双面 V 形焊缝（X 焊缝）等，未焊透区域内部常有夹渣。未焊透在底片上呈平行于焊缝方向的连续的或间断的黑线，还可能呈断续点状，黑度的程度深浅不一，有时很浅，需要仔细寻找。

4. 未熔合

未熔合分边缘（坡口）未熔合和层间未熔合两种。前者是母材与焊条材料之间未熔合，其间形成缝隙或夹渣。在底片上呈直线状的黑色条纹，位置偏离焊缝中心，靠近坡口边缘一边的密度较大且直。对于 V 形坡口，沿坡口方向透照较易发现。后者如图 2-20 所示，是多道焊缝中先后焊层间的未熔合。在底片上呈黑色条纹，但不很长，有时与非金属夹渣相似。

图 2-19 焊件中的夹渣

层间未熔合

图 2-20 层间未熔合示意图

5. 裂纹

裂纹主要是在熔焊冷却时因热应力和相变应力而产生的，也有在矫正或服役时的疲劳过程中产生的，是危险性最大的一种缺陷。焊件裂纹在底片上的影像与铸件的基本相同，其分布区域自然是在焊缝上及其附近的热影响区，尤以起弧处、收弧处及接头处最易产生，方向可以是横向的、纵向的或任意方向的，如图 2-21 所示。

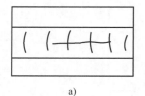 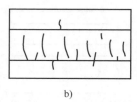 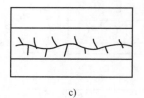

a)   b)   c)

图 2-21　焊件中的裂纹

a）纵向裂纹　b）横向裂纹　c）弧形（或鱼刺状）裂纹

射线检测底片评定

三、表面缺陷

射线检测主要是检查工件的内部缺陷。裂纹虽然大部分产生于表面，但目视极难发现，所以也可作为内部缺陷。有些工件因结构的关系，某些部分的表面并不能直接观察，这些部分的表面缺陷也需透照检查。各种表面缺陷，例如表面气孔（砂眼）、表面夹渣、焊件的咬边和烧穿等，它们在底片上的影像和内部缺陷的影像没有什么区别，除了某些特殊透照方向外，从底片上是不能判断它是内部缺陷还是表面缺陷的。因此，在底片上发现缺陷影像后，应与工件表面仔细对照，以确定其是否属于内部缺陷。

四、伪缺陷的出现与处理

（一）底片上伪缺陷产生的原因

1. 由于胶片在生产过程与运输过程中产生的

1）涂乳胶之前，片基受摩擦或划伤。

2）在乳胶涂布与干燥过程中，因厂房空气灰尘多，而使底片形成黑点或多处麻点。

3）在乳胶涂布后的干燥过程中，因温度过高，乳胶收缩不匀而龟裂。

4）因乳胶涂布不均而产生了纵向黑白边。

5）在 $AgNO_3+KBr \rightarrow AgBr+KNO_3$ 的反应过程中，由于对 KNO_3 水洗不好而生花斑。

6）在运输过程中，因胶片受挤压并引起局部增感，形成黑白斑。

7）由于胶片间互相摩擦与接触将产生静电，在放电时会生成黑斑或闪电般花纹。

8）由于片基保管不善，局部变形；或因生产工艺条件不佳，涂布后乳胶不匀，以及所加增感剂搅拌不匀，产生沉积现象，形成黑斑。

2. 由于透照工作及暗室处理不慎造成的

1）胶片在切割、包装时，因被折叠而形成月牙形痕迹。

2）因工作台不清洁，台上的砂粒、灰尘与胶片间摩擦造成划伤，经冲洗呈细微黑道。

3）透照时，工件对胶片的压力过大，使其局部感光生成黑斑。

4）显影时，胶片与药液接触不良，或有气泡附于胶片上，或温度不匀，或胶片相互叠叠，而产生斑块。

5）底片的最后水洗不彻底，晾干后形成水点或药液失效变质而呈珍珠色斑痕。

6）洗相时，因操作不良而划伤胶膜产生条纹。

7）胶片保管不善而发霉，则有霉点生成。

8）对于刚使用过的荧光增感屏，若未等其余辉消失就装上胶片，则胶片会因余辉的作用而感光，出现上一次底片的影像。

3. 因 X 射线固有特性及工件几何形状所产生的

1）对于由异质材料制作的工件，在两种材质的交界处（如有些焊缝的材质与母材的材质相差过大），由于它们对射线的吸收情况不同，而可能形成明暗界线。

2）因工件厚度不均匀和（或）内散射线的影响。

3）由于 X 射线的衍射现象，加之几何形状影响，可能形成劳埃斑点。

（二）伪缺陷的辨认

一般无损检测人员均能对大部分缺陷进行有效的识别。例如，从底片两侧观察此迹象是否是表面反光，或为表面划伤。可用 30 倍放大镜做局部观察，如胶片被划伤，则放大后其伤痕连续，可以判断为伪缺陷，应予以排除。而真缺陷则是一点一点连接起来的。

此外，在有怀疑时，不妨查看一下工件表面状态与增感屏情况，必要时再重照一次进行复验。但对偶然出现在钢模铝铸件上的劳埃斑点则需慎重分析处理。

五、缺陷埋藏深度的确定

根据底片上缺陷的影像，只能确定出缺陷在工件中的平面位置和形状，为了确定缺陷的深度，必须进行两次不同方向的照射。两次透照时焦距 F 应保持不变，或移动射线机，或移动被测试件，如图 2-22 所示。

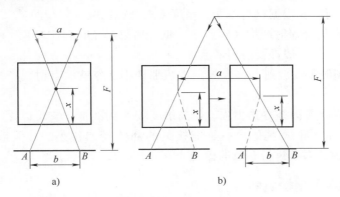

图 2-22　二次曝光法

a）移动射线管头　b）移动被测试件

对于一些薄、小且规则的工件，也可以将工件转 90° 进行第二次透照，将两次透照后的胶片进行比较，便能看出埋藏深度（图 2-23）。

缺陷定位后，也可以粗略求出垂直于射线束方向的缺陷平面面积大小。如图 2-24 所示，假如此缺陷在垂直于射线方向的平面坐标上的真正长度和宽度为 x 和 y，而投影到底片上的影像坐标长度和宽度分别为 m 和 n，则有：

$$x = \frac{H-h}{H} m \tag{2-9}$$

$$y = \frac{H-h}{H} n \tag{2-10}$$

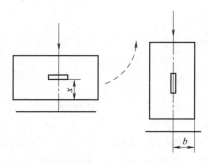
图 2-23　工件转向透照

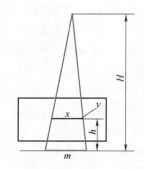
图 2-24　缺陷平面大小的确定

第五节　γ 射线探伤和中子射线检测

一、γ 射线检测的特点

γ 射线与 X 射线检测的工艺方法基本上是一样的，但是 γ 射线检测有其独特的地方。

1）γ 射线源不像 X 射线那样，可以根据不同检测厚度来调节能量（如管电压），它有自己固定的能量，所以要根据材料厚度、精度要求合理选取 γ 射线源。

2）γ 射线比 X 射线辐射剂量（辐射率）低，所以曝光时间比较长，曝光条件同样是在曝光曲线上选择，并且一般都要使用增感屏。

3）γ 射线源随时都在放射，不像 X 射线机那样不工作就没有射线产生，所以应特别注意射线的防护工作。

4）γ 射线比普通 X 射线穿透力强，但灵敏度较 X 射线低，它可以用于高空、水下、野外作业。在那些无水无电及其他设备不能接近的部位（如狭小的孔洞或是高压线的接头等），均可使用 γ 射线对其进行有效的检测。

二、中子射线照相检测特点

中子射线照相检测与 X 射线照相检测和 γ 射线照相检测相类似，都是利用射线对物体有很强的穿透能力的特点，来实现对物体的无损检测。对大多数金属材料来说，由于中子射线比 X 射线和 γ 射线具有更强的穿透力，对含氢材料表现为很强的散射性能等特点，从而成为射线照相检测技术中又一个新的组成部分。

中子通过物质时与原子核相互作用而衰减，且不同的元素有不同的吸收系数，这和 X 射线，γ 射线是不同的。中子不能直接使 X 射线胶片感光成像，而是通过一种特殊的转换屏与 X 射线底片组合使用，中子与转换屏相互作用时能产生 α、β 或 γ 射线使 X 射线胶片曝光。由于转换屏发出的射线辐射强度与照射的中子射线强度成正比，所以可以真实地转换中子射线图像。常用的转换屏有镝（Dy）、钆（Gd）、铑（Rh）、银（Ag）等。中子射线照相检测技术有直接照相法和间接照相法两种，如图 2-25 所示。

中子射线照相检测技术可以用来检查含氢、硼、锂的物质与重金属组合的物体（如检查金属结构中的橡胶、塑料、石蜡等含氢物质），检查爆炸装置，检查陶瓷中的含水情况，

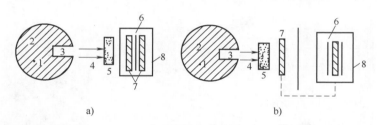

图 2-25　中子照相法

a）直接照相法　b）间接照相法

1—中子源　2—慢化剂　3—准直器　4—中子流　5—工件　6—X 光胶片　7—转换屏　8—暗盒

检查密封在金属中的固体火箭推进剂，也可以对原子序数相近或同一元素不同同位素进行检测以及检查核燃料等。

第六节　先进射线检测技术概述

近 20 年来，计算机技术以及图像处理技术快速发展，将其与无损检测相结合运用于工业生产中，产生了一系列新型的射线检测技术，主要有计算机射线照相检测（CR）技术、数字化 X 射线照相检测（DR）技术、工业 CT 等。

一、计算机射线照相检测

射线检测使用的感光材料一般都是胶片，技术成熟，方便可靠，但不能重复使用，不利于环境保护。利用荧光成像板（IP）代替胶片，再通过激光扫描将储存在影像板上的光信号转换为电信号并进行数字图像处理增强，是近年来兴起的计算机射线照相检测（Computed Radiography，CR）的基本特征。

（一）基本原理

射线穿过被检测工件或者材料时，其强度衰减与被穿透物质的状态有关，将透射射线照射在荧光成像板上，荧光成像板上的荧光物质内部晶体的电子会被射线激发到一个较高能带，强度信号在荧光成像板中以潜影的方式保存下来，这一过程称为曝光过程。将曝光过的荧光成像板置入读出扫描仪中，扫描仪中的激光束会激发荧光成像板中高能量的电子，这些电子回到基态并激发铕离子以可见光的形式输出不同的能量。这些可见光的强度与射线照射强度成正比，可见光进入到扫描仪的光电接收器或光电倍增管中，光信号转变为电信号并以数字图像的形式存储到计算机中，这一过程称为扫描激发过程，其过程如图 2-26 所示。

完整的计算机射线照相检测有两段处理过程，是一种间接数字化射线检测技术，相对而言，线阵列探测器实时成像检测（LDA）以及后面要介绍的数字化 X 射线照相检测（DR）则可归为直接数字化射线检测技术。

荧光成像板是计算机射线照相检测系统的关键部件与基本特征。荧光成像板是一种含有微量元素铕的氟卤化钡结晶体涂敷在支持体上的产物。氟卤化钡结晶体是成像板成像层的主要成分，其中的铕离子在曝光过程中初次经射线照射而被电离，会由二价变为三价，并将失去的电子传递给卤离子组成的感光中心中，电子处于能量较高的导带和半稳态，传递的电子数量与照射的射线强度成正比。荧光成像板中的潜影就以这种方式保存了下来。当读出扫描

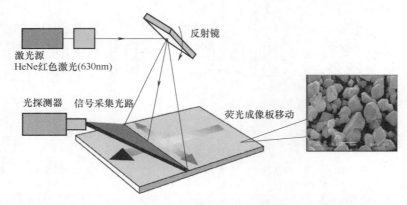

图 2-26 计算机射线照相检测扫描激发过程

仪中的激光束照射荧光成像板时，感光中心中的电子会进入半稳态，被铕离子捕获，还原三价铕离子，发射光谱位于可见光区，整个过程原理如图 2-27 所示。这一过程之后，荧光成像板恢复到射线照射前的状态，所以荧光成像板可以重复使用，在规范使用保养下，其寿命可达 10000 次。

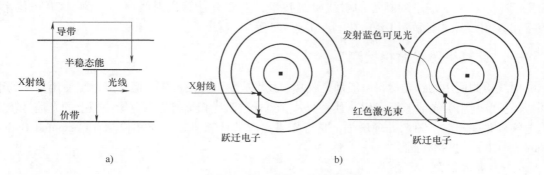

图 2-27 荧光成像板工作原理
a）电子跃迁过程 b）成像原理

（二）技术特点

与常规的射线检测技术相比较，计算机射线照相检测（CR）最本质的特征就是用荧光成像板代替胶片，实现了射线图像数字化，开创了工业射线检测无胶片化的新时代。CR 技术有以下特点：

1）CR 的成像系统可使用原有的 X 射线设备，可以减少更新设备耗费的资金。

2）CR 将射线图像数字化（无胶片），不需要耗费大量一次性胶片，简化了显影、定影、水洗等工作流程，节约人力物力，也减少了显影剂等有机物质对环境的污染。

3）传统的胶片底片对保存环境有较高的要求，CR 系统使用数字化的射线图像，降低了存储、传输、提取的成本。

4）荧光成像板可以弯曲，能够分割，具有与传统胶片相同的柔性。荧光成像板可以重复使用，寿命为数千次至一万次不等，取决于机械磨损程度，其单板单次使用成本远低于胶片。

5）荧光成像板光介质的感光曲线与胶片不同，具有较高的动态范围，对曝光条件的宽容度大，且对曝光不足或曝光过度的 CR 图像可以通过计算机图像处理技术进行修改优化。大多数情况下，荧光成像板需要的曝光量较小，曝光时间相对于胶片方式显著减少，曝光时间一般为传统胶片方式的一半以下。

6）荧光成像板需要与胶片相同的工作条件，且 CR 技术存在射线检测普遍存在的光学散射现象，空间分辨率及图像清晰度不如直接数字化检测技术。

7）CR 技术还处于发展阶段，其图像分辨率不断提高，目前其分辨率已经达到了传统 X 射线照相检测的水平。

8）计算机图像处理技术在 CR 系统图像增强中有充分的应用，但对其对原始图像的修改程度没有使用规范与立法限制。CR 图像全数字化存储，其影像数据安全以及图像的真实性相较于传统胶片保障难度大。

（三）典型应用

CR 技术可以有效解决传统射线照相处理时间长、胶片保存困难、检测信息输送慢、不利于环境保护等固有问题，具有天然的先进性与优越性。其普及应用的趋势势不可挡，在无损检测相关的很多领域中均得到了有效应用。

（1）石油地质　使用 CR 系统中的荧光成像板替代石油管道在役检测使用的 D7 胶片，可以更快更有效地检测管道的腐蚀程度并测量管道的厚度，减少石油企业停机检修时长，提高运行效率。

（2）航空工业　航空工业等制造业在铸造工序开始前，需对蜡质模具进行缺陷检测，由于模具复杂，传统射线检测工作量大，CR 技术较高的成像动态范围，对曝光量较大的宽容度，可将传统技术需要的 2 层至 3 层胶片减小为 1 层荧光成像板。在减少曝光时间的同时，也极大降低了胶片等耗费品的消耗量。

（3）临床医学　使用 CR 影像技术为患者进行拍照时，使用的剂量更小，影像科医生射线防护更易得到保障。CR 系统曝光时间长，无法对动态器官和结构进行显示，但多台现有的 X 射线机可以共用一套 CR 系统，性价比高，在临床中的 X 射线平片摄影，尤其是在临床摄影中广泛使用。

二、数字化 X 射线照相检测

（一）工作原理

数字化 X 射线照相检测（Digital Radiography，DR）技术是由 X 射线源激发出的 X 射线束，透射过待检测工件照射在探测器上，由探测器采集入射的 X 射线信息转换为电信号，由计算机处理后得到照相图样的射线检测技术。图 2-28 所示为数字化 X 射线照相检测技术原理示意图。

由射线源所产生的 X 射线构成入射场强，经工件后发生衰减得到透射场强，之后透射场强作用在探测器上最终输出图像。当入射场强的射线照射到待测工件上时，X 射线光子与工件物质原子发生相互作用，其中包括光电效应、康普顿效

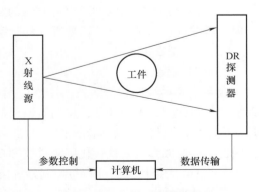

图 2-28　数字化 X 射线照相
检测技术原理示意图

应和相干散射等。这些相互作用最终的结果是导致部分 X 射线光子被吸收或散射，即 X 射线光子穿过物质时被衰减。实际的衰减过程是与射线能量、物质密度和原子系数相关的。

数字化 X 射线照相检测系统一般包括 X 射线源、探测器及计算机的图像处理系统。探测器是该系统的主要组成部分，其作用是将 X 射线信息转化为数字化的电子载体，形成 X 射线能量分布数字矩阵，得到数字图像。探测器可以分为面阵列探测器、线阵列探测器、CCD 成像探测器。面阵列和线阵列探测器都由半导体成像器件组成，分为直接探测器和间接探测器。直接探测器把 X 射线产生的光子直接转换为数字信号，主要结构由非晶硒层或碘化镉加薄膜晶体管阵列构成。非晶硒是一种光电导材料，经 X 射线曝光后由于电导率的改变就形成图像电信号，通过薄膜晶体管检测阵列俘获与转换，X 射线能量直接成为数字信号，再经 A/D 转换、处理而获得数字化图像并在显示器上显示。间接探测器是先将 X 射线光子转化为可见光，再把可见光信号转换为电信号，利用闪烁体材料，涂上非晶硅层再加上薄膜晶体管阵列构成，闪烁体或荧光体层经 X 射线曝光后，可以将 X 射线光子转换为可见光，而后由具有光电二极管作用的低噪声非晶硅层吸收可见光并转换为电信号，其后的过程则与直接探测器相似，读出电路将每个像素的数字化信号传送到计算机的图像处理系统集成为 X 射线影像，最后获得数字图像显示。

CCD 探测器是一种硅基多通道阵列探测器，是一种高灵敏度的光子探测器，将 X 射线转换屏上的可见光转换成数字图像，然后对图像自动分析和识别。

计算机系统具有运算速度快，存储容量大，显示分辨率高等特点，通过计算机对图像进行相关处理，操作方便，是后续处理的重要环节之一。

（二）技术特点

1）无光学散射引起的图像模糊，具有良好的空间分辨率和对比度，图像清晰、细腻，层次丰富，边缘锐利，成像质量高，且图像还可以进一步通过软件处理，改变锐度以提高清晰度。

2）由于数字化 X 射线感光介质的感光曲线在对比度和宽容度上有较大的动态范围，提高了 X 射线光子转换效率和量子检测效率，大大减少了成像所需的 X 射线剂量，能用较低的 X 射线剂量得到高清晰的图像。

3）曝光时间短，成像速度很快，结果可以通过互联网传输到检测公司供专业评定人员评定，实现远程评片，提高工作效率。

4）检测结果数字化，得到的图像以数据方式储存在计算机中，在实际应用中可以节省管理所需的资金和场地，不需要胶片和暗室处理，更加环保经济。

（三）典型应用

1. 无损检测

数字化 X 射线照相检测技术广泛应用于航空、航天、兵器、核能、汽车等领域产品和系统的无损检测、无损评估，检测对象包括导弹、火箭发动机、核废料、电路板、发动机叶片、汽车发动机气缸、轮胎轮毂等，在工程质量监督和产品质量保证方面发挥着极其重要的作用，正逐渐成为发展现代化国防科技和众多高科技产业的一项基础技术。

工业 DR 无损检测的计算机控制系统借助高灵敏度阵列电离室、低噪声前放以及特殊的信号图像处理技术，在反差灵敏度、透度计指标、穿透厚度和检测速度等方面可以获得较高的综合指标。

2. 医学临床应用

数字化图像对骨结构、关节软骨及软组织的显示优于传统的 X 射线成像，还可进行矿物盐含量的定量分析。数字化图像易于显示纵隔结构，如血管和气管，对结节性病变的检出率高于传统的 X 射线成像，但显示肺间质与肺泡病变则不及传统的 X 射线图像。DR 在观察肠管积气、气腹和结石等含钙病变优于传统 X 射线图像。用数字化图像行体层成像优于 X 射线体层摄影。胃肠双对比造影在显示胃小区、微小病变和肠黏膜皱襞上，数字化图像优于传统的 X 射线造影。

三、工业 CT

工业 CT（Computed Tomography），即计算机层析成像（Schematic Diagram），也称为工业计算机断层扫描成像，是指利用计算机强大的数据处理能力，将采集到的数据信息，通过映射、变换、建模、图像增强等一系列操作，最终获得所检测物体的二维断层图像或三维立体图像，从而表征内部结构、组成、材质及缺损状况等，被认为是目前最佳的无损检测技术。

（一）工作原理

工业 CT 技术工作原理如图 2-29 所示。射线源产生的射线投射到被检物体的一侧，经过反射、吸收后，射线信号发生衰减，探测器接收相应电信号，通过控制系统将机械载物台旋转，射线束投射方向发生相对改变，探测器将不同方向的射线信号收集起来，传输至计算机系统进行数据图像化处理，从而获得被检物体在该横断面的 2D 图像信息。当射线束与被检物体发生相对上下移动时，可获取不同横断面的二维图像。必要时，可将连续不同横断面的二维图像数据进行三维重建，从而获得被检物体的立体图像。

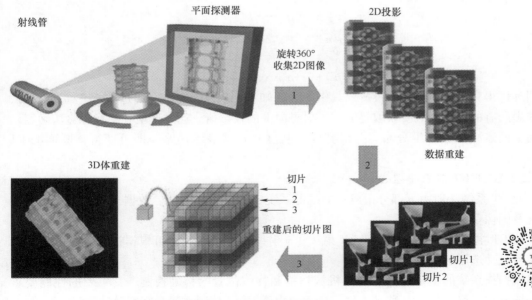

图 2-29　工业 CT 技术工作原理

成像原理

由于探测器采集的是射线穿过物体后各个方向、不同位置的投影值 $p(s,\theta)$，由投影重建图像，其关键问题在于如何由一系列的投影值得到线性衰减系数分布函数，此时涉及复杂的数学计算。Hounsfield 将被检产品的横断面人为地分成一系列小单元区域，在每个小区域中，可认为射线衰减特性是均匀一致的，并用 $\mu(x,y)$ 来表示，物体对射线的衰减是各个单元共同作用的结果。当射线束中的 n 条射线穿过横断面时，衰减系数被离散化，分成 $n \times n$ 个单元，代表 n 个方位上投影，每个方位上有 n 条射线，如图 2-30 所示。

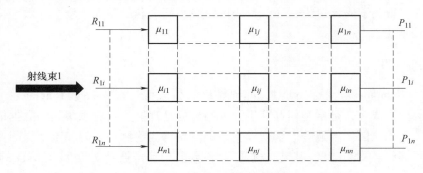

图 2-30　射线 CT 投射原理图

在射线束 1 入射方向，射线 R_{11} 穿过衰减系数分别为 $\mu_{11} \cdots \mu_{1n}$ 的单元格，沿该射线的衰减系数和为 P_{11}，其他射线束皆是如此，有如下关系：

$$\mu_{11}+\mu_{12}+\cdots+\mu_{1j}\cdots+\mu_{1n}=P_{11}$$
$$\mu_{21}+\mu_{22}+\cdots+\mu_{2j}\cdots+\mu_{2n}=P_{21}$$
$$\cdots$$
$$\mu_{n1}+\mu_{n2}+\cdots+\mu_{nj}\cdots+\mu_{nn}=P_{n1}$$

在射线束 2 入射方向上有：

$$\mu_{11}+\mu_{21}+\cdots+\mu_{i1}\cdots+\mu_{n1}=P_{21}$$
$$\mu_{12}+\mu_{22}+\cdots+\mu_{2j}\cdots+\mu_{n2}=P_{22}$$
$$\cdots$$
$$\mu_{n1}+\mu_{n2}+\cdots+\mu_{nj}\cdots+\mu_{nn}=P_{n2}$$

同理可得其余入射方向的投影。其中 μ 为未知量，P 为已知量。通过联立 $n \times n$ 个方程，即可求出所有的 μ 值。只要获取足够多入射方向上的投影值，通过傅里叶变换等算法确定该横断面上的衰减系数二维分布，并以亮度（灰度）形式表示出来，即可获得该断面的 CT 图像。

（二）工业 CT 的系统组成

工业 CT 系统一般由五部分组成：射线源系统、机械扫描系统、数据采集系统、自动控制系统及图像重建系统。

工业 CT 主要采用三种射线源：X 射线、γ 射线及中子射线，可根据被检对象的衰减特性与几何尺寸选用射线源。

机械扫描系统的主要功能是提供机械扫描和物体位置的精确控制。其主要的性能要求是：扫描方式、移动特性（移动速度、移动自由度等）、控制方法和精度等。

数据采集系统的核心器件是探测器，主要获取物体的断层扫描原始数据。其主要性能包括：单元尺寸、单元数目、能量转换效率、响应时间、动态范围、稳定性、一致性等。常用的三种探测器为：闪烁体光电倍增管、闪烁体光电二极管和气体电离探测器。探测器的性能直接影响CT成像质量。

自动控制系统和图像重建系统是在计算机系统中通过软件完成相应的参数调整、扫描过程控制、数据处理、图像重建、图像显示和存储等。

成像过程

（三）工业CT的主要技术指标

工业CT的技术指标是多方面的，如检测范围、扫描时间、图像重建时间、断层厚度、分辨能力、伪像等，最重要的技术指标分述如下：

1. 检测范围

主要说明该工业CT的检测对象。如能透射钢的最大厚度，检测工件的最大回转直径，检测工件的最大高度或长度，检测工件的最大重量等。

2. 扫描时间

指扫描一个典型断层数据（如图像矩阵1024×1024）所需要的时间。

3. 图像重建时间

指重建图像所需的时间。由于现代计算机的运行速度较快，扫描结束后，几乎立即就能把重建图像显示出来，一般不超过3s。

4. 断层厚度

医学上称切片厚度，它是层析摄影的重要指标。断层厚度与空间分辨率密切相关，断层越薄，得到的空间分辨率越高。目前常采用的工业CT断层厚度为1~4mm，最薄的可达0.1mm。

5. 分辨能力

分辨能力是工业CT关键的性能指标，对于普通的工业CT系统，其核心性能指标包括空间分辨率和密度分辨率。

（1）空间分辨率 又称几何分辨率，是指CT图像上能分辨最小物体的能力。可采用点分布函数、线分布函数、对比度传递函数和调制传递函数（MTF）来表征空间分辨率。影响空间分辨率的因素主要有探测器孔的宽度、扫描矩阵、采样点间距、机械系统精度、显示精度、X射线焦点与γ源活性区大小等。一般扫描矩阵越大，探测器孔宽度越小，X射线焦点越小、γ源活性区越小，得到的空间分辨率越高。目前性能良好的工业CT仪器，空间分辨率可达50μm，可检出陶瓷材料中10μm的微裂纹。

（2）密度分辨率 又称对比度分辨率，是指分辨给定面积上映射到CT图像上射线衰减系数差别的能力，又称为CT系统的灵敏度，常以百分数表示，定量的表示为给定面积上能够分辨的细节与基体材料之间的最小对比度。提高分辨率的方法是提高辐射剂量、降低噪声、提高信噪比等。

材料中缺陷能否被发现主要取决于密度分辨率，而非空间分辨率。在辐射剂量一定的情况下，空间分辨率与密度分辨率是相互矛盾的两个指标。提高空间分辨率会降低密度分辨率，反之亦然。

对于一台高精度测量工业CT系统而言，除了上述两个核心性能指标外，还有另外两个核心性能指标，即：

几何测量精度：在CT图像上测得的某对象的几何尺寸与该对象真实尺寸之间的绝对误差。

密度测量精度：在 CT 图像上测得的某对象的密度值与该对象真实密度值之间的相对误差。

6. 伪像

任何成像技术都存在一定的伪像，对微弱信号变化十分敏感的 CT 技术尤是如此。产生伪像的原因大体分为两类：一类是与 CT 技术本身的原理有关，如部分体积效应；另一类与 CT 设备的硬件、软件及扫描工艺有关，如射束硬化、数据精度不够及扫描工艺不合适等。伪像的存在不仅影响图像的分辨能力，也容易引起 CT 图像的误判。

（四）工业 CT 检测技术的特点

与传统的射线检测相比，工业 CT 检测技术有以下优点：

1）工业 CT 可表征物体内部的三维细节图像，避免传统的射线检测以二维平面来表征三维立体结构造成的信息重叠，能够准确判定缺陷并进行测量。

2）工业 CT 检测厚度大。工业 CT 一般采用能量更高的射线源，能量最高可达 60MeV，比传统射线检测具有更大的穿透能力和更大的检测厚度。

3）工业 CT 具有很高的分辨能力，空间分辨率已达到亚微米级别，密度分辨率可达到 0.1%甚至更高。

4）工业 CT 采用高性能探测器，探测信号动态范围可达 10^6 以上。

5）工业 CT 图像是数字化的结果，可直观获得每个断面的二维图像和三维重建图像，且易于传输、保存、分析和后续处理。

然而工业 CT 的使用目前还存在一定的局限性。工业 CT 设备本身造价远高于其他无损检测设备，检测成本高，检测效率较低。另外，工业 CT 专用性较强，随着检测对象的不同和技术要求的不同，系统结构和配置可能相差很大。此外，工业 CT 对细节特征的分辨能力与试件尺寸有关，大试件分辨能力很低，小试件分辨能力高。

（五）工业 CT 的典型应用

工业 CT 是国际公认最有效的无损检测手段之一，在以下各方面具有广泛应用。

1. 裂纹检测

零部件内部微观裂纹会随着零部件服役过程中的载荷作用与变形而不断变化，最终会发展为宏观裂纹，并造成零部件的破坏，甚至会导致灾难性事故。因此，检测零部件内部的裂纹缺陷及研究零部件服役过程中内部裂纹缺陷的演变规律，对保证零部件质量具有重要意义。借助 CT 设备可以对材料的疲劳裂纹扩展行为进行分析，标出微米级裂纹分布。通过图像重建得到三维裂纹体，能够较好地描述微观裂纹到宏观缺陷的多尺度演化过程，测定裂纹初始形核角度。图 2-31 所示为零部件变形过程中微观裂纹扩展过程。

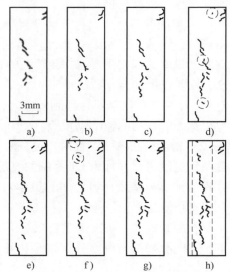

图 2-31　零部件变形过程中
微观裂纹扩展过程
a）a 点　b）b 点　c）c 点　d）d 点
e）e 点　f）f 点　g）g 点　h）h 点

2. 气孔缺陷

气孔是零部件内部缺陷的主要形式之一，其体积与位置分布随机性较大，在外加载荷的作用下，气孔缺陷会不断变化，最终会导致零部件整体结构的破坏。工业 CT 可以检测铸件内部的气孔缺陷，尤其是对于复杂结构，更能体现出工业 CT 的优点。图 2-32 所示是对某尺寸约 85mm× 3.5mm 的圆环电子束焊缝，采用 CT 系统进行检测得到的结果，可以清晰地看到焊缝处有凹陷部分，即气孔缺陷。

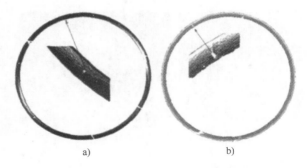

图 2-32 试样工业检测 CT 结果

a) 焊前的预制缺陷 b) 焊接后

3. 夹杂物缺陷

铸件缺陷主要以夹杂缺陷为主，具有复杂性，一般无损检测方法不能对其进行直观、高效检测，而工业 CT 成像技术可以清晰观测到夹杂缺陷的位置及形状。图 2-33 所示是高铁齿轮箱体铸件材料 CT 成像结果，夹杂缺陷的位置、形状及分布一目了然。对于非金属材料，同样能够进行夹杂物缺陷检测。图 2-34 所示为混凝土同一区域在不同压力下的 CT 成像，比较 CT 成像的灰度值，可以推导出该区域微观夹杂缺陷的演变情况，从而为完善混凝土的加工和制备工艺，提高混凝土的质量提供理论支持。

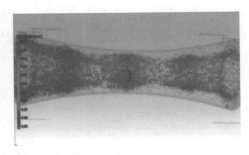

图 2-33 高铁齿轮箱体铸件材料 CT 成像结果

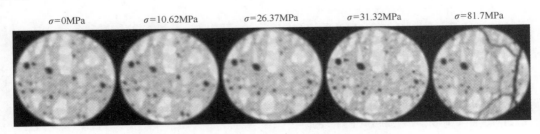

$\sigma=0MPa$ $\sigma=10.62MPa$ $\sigma=26.37MPa$ $\sigma=31.32MPa$ $\sigma=81.7MPa$

图 2-34 混凝土同一区域在不同压力下的 CT 图像

4. 尺寸测量

工业 CT 能够进行复杂零件内部结构、形状、尺寸以及内壁不规则零件壁厚的测量。例如在医疗领域，传统测量鲁尔量规的外尺寸时，对其内径、内锥度只能通过破坏方式进行测量。而采用工业 CT 无须对量规样品进行破坏，通过获取高质量的三维图像，导入扫描数据后进行编程重构三维图，如图 2-35 所示，再通过元素提取、更改测量策略、建立空间坐标系，进行特征提取，从而计算得到准确尺寸。同时，工业 CT 还可测量金属铸件、陶瓷、复合材料零部件上的各种尺寸特征，图 2-36 所示为汽车铸件的三维重构模型与三维图样进行比对，根据公差范围设定色阶，直观分析整体尺寸问题，配合工艺调试。

图 2-35 鲁尔量规的工业 CT 三维重建图

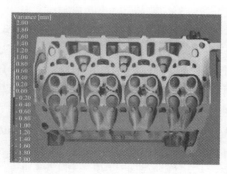

图 2-36 汽车铸件三维尺寸对比图

5. 密度分析

工业 CT 对于一些结构复杂、产品质量要求高的零件还能够进行密度分析。CT 图像上的灰度变化，表征了其密度变化，像素值和密度有一定的对应关系。图 2-37a、b 所示分别为煤和泥岩的 CT 图像。由于工业 CT 的动态范围大，所以密度分辨率很高，从 CT 图像上可以清晰地看到灰度变化，灰度等级越高，密度也就越大。

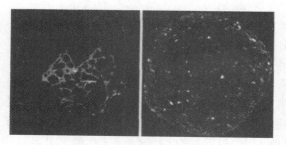

图 2-37 煤和泥岩的 CT 图像

a）煤的 CT 图像 b）泥岩的 CT 图像

复习思考题

1. 对比射线检测和超声检测的优缺点和适用范围。
2. X 射线、γ 射线和中子射线是如何产生的？
3. X 射线检测的原理是什么？如何实现三维重构？
4. 透度计的使用原则是什么？
5. 不同形状的工件如何确定合适的透射方向？
6. 铸件和焊件中常见缺陷在底片上的特征是什么？
7. γ 射线和中子射线检测的特点是什么？
8. 如何进行 X 射线、γ 射线和中子射线的防护？

参 考 文 献

［1］李喜孟. 无损检测［M］. 北京：机械工业出版社，2001.
［2］美国无损检测学会. 美国无损检测手册—射线卷［M］. 美国无损检测手册编审委员会，译. 上海：世界图书出版公司，1992.
［3］强天鹏. 射线检测［M］. 2 版. 北京：中国劳动社会保障出版社，2007.
［4］王乐生. 射线检测［M］. 北京：机械工业出版社，2009.
［5］李国华，吴淼. 现代无损检测与评价［M］. 北京：化学工业出版社，2009.
［6］张小海，邬冠华. 射线检测［M］. 北京：机械工业出版社，2013.

［7］宋天民. 射线检测［M］. 北京：中国石化出版社，2011.

［8］张朝宗. 工业 CT 技术和原理［M］. 北京：科学出版社，2009.

［9］郭伟玲，李恩重，邢志国. 工业 CT 成像技术在再制造界面典型缺陷研究中的应用与展望［J］. 无损检测，2021，43（4）：82-88.

［10］王增勇，汤光平，李建文，等. 工业 CT 技术进展及应用［J］. 无损检测，2010，32（7）：504-508.

［11］郭鑫，王珉，李凤娇，等. 基于工业 CT 的医用鲁尔量规内尺寸无损检测［J］. 计量科学与技术，2021（1）：25-28.

［12］安宝祥. 汽车制造无损检测应用技术［M］. 北京：北京理工大学出版社，1998.

第三章
涡流检测

涡流检测是以电磁感应为基础的一种无损检测方法，具有非接触的特性，广泛应用于导电材料表面和近表面缺陷的快速检测。

第一节　涡流检测的物理基础

一、原理概述

涡流检测（Eddy Current Testing，ECT）是电磁检测方法之一，它是利用电磁感应来检测和表征导电材料表面和近表面的缺陷，涡流检测可以在各种导电材料中进行。

涡流检测时，线圈中通入交变电流产生变化的一次磁场；当线圈靠近导电试件时，磁场进入试件内部，根据法拉第电磁感应定律，试件内部产生感应电流，这个电流在垂直于磁场方向的平面内呈漩涡状流动，因此称为涡流；试件中涡流会产生一个与一次磁场相对的二次磁场，试件的特性发生变化时，所引起的二次磁场也会发生变化，如果可以测量出二次磁场的变化，则可获取试件状况信息。可以采用磁敏感元件或者线圈测量磁场，前者测量磁场强度，后者测量磁场变化率，包括线圈两端的阻抗或电压。目前大多数涡流检测采用后一种方法，因此本书主要讨论该方法。

涡流检测基本原理如图 3-1 所示，其中图 3-1a 为放置式线圈，线圈与金属板平行，间距为 δ，线圈内部产生一次磁场 H_p，金属板中感应涡流产生的二次磁场 H_s 对一次磁场有削弱作用。同样，图 3-1c 为穿过式线圈，检测线圈环绕在金属棒上，定义线圈内曲面与金属棒表面的距离为 δ，金属棒内部产生的涡流沿着圆周方向。当间距 δ 和金属材料发生改变时，上述涡流的强度和路径会发生变化，从而使得线圈中的磁通量发生变化，线圈阻抗 Z 变化。综上分析可知，线圈阻抗 Z 是关于线圈距离金属试件表面高度 δ、试件电导率 σ、磁导率 μ、激励频率 ω 的函数，可表示为

$$Z = Z(\delta, \sigma, \mu, \omega) \tag{3-1}$$

据此，当某些变量保持不变时，可以实现对其他变量的检测。在激励频率一定的条件下，如果保持线圈与金属板距离 δ 恒定，对不同的材料，由于磁导率 μ 和电导率 σ 的改变将引起阻抗 Z 的变化，据此可以实现材质评定。如果检测的材质固定，线圈与金属板距离 δ 变化也会引起阻抗 Z 的变化，可以实现位移测量。

涡流检测缺陷时，如图 3-1b 和 d 所示，金属试件存在缺陷时，涡流路径增加，二次磁场 H_s 的大小空间分布随之改变，线圈阻抗 Z 发生变化。缺陷对阻抗的影响更为复杂，需要

后面做进一步讨论。

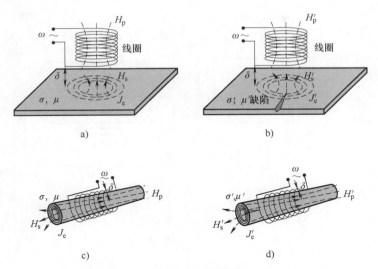

图 3-1 涡流检测基本原理

a）无缺陷金属板 b）有缺陷金属板 c）无缺陷金属管 d）有缺陷金属管

近年来涡流检测的应用范围广泛，利用缺陷形状、尺寸和位置对涡流分布的影响，涡流检测可应用于导电的管、棒、线材及零部件探伤；利用涡流与电导率和磁导率的关系，涡流检测可应用于混料分选和非磁性材料电导率的测定；利用提离效应，可制作涡流位移传感器，广泛应用于自动化控制测量领域和机械故障径向振幅、轴向位移及运动轨迹的测量。

二、趋肤效应

当导体中通以交变电流时，会在导体周围产生交变磁场，该磁场也会在导体中产生感应电流，从而使得沿导体截面的电流分布不均匀，表面电流密度最大，越往中心越小，特别是频率高时，电流几乎全部集中在导体表面附近的薄层流动，这种电流集中于导体表面的现象称之为趋肤效应，如图 3-2a 所示。在涡流检测中，涡流在试件内的分布也会出现趋肤效应。一般来说，激励频率越高，电导率和磁导率越大，涡流越趋近于表面，涡流趋肤效应越明显；反之，则趋肤效应变弱，涡流易于渗透到试件内部。趋肤效应受麦克斯韦方程组控制，假设线圈远小于被测试件，可用半无限大导体模型来描述趋肤效应。

求解电磁场麦克斯韦方程组可以得到平面电磁波进入半无限大导体的衰减公式为

$$J_z = J_0 e^{-z\sqrt{\frac{2}{\omega\mu\sigma}}} \tag{3-2}$$

式中，J_0 是试件表面涡流密度；J_z 是距试件 z 处的试件中的涡流密度；$\omega = 2\pi f$，是输入线圈的激励角频率，f 是激励频率；σ 和 μ 分别是试件的电导率和磁导率。对于非铁磁性材料，$\mu = \mu_0$，μ_0 是真空中的磁导率，$\mu = \mu_0 = 4\pi \times 10^{-7} H/m$；对于铁磁性材料，$\mu = \mu_0 \mu_r$，$\mu_r$ 称为相对磁导率，与试件特性密切相关。

一般将涡流密度衰减到距表面密度 $1/e$ 时的深度定义为标准渗透深度，用 δ 表示，如图 3-2b 所示，由此可得

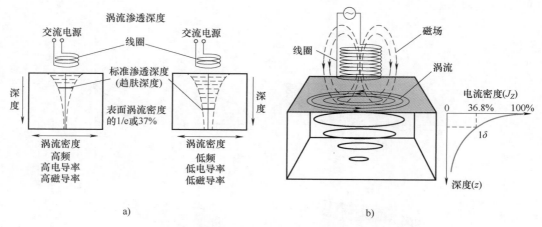

图 3-2 趋肤效应与渗透深度

a）趋肤效应 b）渗透深度

$$\delta = \sqrt{2/\omega\mu\sigma} \tag{3-3}$$

此时，涡流密度幅度大约衰减 36.8%。涡流的趋肤深度是涡流检测时需要考虑的一个重要参量，渗透深度达到 2δ 时，涡流衰减到 13.5%，达到 3δ 时，涡流仅有 5%。3δ 一般可作为涡流检测的极限深度。此外，涡流的相位角 θ 随着试件深度 z 的增加不断滞后。

$$\theta = z/\delta \tag{3-4}$$

说明平面电磁波激励的涡流，在随着幅度降低的同时，相位角也在不断增加。当深度达到标准渗透深度时，涡流相位滞后 1rad。

图 3-3 给出了常用材料的典型涡流渗透深度。由图 3-3 可知，随着频率的增加，电导率和磁导率增加，趋肤深度不断减小，反之则趋肤深度变大。由此可知，对于深埋缺陷，需要较低的频率，或者采用适当的方法改变材料的特性参数。如对于铁磁性材料，可采用磁饱和技术将材料磁化到饱和，降低材料的磁导率，提高涡流渗透深度；而对于表面裂纹缺陷，采用较高的工作频率，使感应涡流集中在试件表面附近，提高对表面缺陷的检测灵敏度。

上述涡流渗透深度是基于平面波的磁场特性进行解析计算的，需要满足均匀磁场的理想条件。然而，实际的涡流检测激励源不可能在大气区域提供均匀的磁场。对于空心线圈型传感器，涡流密度的衰减很大程度上取决于激励线圈的直径，小直径线圈的渗透深度明显小于上述计算结果。虽然较大的线圈直径可以提供相对较深的涡流渗透深度，但它降低了传感器对小而短的缺陷检测的灵敏度。因此，需要根据不同的检测要求采取

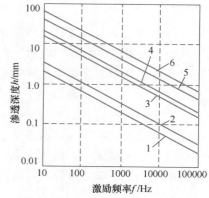

图 3-3 不同材料和频率的涡流渗透深度

1—铁（$\mu_r = 2000$，$\sigma = 2 \times 10^6$S/m）

2—铁（$\mu_r = 200$，$\sigma = 2 \times 10^6$S/m）

3—铜（$\sigma = 56 \times 10^6$S/m）

4—铝（$\sigma = 35 \times 10^6$S/m）

5—黄铜（$\sigma = 12 \times 10^6$S/m）

6—铁（$\mu_r = 2$，$\sigma = 2 \times 10^6$S/m）

不同的检测策略。

三、涡流检测特点

由于涡流检测基于电磁场作用原理，无须耦合介质，检测传感器与被测试件可非接触，检测速度快，易于实现大批量自动化检测，也可用于高温检测，由于不受油泥等非导电性材料影响，可应用于一些恶劣环境检测。因此，涡流检测在无损检测中具有显著的优势，适用于核电站、油气管道、航空航天、汽车等行业。

基于涡流检测的工作原理，涡流检测技术可用于探伤和测量材料性能和试件尺寸。涡流检测对表面和近表面缺陷有很高的灵敏度，可用于疲劳等表面缺陷检测。还可以嵌入机械化测试系统，对多种材料进行分类，监测使用中的材料和设备的恶化情况，并验证工艺质量。

涡流检测同样也存在不足。由于涡流检测是基于电磁感应原理，其检测对象必须是导电材料；涡流检测受趋肤效应影响，只能检测表面和近表面缺陷，对内部缺陷无能为力；由于涡流检测理论的核心是电导率和磁导率，因而对检测试件的材料组织一致性和均匀度要求高。除此以外，涡流检测方法易于检测试件中涡流流动的横向不连续性，这是由于这些横向不连续性割断或改变了电流流动路径，然而对于平行于感应涡流的不连续性则不敏感，因此对平行于表面的夹杂等缺陷的检测能力有限。

第二节　涡流检测的阻抗分析法

阻抗分析法是以分析涡流效应引起线圈阻抗变化及其相位变化之间的密切关系为基础，鉴别各影响因素效应的一种方法。从电磁波传播的角度来看，其实质上是根据信号有不同相位延迟的原理来区别试件中的不连续性，因为在电磁波的传播过程中，相位延迟是与电磁信号进入导体中的不同深度和折返来回所需的时间联系在一起的。阻抗分析法是涡流检测中最常用的一种方法，对于选择检测工艺有十分重要的作用。

涡流检测中可以测量得到的是探头线圈阻抗，进而通过对阻抗信号分析获取被检材料特性信息，实现缺陷检测和表征。本节首先描述线圈的集总参数模型，而后介绍涡流探头等效电路，最后通过引入有效磁导率概念实现阻抗的定量分析，给出典型涡流检测线圈阻抗平面图和典型检测信号。

一、线圈阻抗

根据前述涡流检测原理可知，涡流检测是用线圈在试件中感应出涡流，同时采用线圈测量该涡流的变化，进而实现涡流检测。由此可知线圈是涡流检测的一个关键部件。

涡流检测用线圈如图 3-4a 所示，理想的检测线圈应该是电阻为零，只有感抗。但实际上由于线圈是金属线绕制或电路板印刷制作，而线圈绕组和电缆电阻不为零；同时线圈绕组和连接线（彼此）的接近，线圈之间还存在分布电容，当探头工作频率增加到特定值（与线圈匝数和几何参数相关）时，线圈电容对探头阻抗有显著的贡献。因此，一个实际线圈除了电感 L 外，还有电阻 R 和电容 C 对其阻抗有贡献。但考虑到目前涡流检测频率一般低于 10MHz，可忽略其电容效应。因此，涡流线圈集总参数模型如图 3-4b 所示。

涡流线圈集总参数模型由电阻和电感串联的电路来表示，线圈阻抗可以表示为

$$Z = R + jX = R + j\omega L \tag{3-5}$$

式中，R 是线圈电阻；X 是线圈感抗；L 是线圈自感，ω 为角频率。

涡流检测时，线圈靠近试件，由于电磁感应，试件中感应出涡流，该涡流产生的二次磁场反作用于线圈，引起线圈的阻抗发生变化。线圈与被测试件相互作用，可视为理想变压器之间的相互作用，其等效变压器模型如图 3-5a 所示，其中 $i_1(t)$ 是通入激励线圈的电流；R_1、L_1 是变压器初级（激励）线圈的电阻和电感；$i_2(t)$ 是变压器次级线圈中的电流，即试件中感应出的涡流；R_2、L_2 是变压器次级（接收）线圈的电阻和电感，即检测试件的等效电阻和电感；M 是初级线圈和次级线圈之间的互感，即表征激励线圈和试件之间的互感关系。

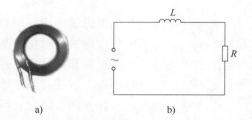

图 3-4　线圈及其集总参数模型
a）实际涡流线圈　b）涡流线圈集总参数模型

图 3-5b 所示的等效电路中，当初级线圈中激励电流发生变化时，次级线圈和初级线圈产生互感，因此初级线圈测量得到的电压信号包含有次级线圈的信息，可以获取测试件的状态信息。通过阻抗变换的方式可以将次级线圈电路阻抗折合到初级线圈电路，变压器模型可以进一步等效为图 3-5c 所示的电路，其中折合阻抗 Z_e 为

$$Z_e = R_e + jX_e = \frac{X_m^2}{R_2^2 + X_2^2} R_2 - j \frac{X_m^2}{R_2^2 + X_2^2} X_2 \tag{3-6}$$

式中，R_e 和 X_e 分别是折合电阻和折合电抗；X_2 是次级线圈的电抗，$X_2 = \omega L_2$；X_m 是初级线圈与次级线圈的互感抗，$X_m = \omega M$。

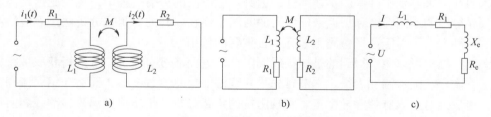

图 3-5　涡流检测等效电路
a）线圈耦合等效变压器模型　b）等效电路　c）二次线圈折合到一次线圈的等效电路

实际测量时，初级线圈和次级线圈信号是耦合在一起的，为此，引入包含初级线圈自身阻抗和次级线圈折合阻抗之和的视在阻抗。通过 R_1、L_1、X_e、R_e 的电流是相同的，据此可以求解得到视在阻抗 Z_s

$$Z_s = \frac{U}{I} = R_s + jX_s = R_1 + R_e + j(X_1 + X_e) \tag{3-7}$$

式中，R_s 和 X_s 分别是视在电阻和视在电抗；X_1 是初级线圈电抗，$X_1 = \omega L_1$。

通过引入视在阻抗，可以得到线圈中输入交变电流时，由于被测试件状况引起的输入电压变化，分析该输入电压变化可以获知被测试件的状况信息。后续阻抗在无特殊说明的情况下，均是指视在阻抗。

二、阻抗平面图

（一）阻抗平面图的绘制方法

在获取线圈视在阻抗后，根据交流电路中相量理论，以电阻为横坐标，以感抗为纵坐标，把视在阻抗绘制在直角坐标系中，可以绘制出涡流检测线圈视在阻抗平面图。图 3-6 所示为非磁性导电试件的涡流检测线圈阻抗平面图。当线圈处于空气中，即线圈远离被测试件时，次级线圈可以被忽略，此时线圈视在阻抗 $Z_s = R_1 + \mathrm{j}\omega L_1$，位于图 3-6a 中的 A 点；而当线圈无限接近检测试件时，检测试件可视为理想电感，次级线圈的电阻被忽略，此时

$$Z_s = R_1 + \mathrm{j}\omega L_1\left(1 - \frac{M^2}{L_1 L_2}\right) \tag{3-8}$$

位于图 3-6a 中的 B 点，其中 $K^2 = \dfrac{M^2}{L_1 L_2}$。

线圈接近试件的过程也是线圈负载发生变化的过程，下面对这一过程进行分析。一方面，试件中的涡流增加，涡流损耗也随之增加，次级线圈的等效电阻增大，因而线圈的视在电阻增加，阻抗平面图上阻抗点向右移动；另一方面，线圈与试件的耦合逐渐增强，互感增强，次级线圈的折合电阻和电抗增大，但由于折合电抗与空线圈电抗方向相反，因此检测线圈的视在电阻增大，视在电抗

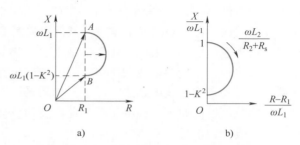

图 3-6　非磁性导电试件的涡流线圈视在阻抗平面图
a）初级线圈的视在阻抗　b）归一化阻抗平面图

减小，对应在阻抗平面图上，阻抗点向左下移动，最终形成了一条从 A 点到 B 点的半圆形轨迹，即是检测线圈的阻抗平面图。

对于涡流检测，可以将空线圈阻抗 $Z_0 \approx R_1 + \mathrm{j}\omega L_1$ 作为一个归一化参数，该值可以用阻抗桥或空线圈的电压与电流之比测量。为了只研究涡流作用引起的电阻变化，将空气中的电阻 R_1 从检测信号中消去，表现在阻抗图上的变化，就是将横坐标向左平移 R_1。同时电抗对空线圈电抗 ωL_1 作归一化，得到归一化阻抗平面图 3-6b，表征了由被测试件特性变化引起的阻抗变化。由于消去了初级线圈的电阻和电感，使得归一化阻抗平面图具有通用性，是关于影响阻抗变化的电导率、磁导率、提离、频率等变化的定量表征，根据归一化阻抗平面图，可分析各影响因素表现出的方向和大小，为根据不同的检测要求选择涡流检测方法，减少干扰因素提供了依据。

需要注意的是，上述半圆形阻抗平面图是针对非磁性平面薄板在理想情况下得到的。实际检测中，对于不同的检测试件和检测线圈，都有各自对应的阻抗图，尤其是铁磁性材料阻抗平面图，其阻抗图与图 3-6 有很大的差异。

（二）缺陷的阻抗平面图

接下来分析阻抗平面图在涡流检测中的应用。首先由阻抗平面图形成过程可知，检测线圈与试件间距离发生变化时，阻抗图会发生变化，可以利用这一特性实现涡流测距。但值得注意的是，阻抗变化与间距变化不是线性关系，因此涡流测距一般需要非线性校准。

进一步分析涡流检测缺陷时的阻抗变化情况。假设试件是非铁磁性材料，线圈接近无缺陷的试件时，线圈的阻抗点由图 3-7 中的 A 点变化到 B 点；当试件中存在缺陷或杂质时，涡流流动被阻断，检测线圈和试件的互感减弱，因此视在电抗的变化量增大，而视在电阻的变化量减小，线圈阻抗点由 B 点变化到 C 点。

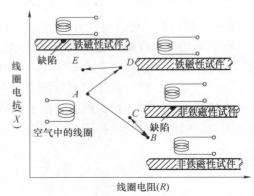

当试件为铁磁性材料时，同样空气中线圈阻抗点位于 A 点，由于铁磁材料磁导率大，线圈靠近检测试件时，试件中感应的涡流增加，产生的二次磁场大于初级线圈的一次磁场，因此折合电抗与空线圈电抗方向相同，这点与非磁性试件相反。当线圈靠近铁磁性材料时，视在电阻和电抗都增大，阻抗点向右上方移动到

图 3-7　涡流检测缺陷的阻抗分析原理

D 点。当试件中存在缺陷或杂质时，试件中的涡流也会被阻断，导致涡流产生的二次磁场减弱，使得视在电抗和电阻的变化量都减小，因此有缺陷时线圈阻抗点移动到 E 点。

一般来说，上述缺陷或杂质引起的阻抗变化都是非常小的，从而使得相应的测量信号也很微弱，需要采用桥式电路进行测量。如果采用绝对式方法检测这一微小阻抗，则包含了空气中的阻抗值；同时由于检测工况和提离波动也会引起线圈参数变化，进而掩盖了缺陷信号的变化，会增加信号识别难度。

三、基于有效磁导率法的阻抗分析

（一）有效磁导率和特征频率

由前面可知，缺陷引起的阻抗变化很小，易受周围环境影响，因此如何精确获取阻抗变化对涡流检测有重要意义，其关键在于获取线圈靠近试件后的磁场变化。目前可通过建立线圈和试件电磁场模型，通过求解麦克斯韦电磁场方程获取试件的电磁场变化情况，但该方法计算复杂。福斯特提出了有效磁导率概念和涡流检测相似性规律，简化了涡流检测的电磁场分析，易于建立待测参数与检测信号直接关联。

1. 理想情况下的计算结果

福斯特以密绕在实心圆柱体上的检测线圈为例，假设实心圆柱体为无限长各向同性材料，端头效应忽略不计；且圆柱体充满整个检测线圈，即试件直径等于线圈内径；激励电流为单一频率正弦波，不考虑试件非线性引起的谐波效应。根据自感定义，如图 3-8 所示，在保持线圈匝数不变的情况下，导体内任何变化导致的线圈中通过的磁通量变化，都可引起线圈阻抗变化。因此，在保持通过检测线圈总磁通量不变的情况下，可用一个恒定磁场 H_0 和变化的磁导率代替实际试件中变化的磁场 H_i 和恒定的磁导率。该变化的磁导率称为有效磁导率，用 μ_{eff} 表示，是一个复数。

由电磁场理论可得到：

$$\mu_{\text{eff}} = \frac{2}{\sqrt{-\mathrm{j}}\,kr} \frac{J_1(\sqrt{-\mathrm{j}}\,kr)}{J_0(\sqrt{-\mathrm{j}}\,kr)} \tag{3-9}$$

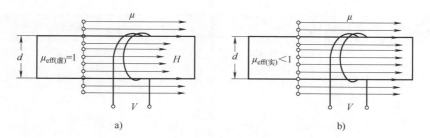

图 3-8　有效磁导率模型

a）检测线圈有圆柱体试件时磁场强度的实际分布　b）福斯特的假想模型

式中，$J_0(\sqrt{-\mathrm{j}}kr)$ 和 $J_1(\sqrt{-\mathrm{j}}kr)$ 分别是零阶和一阶贝塞尔函数；r 是圆柱导体半径，$k=\sqrt{2\pi f\mu\sigma}$，σ 和 μ 是导体的电导率和磁导率，f 是频率。

除频率 f 外，其他参数 σ、μ、r 均为试件的固有参数，取决于试件自身的电磁特性和几何尺寸。为此，将有效磁导率 μ_{eff} 表达式中贝塞尔函数的虚宗量模为 1 时对应的频率定义为特征频率，即可得到特征频率 f_g 为

$$f_g=\frac{1}{2\pi\mu_{\mathrm{eff}}\sigma r^2} \tag{3-10}$$

需要说明的是，特征频率不一定是检测的最佳频率，它只是一个用来识别检测试件特征的参考值，并用来确定合适的检测条件。由此可以得到，对于一般的检测频率 f，与贝塞尔函数的参数 kr 关系为

$$kr=\sqrt{2\pi f\mu\sigma r^2}=\sqrt{\frac{2\pi f\mu_{\mathrm{eff}}\sigma}{2\pi f_g\mu_{\mathrm{eff}}\sigma}}=\sqrt{\frac{f}{f_g}} \tag{3-11}$$

代入公式（3-9）可知，μ_{eff} 值随 $\sqrt{f/f_g}$ 变化而变化，可算出圆柱体的有效磁导率随频率比 f/f_g 变化的实部和虚部关系式，见表 3-1 和图 3-9，可以看出，随 f/f_g 的增加，μ_{eff} 虚部先增大后减小，μ_{eff} 实部逐渐减小。

将有效磁导率与假定的恒定磁场（空气中的磁场）相乘即可算出激励线圈阻抗或线圈电压，反映检测试件内部各种状态对激励线圈磁化的综合响应。线圈电压是关于涡流磁场矢量的时间导数，因此其相位上比磁场信号偏移 90°，因而线圈电压实部由有效磁导率的虚部分量决定，而其虚部则由有效磁导率的实部决定，表现在复平面上，就是与有效磁导率的横轴和纵轴是恰好相反的。

表 3-1　μ_{eff} 与 f/f_g 的关系

f/f_g	μ_{eff}实部	μ_{eff}虚部	f/f_g	μ_{eff}实部	μ_{eff}虚部
0.0	1.0	0.0	2.5	0.8901	0.2653
0.5	0.9948	0.0621	3.0	0.8520	0.2988
1.0	0.9798	0.1215	3.5	0.8127	0.3251
1.5	0.9561	0.1762	4.0	0.7738	0.3449
2.0	0.9255	0.2244	4.5	0.7362	0.3591

（续）

f/f_g	μ_{eff}实部	μ_{eff}虚部	f/f_g	μ_{eff}实部	μ_{eff}虚部
5.0	0.7004	0.3687	20.0	0.3178	0.2656
6.0	0.6361	0.3770	30.0	0.2593	0.2237
7.0	0.5818	0.3759	50.0	0.2006	0.1795
8.0	0.5365	0.3693	100.0	0.1416	0.1312
9.0	0.4990	0.3600	200.0	0.1001	0.0949
10.0	0.4678	0.3494	400.0	0.0707	0.0682
12.0	0.4194	0.3281	10000.0	0.0141	0.0140
15.0	0.3697	0.3001			

由有效磁导率的定义可知，只要有效磁导率相同，则试件内的涡流和磁场强度分布相同。进一步地，由于有效磁导率是一个完全取决于频率比 f/f_g 的参数，因此只要频率比 f/f_g 相同，两个不同试件中的涡流密度和磁场分布就相同，此即涡流相似定律。利用该定律，可根据实际需要，对待检测的问题进行简化设计，得到可应用于实际检测的标准试件，进而制作出相应的涡流检测传感器。

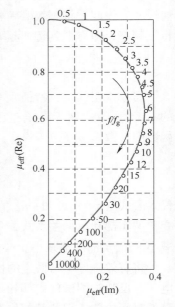

图 3-9 μ_{eff} 与 f/f_g 关系

2. 一般情况的修正

前面用到的圆柱体充满整个检测线圈，然而在实际检测中，为保证检测线圈能够顺利通过检测试件，不可能密绕在检测试件上，检测试件外表面与线圈内表面之间必然存在间隙，此时可以引入填充系数 η 来描述这一现象

$$\eta = \left(\frac{d}{D}\right)^2 \tag{3-12}$$

式中，d 是圆柱导体外直径；D 是线圈内直径。

线圈和导体间空气间隙的相对磁导率为 1，因此，环形空气间隙内的有效磁导率仅有实部分量。线圈阻抗或线圈电压由环形空气间隙和试件两部分的有效磁导率共同决定，其中环形空气间隙仅影响线圈阻抗的虚部，对线圈电压则是仅影响虚部。那么归一化的线圈阻抗

$$\frac{\omega L}{\omega L_1} = 1 - \eta + \eta \mu_r \mu_{eff}(\text{Re}) \tag{3-13a}$$

$$\frac{R - R_1}{\omega L_1} = \eta \mu_r \mu_{eff}(\text{Im}) \tag{3-13b}$$

其中 $1-\eta$ 这一项对应于由环形空气间隙磁场提供的信号分量，与检测试件无关。

（二）棒材阻抗分析

图 3-10 给出了不同填充系数的非铁磁性和铁磁性材料检测的线圈阻抗平面图。图 3-11 给出了当 $f/f_g = 15$ 时含有缺陷的非铁磁性导电圆柱体的线圈阻抗平面图。

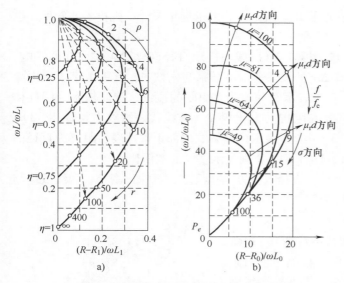

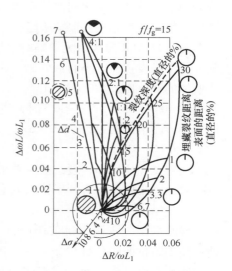

图 3-10　不同填充系数下的线圈阻抗平面图
a）非铁磁性材料　b）铁磁性材料

图 3-11　含有缺陷的非铁磁性
导电圆柱体的线圈阻抗平面图

下面结合图 3-10 与图 3-11，对影响线圈阻抗的因素加以说明。

1. 电导率

由阻抗特性函数可知，试件的电导率 σ 只影响到 μ_{eff} 值的变量 f/f_g，反映在阻抗特性函数上只影响阻抗值在曲线上的位置。换言之，电导率效应发生在阻抗曲线的切线方向上。因此，当材料的导电特性发生变化时，电导率的差异会引起线圈阻抗发生变化，这也是涡流可以进行材质分选的基础，或者利用这一特性通过测定电导率来评价材料某些工艺性能和冶金特性的变化。

2. 圆柱体的直径

当圆柱体直径改变时，会影响到特征频率和频率比，从而对有效磁导率产生直接影响。当直径变大时，一方面，根据式（3-10）可知，特征频率减小，频率比变大，阻抗点沿曲线向下移动；另一方面，根据式（3-12）可知，检测线圈与圆柱体之间的填充系数变大，阻抗点向下移动。因此，圆柱体直径增大的综合作用的结果使得线圈阻抗沿图 3-10a 中虚线方向运动，从而使得直径阻抗变化线与不同填充系数轨迹线呈大角度交叉，可获得最大的相位信息，可使直径效应与电导率变化效应相分离。

3. 相对磁导率

对于非铁磁性材料，μ 可看作常数，影响很小，但对于铁磁性材料，情况就不同了，磁导率对阻抗的影响是双重的。一方面，μ_r 增大，使阻抗值要落到增大 μ_r 倍的曲线上；另一方面又改变参数 f/f_g，使之增大，阻抗值要移动到另一个 f/f_g 的位置上，两者的综合效应使之沿图 3-10b 中弦线方向移动。同样在铁磁性材料中，电导率引起的变化依然体现在曲线切线方向，与磁导率效应方向有一定的夹角，有一定的分辨力。对于铁磁性材料，由于磁导率效应与直径效应变化趋势相近，要区分相对磁导率变化和直径变化是困难的。

4. 缺陷

缺陷影响到材料的电导率、磁导率，由于缺陷产生的大小、位置、方向无法估计，福斯特借助水银模型，利用相似性规律，获取了缺陷阻抗图。由于近年来计算机技术的发展，也可采用数值计算方法获取缺陷阻抗。

图3-11中 A 点表示无缺陷时信号点。标有 Δd 的线段表示直径变化对阻抗曲线的影响，其上数字代表直径减小的百分比。标有 $\Delta\sigma$ 的线段表示电导率变化方向，其上数字表示电导率增加的百分比。数字10、15、…、30等表示宽深比为1/100的裂纹，深度依次为圆柱体直径的10%、15%、…、30%时，线圈视在阻抗的变化规律；虚线代表裂纹宽深比1/30时的情形。图中最右边数字10、6.7、3.3、…、1表示内部裂纹顶部距试件表面距离为直径的10%、6.7%、3.3%、…。4:1、2:1、1:1、1:2则表示裂纹的宽深比。

随着宽深比增加，裂纹效应越来越趋向直径效应方向；反之，宽深比变小，裂纹效应与直径效应夹角增大，有利于检出危险性裂纹。

5. 检测频率

检测频率对线圈阻抗的影响是通过 f/f_g 发生变化，使得线圈阻抗曲线位置发生变化，因而，检测频率对阻抗的影响与电导率一致。在涡流检测中，根据检测线圈的不同，需要充分利用阻抗曲线的直径效应、电导率效应、裂纹效应等，选择最佳检测频率，实现检测目标。

（三）管材阻抗分析

管材特征频率的计算见表3-2，厚壁管阻抗平面图如图3-12所示，厚壁管的线圈阻抗曲线在复平面上位于圆柱体和薄壁管曲线之间，其阴影区域代表管材特性变化时，线圈阻抗变化范围。管材本身对线圈阻抗产生的影响除电导率、磁导率外，管道内直径、外直径、壁厚发生变化，同时内外表面缺陷及管材的偏心度也会对阻抗产生影响。

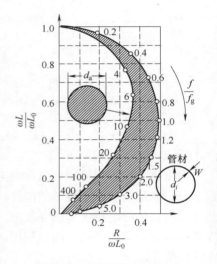

图3-12　厚壁管阻抗平面图

表3-2　管材特征频率的计算

圆管壁厚	线圈形式	特征频率计算公式	各参数的含义
厚壁	外穿式	$f_g = \dfrac{506606}{\mu_r \sigma d^2}$	d—厚壁管外径，单位为 m
厚壁	内通式	$f_g = \dfrac{506606}{\mu_r \sigma d_i^2}$	d_i—薄壁管内径，单位为 m
薄壁	内通或外穿式	$f_g = \dfrac{506606}{\mu_r \sigma d_i W}$	d_i—薄壁管内径，单位为 m W—薄壁管壁厚，单位为 m

（四）放置式线圈阻抗分析

与管棒材线圈相比，放置式线圈的最大特点在于线圈与试件间的耦合路径和面积同时发生变化。当线圈与试件之间距离发生变化时，线圈阻抗发生变化，这种线圈阻抗受线圈和试件间距离影响的效应称为提离效应。很小提离就会产生很大的变化，间距越小，提离效应越明显。随着线圈直径增加，试件中磁通密度增大，从而涡流增大，相当于电导率增大，阻抗值沿着曲线向下移动，与频率增加效应相同。基于这一关系，利用阻抗曲线选择最佳检测工作点时，对于材料一定的情况，既可以通过改变频率使工作点移动，也可以借助改变线圈直接实现。与检测试件相比，检测线圈通常是很小的，能检测出小面积缺陷，采用逐点扫描方式可获得整个检测试件信息。

四、线圈阻抗测量方法

（一）线圈工作方式

线圈的功能是实现涡流的产生与接收，直接与检测试件接触，根据不同的使用目的，可采用不同的线圈工作方式，包括绝对式和差分式，差分式又根据差分对象不同，分为标准比较式和自比较式，如图 3-13 所示。

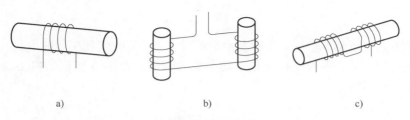

a)　　　　　　　　　　　　b)　　　　　　　　　　　　c)

图 3-13　线圈的工作方式

a）绝对式　b）标准比较式　c）自比较式

绝对式线圈由单个线圈组成，该线圈既是激励线圈，在试件中产生涡流，也是测量线圈，直接测量试件中涡流的变化。使用时，直接测量线圈的阻抗或感应电压。该类线圈简单有效，可用于材料分选、厚度测量，也可用于缺陷探伤。

差分式线圈由一对反向连接的线圈组成。根据每个线圈中标准试件的不同，又可分为标准比较式和自比较式两种。标准比较式是在一个线圈内放置一个与被检试件特性完全相同的构件，检测试件通过另一个线圈时，当两者不相同时即有信号输出，可用于材质分选。自比较式是采用同一被检试件的不同部分进行比较。由于两个参数完全相同，当被检测试件通过检测线圈时，输出的是通过线圈不同部分的信号之差，从而对小缺陷比较敏感，对提离变化和线圈抖动不再敏感，适用于检测表面局部缺陷。

绝对式线圈对被检试件的几何尺寸和电磁性能的缓慢变化或缺陷的局部变化都有反映，能够测量出缺陷的全部变化部分，但由于发热对线圈电阻影响较大，因而对温度比较敏感，易受温度影响，同时检测过程中对线圈抖动也比较敏感。对于差分式线圈，由于温度和抖动会同时引起两个线圈电阻的变化，因此差分式线圈对温度和抖动不敏感，其检测分辨力由两个线圈尺寸决定。由于差分式线圈是通过比较方式完成检测的，因而可能会漏检长而缓变的缺陷，而且只能检测出缺陷的始点和终点，并且由于差分，可能会出现一些难解释的信号。

（二）检出电路

由于涡流检测缺陷引起的信号很微弱，一般采用桥式电路实现将阻抗变化转换为电压信号变化，将检测线圈接在电桥的某个桥臂上，如图 3-14 所示，其中 Z_1、Z_3 为检测线圈，Z_2、Z_4 为仪器内的平衡电阻，测量由缺陷而引起的微小阻抗变化。

当线圈1（Z_1）遇到缺陷时，其阻抗变为$Z_1+\Delta Z$时，电桥的输出为

$$U=\frac{(Z_1+\Delta Z)Z_4-Z_2Z_3}{(Z_1+\Delta Z+Z_2)(Z_3+Z_4)}E \qquad (3\text{-}14)$$

考虑到电桥初始平衡，$Z_1=Z_2=Z_3=Z_4=Z_0$，且$\Delta Z\ll Z_0$时，有

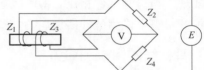

$$U=\frac{\frac{\Delta Z}{Z_0}}{4+\frac{\Delta Z}{2Z_0}}E=\frac{1}{4}\frac{\Delta Z}{Z_0}\frac{1}{1+\frac{\Delta Z}{Z_0}}E\approx\frac{\Delta Z}{4Z_0}E \qquad (3\text{-}15)$$

图 3-14　检测线圈桥式阻抗检测电路

由此通过测量激励电源电压与检测信号电压即可获取阻抗变化

$$\frac{U}{E}\approx\frac{\Delta Z}{4Z_0} \qquad (3\text{-}16)$$

根据电桥方式，可接成单桥、半桥和全桥形式。对于阻抗变化相同的情况，差动半桥输出为惠斯通电桥的两倍，差动全桥又是差动半桥的两倍。图 3-15 所示为典型缺陷试件阻抗测量信号和幅值信号波形。

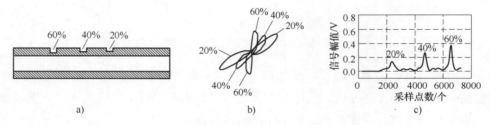

图 3-15　涡流检测信号波形
a）缺陷试件　b）阻抗测量信号　c）幅值测量信号

第三节　涡流检测的应用

涡流检测具有非接触的特点，适用于产品的快速检测或高温工况等恶劣环境下的检测。下面从金属产品制造过程中的检测、在役检测、材质评定和厚度测量四个方面对涡流检测的应用加以介绍。

一、制造过程中的检测——涡流自动检测

金属管、棒、丝材作为一种金属材料，可以加工成各种金属制品，广泛应用于石油化工、能源、电力、航空航天等行业，对其质量进行监控具有重要意义。作为大批量生产的原材料，非常适合涡流自动化检测。金属管、棒材的涡流自动检测系统一般包含有上、下料机构，运输机构，检测单元，报警和分选单元等，检测系统布局如图 3-16 所示。

根据被检测构件的尺寸，对于小直径构件（一般小于$\phi75mm$），采用穿过式线圈检测，如图 3-17a 所示；对于大直径构件采用探头式线圈检测，如图 3-17b 所示。

穿过式线圈相对来说结构比较简单。由于检测的信号是缺陷占被检构件整个线圈圆周方

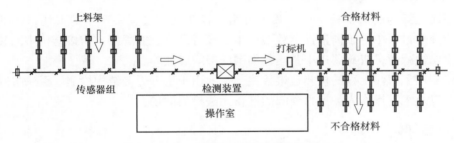

图 3-16 管、棒材的涡流自动检测系统布局

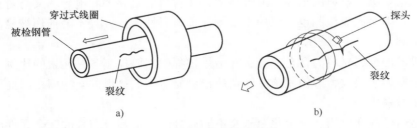

图 3-17 管、棒材涡流检测

a）穿过式线圈检测　b）探头式线圈检测

向的比例，因而，对于同样大小的缺陷，当管材直径小时，缺陷所占比例比较大，缺陷信号强，信噪比高；反之信号弱，信噪比低。因此，穿过式线圈一般用于小直径管、棒材检测。同时，由于穿过式线圈在管、棒材感应出的涡流沿圆周方向，因而该方式对表面、近表面的纵向裂纹有良好的检测特性，对周向裂纹不敏感。探头式线圈主要用于大直径管材的检测。由于探头式线圈检测区域仅与线圈大小有关，与被检棒、管材无关，为实现整个棒材的检测，探头式线圈需沿着整个管、棒材表面进行扫查。一般有探头旋转管材直进和管材螺旋前进探头固定不动两种方式。探头式线圈检测灵敏度高，但检测效率相对较低。

二、在役检测

热交换管广泛应用于石油、化工、核电等行业，如果发生损伤，会极大危害设备安全运营。热交换管的材料有铁磁性和非铁磁性两类，受检测工况限制，只能采取内通过方式进行检测。由于缺陷类型多样化，也可与旋转线圈技术、阵列线圈技术联合使用。一般是绝对式和差分式检测技术都要用到。如果是铁磁性管道，还需外加饱和磁化装置将管道磁化到饱和。

钢结构疲劳裂纹检测主要发生在焊缝处，但由于焊缝几何形状不规则和焊缝处复杂金属成分引起的磁特性变异，导致信噪比低，进而限制了涡流检测的应用。近年来，有人提出一种与被检表面平行和垂直的双向圆形线圈结构，可用于检测焊缝。两个线圈采用差分式连接，由于两个线圈均接近被检试件表面，产生了正交的涡流。扫查时，两个正交的线圈特性相同，当裂纹与线圈切割涡流方向不同时，会引起线圈阻抗变化，实现缺陷检测。由于两个线圈相互很近，磁导率和电导率引起的渐变噪声被抑制，两个线圈距被检面同时发生变化，提离效应变化也被限制。当裂纹与任何一线圈呈 90°时可得到最大检测信号，45°时信号最弱。

由于航空工业所用材料以非铁磁性材料为主，涡流检测对其有天然优势，因此涡流检测经常被用于航空结构的维护检测中。其中可用来检测使用过程中产生的损伤，特别是在飞行、起飞或降落过程中由于周期性负载而产生的疲劳裂纹，如焊接、铆接结构中的裂纹，机身腹部铝皮腐蚀减薄，机翼蒙皮中紧固件周围的层间腐蚀等。

涡流检测用于海洋工程的检测也很普遍，主要用于水下焊接结构检测、无法去除涂层结构的检测，以及水下操作人员视力受限的磁粉无法检测的场合。

三、材质评定

涡流检测的本质是检测材料的磁导率、电导率或提离等引起的阻抗变化。在提离一定的情况下，可以用来测量材料的电导率或磁导率，而材料的磁导率和电导率又与材料的组织及成分密切相关，因而涡流检测也可以用来检测评价材料性能，并且不会损伤被检测部件，适合工业现场检测。

大部分机械用金属材料为合金，合金在冶炼过程中需要控制各种元素的比例。而金属的导电性又受杂质影响很大，即使很微小的杂质也会显著降低材料的电导率，因此可以通过测量电导率判断材料成分。

热处理是通过改变位错、合金化原子及不同成分的含量和分布来改变金属性质，进而达到提高构件使用寿命的目的。热处理中微观组织的变化会影响到金属电导率变化，因此可以通过测量电导率变化来评定热处理工艺。一般来说，退火能够提高金属的导电性，以航空工业中广泛应用的铝合金为例，由于不同合金的热处理可使其电导率和力学性能变化很大，通过建立每种铝合金热处理的电导率变化范围，为飞机部件制造过程和使用过程质量评定提供基础，当某一种铝合金热处理后的电导率超过该区间，则需要怀疑其力学性能。

混料分选在工业生产中具有重要意义。涡流技术适合于材料分选，当某一种材料置于涡流探头产生的磁场中时，在检测线圈中会产生一特定阻抗。如果试件的厚度超过涡流的渗透深度，则相同材料制成的试件会产生相同的阻抗，通过标定出已知材料的阻抗值，然后将待测试件阻抗值与已知试件的阻抗值进行比较，即可识别出不同材料。由于涡流检测与电导率、磁导率、试件几何尺寸及提离等多个参数相关，分选时所感兴趣的冶金参数必须从电导率和磁导率两个变量中推测，因而在检测过程中必须对相关测量参数进行控制。同样，激励频率对混料分选也有很大影响，因此材料要具有足够大的尺寸以消除边缘效应，以及具有足够的深度以消除厚度效应。采用电导率进行材料分选的前提是混杂材料或零部件的电导率的分布带不能相互重合，并且需要预先知道并测定出需要分选的材料的电导率，实际检测时再与该信号相比较，从而将混料区分开。

四、厚度测量

厚度测量本身是一种长度或位移测量方法，由于涡流检测涉及材料的电导率、磁导率和提离，而磁导率和电导率又影响到涡流渗透深度，涡流法测厚的核心是测量出由厚度引起的线圈阻抗变化，其他参数引起的线圈阻抗变化都认为是干扰参数。如果控制这些干扰参数不变，而测定那些与覆层厚度或金属材料厚度有关的参数，就可测量出金属材料的厚度与覆层的厚度。

涡流检测

（一）单一金属厚度测量

单层金属板厚测量主要指金属薄板或箔厚度的测量。由于涡流检测的是电导率和厚度的乘积，因此可采用两种频率探头，高频探头测量电导率，低频探头测量电导率与厚度之积，两者信号之比即为板厚。实际应用中，既可采用同侧布置的反射式测量方式，也可采用对侧式布置的透过式测量方式。

（二）多层金属厚度测量

在许多工业部门，金属部件采用电镀、热浸镀、包覆、喷涂等工艺被涂上或镀上一层覆膜，从而获得具有耐蚀、耐磨和美化外观等特殊性质的表面。精确控制覆层厚度，需要采用快速可靠的测厚方法，涡流在金属材料表面覆层厚度检测中具有明显优势。用涡流测量涂层厚度是利用提离效应进行的。根据覆层与基体电磁特性不同，多层金属厚度测量可分为非磁性金属非导电层厚度测量、磁性金属非磁性覆层厚度测量和复合镀层厚度测量三种。

（1）非磁性金属非导电层厚度测量　要测量非磁性金属上绝缘层厚度，必须抑制基体金属电导率变化的影响。电导率不同，不仅影响阻抗的电阻分量，而且也使电感分量变化。当选用较高检测频率时，可认为电感分量主要受距离变化的影响，电阻分量主要受电导率变化的影响。只要从电路上将探头阻抗变化信号的电感分量取出，再进行调零和校正，就可测量出绝缘层厚度的变化。

（2）磁性金属非磁性覆层厚度测量　由于非磁性覆层的存在增加了磁回路的磁阻，从而改变了磁通量，所以覆层的厚度可以根据磁通的变化测出。由于探头阻抗随覆层厚度的变化呈非线性关系，所以测量仪器需要具有抗干扰能力强的数字式非线性校正电路。

（3）复合镀层厚度测量　由于复合镀层中两种金属的电导率不同，一般可选用一较高频率，使得涡流的渗透深度较小，仅能透过表面一层镀层，从而测量表层镀层的厚度。再选用一较低频率，使涡流能够完全透过两层镀层而达到基体，此时可测出两层镀层的总厚度。再根据已测得的表面镀层厚度值，就可测得里面镀层的厚度。

由于涡流测厚的非线性关系，涡流法测厚时至少需要三个已知厚度的试件来对仪器进行标定。标定厚度一般选用测量范围的最大、最小壁厚及一个中间厚度。所用的标准试件必须与被测部件具有相同的电导率、磁导率、基体厚度和几何形状。

此外，直接测量两物体间距离的涡流位移传感器，在机械故障诊断中可用于轴心轨迹测量、端部轴向跳动测量等，也可通过布置圆周方向探头，实现直线棒材、管材的椭圆测量。

第四节　先进涡流检测技术概述

由前述可知，常规涡流检测系统由线圈和二次仪表组成。从线圈与试件的关系来看，常规涡流检测主要关心线圈与被测试件之间的近距离作用，而从电磁场在试件中的扩散特性来讲，在远场区域也会有涡流存在，从而形成远场涡流检测；从磁场测量方式来看，常规涡流检测主要以单线圈为主，如果增加测量线圈数量或改变测量方式，可以形成阵列涡流和磁-光涡流检测；从系统的输入输出关系来看，常规涡流检测的二次仪表是单一频率输入，如果增加输入频率的数目，得到的信息也会增加，从而形成多频涡流检测，又由傅里叶分析可知，如果是无数多的频率，则可形成脉冲涡流检测。依据这一思路，本节主要讲述远场涡流检测、阵列涡流检测、磁光涡流检测和脉冲涡流检测四种先进技术。当然，上述方式也可互相组合，形成如脉冲远场涡流检测等其他先进检测技术。

一、远场涡流检测技术

远场涡流是采用内通过式涡流检测管道时发现的一种现象。当位于管道内的激励线圈通以交变电流时，将在激励线圈附近管壁上感应出沿管道周向流动的涡流，此周向涡流迅速向外管壁扩散，其场强也将产生一定的幅值衰减和相位延迟，到达管外壁后该电磁场继续向外扩散，并沿管道轴向向前传播，此时管外场强的衰减较管内近场区场强的衰减慢得多。大约在距激励线圈一倍管内径以外的区域，管外场强开始大于管内场强，从而使得该区域管外磁场穿过管壁折向管内时又在外管壁感应产生涡流，电磁场穿过管壁向管内扩散，此时场强又产生一定的幅值衰减和相位延迟。由此可见，远场涡流实际是管壁对激励线圈直接耦合磁通的屏蔽效应和存在能量两次穿越管壁的间接耦合路径的扩散效应的综合作用形成的。

远场涡流检测原理如图 3-18 所示，当在激励线圈中通以低频交变电流时，在该线圈附近的电磁场分为直接耦合和间接耦合两个区域。前者又称近场区域，在此区域，检测信号幅值较高，一般涡流检测就作用在该区域；后者又称远场区域，可以看出，尽管激励线圈与检测线圈均在管内，但在该区域，间接耦合的能量占主要成分，在远场能量传递路径上，管道的内、外壁缺陷都能在远场区域检测线圈中引起信号幅值和相位的变化，如果采用合适方法测量出该信号，即可获取管道壁厚信息，远场区域大约在距激励线圈 2~3 倍管内径。已有研究表明，远场涡流 φ 的相位与管道壁厚关系为

$$\phi = 2h\sqrt{\pi f \mu \sigma}$$

式中，h 是管道壁厚；f 是频率；μ 是管道材料磁导率；σ 是管道材料电导率。可见，远场涡流检测测量的是信号相位。

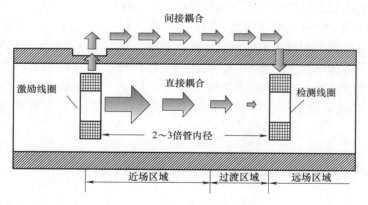

间接耦合
激励线圈
直接耦合
检测线圈
2~3倍管内径
近场区域　过渡区域　远场区域

图 3-18　远场涡流检测原理

远场涡流检测技术克服了趋肤效应带来的局限性，适于检测铁磁性和非铁磁性管道的表面及内部缺陷，可以同时检测管道内壁与外壁缺陷，并且具有相同灵敏度，在地下管线、各种工业管道检测中具有优越性，已成为近年来国内外无损检测领域的研究热点之一。

二、阵列涡流检测技术

由于只有缺陷与涡流相互垂直时，缺陷才会改变涡流分布，引起线圈阻抗变化，实现涡流检测，这就是常规涡流检测原理。但在实际工作中，缺陷方向是随机的，为避免漏检，需

要多个方向扫查。阵列涡流检测技术就是适应这一要求而产生的，如图 3-19 所示，阵列涡流采用相互正交的线圈布置方式，一次扫查就可检测出不同方向的缺陷。图 3-20 所示为适用于平面和管材内检测的两种阵列涡流探头。

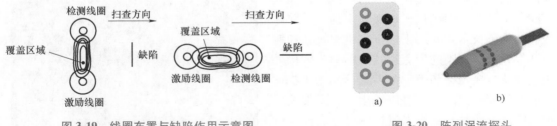

图 3-19　线圈布置与缺陷作用示意图

图 3-20　阵列涡流探头
a）平板检测探头　b）管道内检测探头

阵列探头由多个传感线圈组成，主要优点是能够覆盖比单线圈探头更大的测试区域，检测效率提高数十倍。数组表面线圈用于大面积表面检查，图 3-20a 给出了使用双排线圈的原则，互相补充，实现完全覆盖检测试件，克服了仅用一组线圈检测时存在的明显盲区。同样，图 3-20b 给出的管道的检测探头，其两排线圈在方位上彼此偏移，以提供完整的表面覆盖，用于在不旋转探头的情况下对管道内部进行全面检查。亦可通过印刷电路技术，将柔性线圈的铜线缠绕在柔性聚合物基板材料上，可以根据被检测工况特点进行仿形设计，改善了探头和测试件之间的耦合，可用于复杂曲面的检测。

三、磁光涡流检测技术

与阵列涡流检测技术通过增加线圈数量提高检测效率不同，磁光涡流检测技术是基于磁光效应直接测量被检件上涡流产生的磁场变化，磁光涡流成像技术原理是法拉第电磁感应定律与法拉第磁光效应的综合运用。磁光涡流检测原理如图 3-21 所示，涡流线圈在试件上激励出涡流，光源发出的光经起偏器变为线偏振光，投射到与试件上方平行的磁光薄膜传感器，由于缺陷处涡流扰动会引起磁光薄膜传感器覆盖区域的磁场发生变化，当垂直于磁光薄膜传感器平面的磁场发生变化时，根据法拉第磁光效应，入射光束的偏振角通过磁光薄膜后将发生改

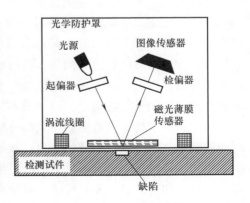

图 3-21　磁光涡流检测原理

变，其大小与磁光薄膜传感器内法向磁场的局部强度线性相关；同样光束被反射到沉积在磁光薄膜传感器底面的薄铝层上，并在到达检偏器之前通过薄膜进行第二次法拉第旋转；最后利用该检偏器将偏振角变化转化为图像传感器可以测量的光强变化，实现磁场检测成像。由于检测区域光场的明暗情况与光矢量偏振面的偏转角度以及检偏器透光轴的方向有关，在无缺陷时，观察到检测区域的亮度均匀，调整检偏器透光轴方向，使亮度最强。当检测到有缺陷的区域时，由于缺陷使涡流流动路径发生畸变，引起局部区域磁场的变化，从而使偏振光在通过磁光传感元件相应部位时产生不同的旋转角度，这样就会观察到缺陷图像。

磁光涡流成像实际上是借助于磁光薄膜传感器将涡流磁场变化转换为光场变化，然后借助图像传感器实现磁场成像，磁光薄膜传感器是其核心器件，对缺陷成像至关重要。与常规涡流检测技术相比，磁-光成像技术一次可以完成对磁光传感元件覆盖区域的检测，检测效率高；检测结果图像化，直观易识别。目前磁光涡流检测技术主要用于检查飞机螺纹孔和铆钉孔等紧固件周围的疲劳裂纹、铝蒙皮铆接处裂纹及蒙皮腐蚀损伤等。图 3-22 所示为飞机铆钉磁光涡流检测图像，可以看出，有无裂纹区域图像区分明显。磁光涡流检测可对表面及近表面缺陷进行实时成像检测，检测深度主要取决于涡流渗透深度，成像清晰度受缺陷深度影响，缺陷越深成像越不清晰。

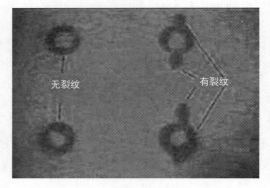

图 3-22　飞机铆钉磁光涡流检测图像

四、脉冲涡流检测技术

脉冲涡流检测技术的基本原理如图 3-23所示，将一恒定电流或电压通入线圈，在一定时间内可在构件内产生稳定的磁场。当断开该输入时，线圈周围产生的电磁场由两部分叠加而成：一部分是直接从线圈中耦合出的一次电磁场，另一部分是试件中感应出的涡流场所产生的二次电磁场。后者包含了构件本身的厚度或缺陷等信息，采用合适的检

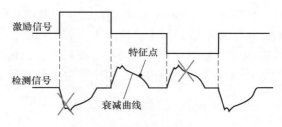

图 3-23　脉冲涡流检测原理

测元件和方法对二次场进行测量，通过对该测量信号分析，可得到被测构件信息。当激励由低电平升高至高电平时，理论上也会产生同样的电磁场。但实际检测中，上升脉冲会给电路造成冲击，激励往往不稳定，故一般不选取该时段进行检测，如图 3-23 中×所示。

因此，与常规涡流检测采用阻抗分析方法不同，脉冲涡流检测主要对感应电压信号进行时域的瞬态分析，提取信号特征量，获取被测试件状态信息。图 3-24 所示为脉冲涡流检测中常用的特征量，用于导磁材料的特征量主要有−3dB 点、弯曲点、晚期信号斜率等，用于非导磁材料的特征量主要有峰值、峰值时间、过零时间、提离交叉点等。一般来讲，峰值高度与金属损失大小相关；过零时间与缺陷深度相关，铁磁材料信号不存在提离交叉点。

脉冲涡流检测信号包含丰富频率成分，不仅有检测表面缺陷的高频成分，也有可检测深层缺陷的低频成分，因而脉冲涡流检测避免了传统涡流检测的局限性，具有一次检测就可获取多层次缺陷信息的优点。

脉冲涡流检测于 20 世纪 50 年代美国 Waidelich 为解决核电燃料元件镀锆层的厚度测量而发明的；20 世纪 60 年代为解决飞机蒙皮搭接机构多层腐蚀、铆接连接区域疲劳裂纹等的检测而在航空行业中得到发展；20 世纪 80 年代开始在石化、电力等行业应用，主要用于在不拆除包覆层情况下检测管道、容器腐蚀。目前已有脉冲涡流检测仪器可穿透厚度为200mm 的包覆层实现金属减薄检测，为石化装置不停机检测提供支撑。

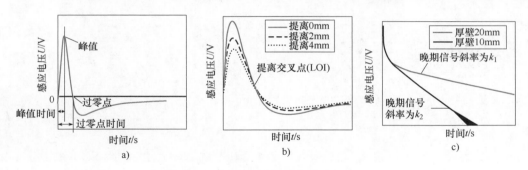

图 3-24　典型脉冲涡流检测信号特征量

a）峰值、峰值时间和过零时间　b）提离交叉点　c）晚期信号斜率

复习思考题

1. 什么是趋肤效应？分析趋肤效应对涡流检测的利与弊。
2. 影响涡流检测灵敏度的因素有哪些？如何提高涡流检测灵敏度？
3. 什么是归一化阻抗？为什么要对检测线圈阻抗做归一化处理？
4. 分析磁性材料与非磁性材料阻抗平面图的异同。为什么会有这种异同？
5. 涡流相似性定律是什么？其在涡流检测中有什么作用？
6. 如何计算涡流检测中的特征频率？其在涡流检测中有什么作用？
7. 什么是提离效应？其在涡流检测中有何利与弊？
8. 什么是填充系数？其在涡流检测中有什么作用？
9. 涡流测厚有哪些方法？
10. 当涡流检测铝合金和低碳钢有缺陷时，画图说明二者的阻抗曲线变化。

参 考 文 献

［1］李喜孟. 无损检测［M］. 北京：机械工业出版社，2001.

［2］史亦韦，梁菁，何方成. 航空材料与制件无损检测技术新进展［M］. 北京：国防工业出版社，2012.

［3］沈建中，林俊明. 现代复合材料的无损检测技术［M］. 北京：国防工业出版社，2016.

［4］张俊哲. 无损检测技术及其应用［M］. 北京：科学出版社，2010.

［5］李家伟. 无损检测手册［M］. 2 版. 北京：机械工业出版社，2012.

［6］NICOLA B. Eddy-Current Nondestructive Evaluation［M］. Berlin：Springer，2019.

［7］NATHAN I，NORBERT M. Handbook of Advanced Nondestructive Evaluation［M］. Berlin：Springer，2019.

［8］美国无损检测学会. 美国无损检测手册：电磁卷［M］.《美国无损检测手册》译审委员会，译. 上海：世界图书出版公司，1999.

［9］American Society for Nondestructive Testing. Nondestructive Testing Handbook Volume 5：Electromagnetic Testing［M］. 3rd ed.［S. L.：s. n］，2004.

［10］武新军，张卿，沈功田. 脉冲涡流无损检测技术综述［J］. 仪器仪表学报，2016，37（8）：1698-1712.

第四章

磁粉检测

　　由铁磁材料制造的零件被磁化后，当表面或近表面存在缺陷（如裂纹、气孔或夹杂物）且其延伸方向与磁场方向垂直或呈较大角度时，由于缺陷内部介质是空气或非金属夹杂物，相比于零件基体材料，其磁导率小、磁阻大，因此，磁力线通过缺陷时往往发生弯曲，逸出零件表面形成漏磁场。此时将磁粉或磁悬液施加到零件表面，在缺陷处的磁粉就会被漏磁场磁化，形成 N 极、S 极，并沿着漏磁场的磁力线方向排列堆积起来，吸附在缺陷处形成磁痕，从而显示出缺陷的位置、形状和大小，如图 4-1 所示。

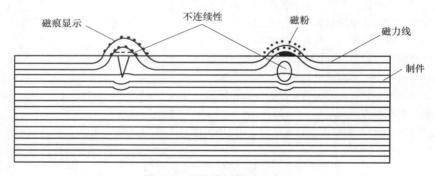

图 4-1　磁粉检测原理示意图

　　通常，漏磁场的宽度要比缺陷的实际宽度大数倍乃至数十倍，所以缺陷处的磁痕要比实际缺陷宽很多，进行磁粉检测时很容易观察出来。

　　磁粉检测作为一项较为成熟的无损检测方法，主要利用缺陷处的漏磁场对磁粉的吸引来显示材料表面及近表面的缺陷，被广泛应用于机械制造、化工、电力、造船、航空、航天等工业部门重要承载结构及零部件的表面及近表面质量检验。

　　磁粉检测的优点是：

1）能直观显示缺陷的形状、位置、大小，并可大致确定其性质。

2）检测灵敏度高，可检测的最小缺陷宽度达 0.1μm，能发现深度为 10μm 的微裂纹。

3）几乎不受试件尺寸和形状的限制。

4）检测速度快，工艺简单，费用低廉。

　　磁粉检测的缺点是：

1）只能用于铁磁材料。

2）只能发现表面和近表面缺陷，可探测的深度一般在 1~2mm。

3）不能确定缺陷的埋深和自身高度。

第一节　磁粉检测的物理基础

一、磁现象与磁场

物体受外磁场吸引或排斥的特性，称为该物体的磁性。凡能够吸引其他铁磁材料的物体叫磁体，它是能够建立或有能力建立外加磁场的物体，有永磁体、电磁体、超导磁体等。

磁铁各部分的磁性强弱不同，两端强中间弱，特别强的部位称为磁极，一个磁铁可分北极（N）、南极（S），磁极间相互排斥及相互吸引的力叫磁力。磁体附近存在着磁场，凡是磁力可以到达的空间称为磁场。磁场是物质的一种形式，磁场内分布着能量。磁场存在于被磁化物体或通电导体内部和周围空间，有大小和方向。

为了形象地表示磁场的强弱、方向与分布情况，可以在磁场内画出若干假想的连续曲线，即磁力线。磁力线具有方向性。在磁场中磁力线的每一点只能有一个确定的方向；磁力线贯穿整个磁场，互不相交；异性磁极的磁力线容易沿着磁阻最小的路径通过，其密度随着距两极距离的增加而减小；同性磁极的磁力线有相互向侧面排挤的倾向。

二、磁场中的几个物理量

（一）磁场强度 H

磁场里任意一点放一个单位磁极，作用于该单位磁极的磁力大小代表该点的磁场大小，磁力的方向为该点的磁场方向。表征磁场大小和方向的量称为磁场强度，常用符号 H 表示。

一根载有直流电 I 的无限长直导线，在离导线轴线为 r 处所产生的磁场强度为

$$H = \frac{I}{2\pi r} \tag{4-1}$$

磁场强度 H 的法定计量单位为安［培］每米（A/m），等于与一根通以 1A 电流的长导线相距（$1/2\pi$）m 处发生的磁场强度。

（二）磁感应强度 B

将原来不具磁性的可磁化材料放入磁场强度为 H 的外磁场，此材料可被磁化，这时，除原来的外磁场外，在磁化状态下的该材料还将产生自己的附加磁场，这两个磁场叠加起来的总磁场用磁感应强度（磁通密度）表示，其符号为 B。

磁场在某一点磁感应强度的大小，与放在该点与磁场方向垂直的通电导线所受的磁场力 F 成正比，与该导线中的电流 I 和导线长度 L 的乘积成反比：

$$B = \frac{F}{IL} \tag{4-2}$$

磁感应强度 B 的法定计量单位为特［斯拉］（T），将带有 1A 恒定电流的直长导线垂直放在均匀磁场中，若导线每米长度上受到 1N 的力，则该均匀磁场的磁感应强度定义为 1T。

磁场强度与磁感应强度的区别：磁场强度不考虑磁场中物质对磁场的影响，与磁化物质的特性无关。

（三）磁导率 μ

磁导率表示材料被磁化的难易程度，反映了不同材料导磁能力的强弱，磁导率用 μ 表示，单位为亨［利］每米（H/m）。在真空中磁导率为一常数，用 μ_0 表示，$\mu_0 = 4\pi \times 10^{-7} \mathrm{H/m}$。为了比较各种材料的导磁能力，常将任一种材料的磁导率和真空磁导率的比值用作该材料的相对磁导率，用 μ_r 表示，$\mu_r = \mu / \mu_0$。

磁场强度 H、磁感应强度 B 和磁导率 μ 之间的关系可表示为 $\mu = B/H$。

三、磁性材料的分类

磁场对所有材料都有不同程度的影响，当置于外磁场中时，可依据相应的磁特性的变化，将材料分为三类。

（一）抗磁材料

置于外磁场中时，呈现非常微弱的磁性，其附加磁场与外磁场方向相反，铜、铋、锌等属于此类（$\mu < 1$）。

（二）顺磁材料

置于外磁场中时也呈现微弱的磁性，但附加磁场与外磁场方向相同，铝、铂、铬等属于此类（$\mu = 1$）。

（三）铁磁材料

置于外磁场中时，能产生很强的与外磁场方向相同的附加磁场，铁、钴、镍和它们的许多合金均属于此类（$\mu \gg 1$）。

一块未被磁化的铁磁材料放入外磁场中时，随着外磁场强度 H 的增大，材料中的磁感应强度（B）开始时增加很快，而后增加很慢直至达到饱和点，如图 4-2 中的曲线 Om 所示。当磁场强度逐步回到零时，材料中的磁感应强度（B）并不为零而是保持在 B_r 值，B_r 称为剩余磁感应强度（剩磁）。要使材料中的磁感应强度（B）减少到零，必须使外磁场反向，使 B 减少到零所须施加的反向磁场强度 H_c 称为矫顽力。如果反向磁场强度继续增大，B 可再次达到饱和值，当 H 从负值回到零时，材料具有反方向的剩磁 $-B_r$，磁场强度过零再沿正方向增加时，曲线经过 H_c 点回到 m 点，完成一个循环，这条闭合曲线称为材料的磁滞回线。如果磁滞回线是细长的，如图 4-3a 所示，通常说明这种材料是低顽磁性（低剩磁）的，易于磁化；而宽的磁滞回线，如图 4-3b 所示，说明这种材料具有高的顽磁性，较难磁化。

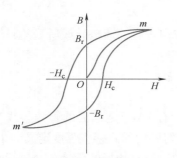

图 4-2　铁磁材料的磁滞回线

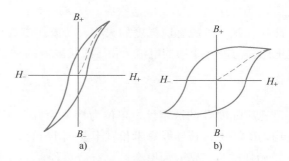

图 4-3　低顽磁性、高顽磁性材料的磁滞回线

铁磁材料的晶格结构不同，其磁性会有显著改变。在常温下，面心立方晶格的铁是非磁性材料，体心立方晶格的铁则是铁磁材料。除此以外，材料的合金化、冷加工及热处理状态都会影响材料的磁特性。例如：

1）随碳含量的增加，碳钢的矫顽力几乎呈线性增大，而最大相对磁导率却随之下降。

2）合金化会增大钢材的矫顽力，使其磁性硬化。例如，正火状态的40钢和40Cr钢的矫顽力分别为584A/m和1256A/m。

3）退火和正火状态钢材的磁特性的差别不大，而淬火则可以提高钢材的矫顽力。随着淬火以后回火温度的提高，矫顽力又有所降低。

4）晶粒越粗，钢材的磁导率越大，矫顽力越小，逆之则相反。

5）钢材的矫顽力和剩磁随压缩变形率的增加而增加。

四、磁畴

物质都是由分子和原子组成的，原子中每个电子同时存在绕核旋转和自旋两种运动。而任何带电粒子的运动都会产生磁效应，因此，每个电子都具有一定的磁矩。磁矩又分为轨道磁矩和自旋磁矩，物质外在磁性的显示主要取决于电子的自旋磁矩。

在铁磁质中，原子壳层内存在较多的未被抵消的电子自旋磁矩，由此产生的原子磁矩较强。如果原子间的间距适当，相邻电子的静电交换作用较强，就会出现一些原子磁矩取向一致、排列整齐的小区域，并且具有相当的磁性。这种不靠外磁场作用而自发磁化的小区域被称之为磁畴，如图4-4a所示。

磁畴虽然极小，仅在显微镜下可见，但每个磁畴中含有$10^{12}\sim10^{15}$个原子。当无外磁场存在时，磁畴取向各异，为无序排列，磁性相互抵消，因此对外不显示磁性。当有外磁场存在，磁畴在外加磁场作用下发生偏移，最后趋向与外磁场方向一致，成为有序排列，使得磁场互相叠加，从而对外显示强磁性，如图4-4b所示。

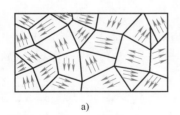 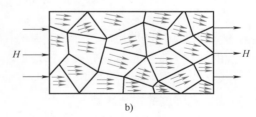

图4-4 磁畴
a）无外加磁场 b）有外加磁场

五、漏磁场及影响因素

（一）漏磁场的形成

铁磁工件在外磁场作用下被磁化，若工件表面或近表面存在与磁力线方向近似于垂直的缺陷时，就会明显改变磁力线在工件内的分布，这是因为缺陷（如裂纹、非金属夹杂物等）一般都是非铁磁物质，其磁导率远小于铁磁物质的磁导率，其磁化区域在外磁场条件相同的情况下，单位面积上能穿过的磁力线数比铁磁物质少得多，即缺陷区域不能容纳与铁磁物质

中同样多的磁力线，但磁力线又是连续的，缺陷区域会影响这部分磁力线，并导致它从缺陷
周围的铁磁物质里通过，部分磁力线绕过缺陷时在工件内发生弯曲。又由于缺陷周围材料所能容纳的磁力线数目是有限的，以及缺陷本身的形态和在工件中的位置等关系，所以会有一部分磁力线逸出工件表面，从工件中缺陷所在区域的一边离开工件，在工件的另一边进入工件，即在缺陷的两边分别形成 N 极和 S 极，产生了一个小磁场，如图 4-5 所示。

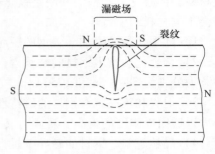

图 4-5　漏磁场的形成

这个小磁场是由于缺陷的存在而使铁磁物质工件中的磁力线逸漏出工件外而形成的，故称为漏磁场。

缺陷漏磁场的强度和方向是一个随材料磁特性及磁场强度变化的量。图 4-6 表示了缺陷处的漏磁场。由图可知，漏磁场可以分解为水平分量 B_x 和垂直分量 B_y，如图 4-6a 所示，水平分量与钢材表面平行，垂直分量与钢材表面垂直。漏磁场水平分量 B_x 在缺陷界面中心最大，并左右对称，如图 4-6b 所示。漏磁场垂直分量 B_y 在缺陷与钢材交界面最大，是一条过中心点的曲线，磁场方向相反，如图 4-6c 所示。两个分量合成，形成了缺陷处漏磁场的分布，如图 4-6d 所示。

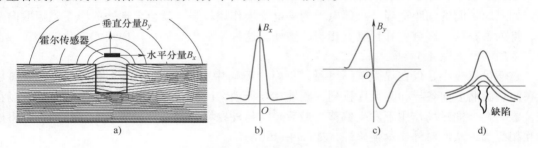

图 4-6　缺陷漏磁场

磁粉检测的基础是缺陷的漏磁场与外加磁粉的相互作用，即通过磁粉的聚集来显示被检工件表面上出现的漏磁场，再根据磁粉聚集形成的磁痕的形状和位置分析漏磁场的成因并评价缺陷。

（二）影响漏磁场强度的主要因素

磁粉检测灵敏度的高低取决于漏磁场强度的大小。在实际检测过程中，缺陷漏磁场的强度受到多种因素的影响，其中主要有：

（1）外加磁场强度　缺陷漏磁场强度的大小与工件被磁化的程度有关。一般说来，如果外加磁场能使被检材料的磁感应强度达到其饱和值的 80% 以上，缺陷漏磁场的强度就会显著增加。

（2）磁化电流类型　不同种类的电流对工件磁化的效果不同。交流电磁化时，由于趋肤效应的影响，表面磁场最大，表面缺陷反应灵敏，但随着向内延伸，漏磁场显著减弱。直流电磁化时渗透深度最深，能发现一些埋藏较深的缺陷。

（3）缺陷的位置与形状　就同一缺陷而言，随着埋藏深度的增加，其漏磁场的强度将迅速衰减至近似为零。另一方面，缺陷切割磁力线的角度越接近正交（90°），其漏磁场强

度越大，反之亦然。事实上，磁粉检测很难检出与被检表面夹角小于20°的缺陷。此外，在同样条件下，表面缺陷的漏磁场强度随着其深宽比的增加而增加。

（4）缺陷性质 缺陷的性质不同，其磁导率就不同。缺陷的磁导率越小，磁阻就越大，磁力线就越难通过。这样，磁力线在缺陷处泄漏越多，因此，漏磁场就越强。

（5）被检表面的覆盖层 被检表面上有覆盖层（例如涂料）时会降低缺陷漏磁场的强度。

（6）材料状态 钢材的合金成分、碳含量、加工及热处理状态的改变均会影响材料的磁特性，进而会影响缺陷的漏磁场。

第二节 磁化与退磁

一、磁化方法

磁粉检测中，在一定的磁化场条件下，要在缺陷处产生足够大的漏磁场，必须使磁化场的方向尽可能与缺陷垂直。与磁场方向垂直的缺陷，检测灵敏度最高，与磁场平行的缺陷则难以检出。磁粉检测的工件有各种形状和尺寸，工件中缺陷有各种取向，为了能有效地检出各个方向的缺陷，根据缺陷可能的取向来选择最佳磁化方向，便形成了多种磁化方法。

按照在工件上产生的磁场方向不同，磁化方法通常分为周向磁化、纵向磁化和复合磁化三种。

（一）周向磁化

对工件进行磁化，使之产生环绕在工件表面的周向磁场的方法称为周向磁化法。

周向磁化法主要用来发现工件表面和近表面的轴向缺陷以及与轴向夹角小于45°的缺陷。有多种方法可以实现被检工件的周向磁化。对于小型零部件，可以采用直接通电法或中心导体法对被检工件做整体周向磁化。在大型结构的磁粉检测中，可以采用支杆法（直接通电）和平行电缆法（辅助通电）对被检区域做局部周向磁化。

1. 直接通电法

将工件夹持在两电极之间，使电流沿轴向通过工件，由电磁感应（电流）在工件内部及其周围建立一个闭合的周向磁场的方法，称为直接通电法，如图4-7所示。直接通电法可以发现外表面的轴向缺陷。

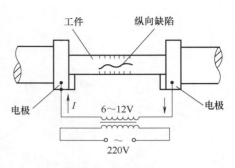

图 4-7 直接通电法

直接通电法适用于大批量的中小工件的检测。探伤机可以是手工操作或半自动的，检测效率高。但当电流大、工件两端夹持不紧密或有氧化皮时，容易因接触不良而产生电火花烧伤工件。为此，通电磁化时应注意工件表面处理和正确夹持工件。

2. 中心导体法

将一导体穿入空心工件中并使电流通过导体，在工件内外表面产生周向磁场的磁化方法，称为中心导体法或穿棒法，如图4-8所示。中心导体法可以同时发现内外表面轴向缺陷和两端面的径向缺陷。空心工件内表面磁场强度比外表面大，所以内表面缺陷检出灵敏度比外表面高。

中心导体法适用于检查空心轴、轴套、齿轮等空心工件。对于小型工件，如螺母，可将数个穿在导体上一次磁化。若工件内孔弯曲或检查工件孔周围的缺陷，可以用软电缆作为中心导体。中心导体的材料一般采用铜棒，也可以用铝棒或钢棒，但钢棒易发热。

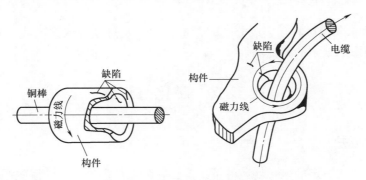

图 4-8　中心导体法

3. 支杆法

通过两支杆电极将磁化电流通入工件，在电极处的表面上产生周向磁场，对工件进行局部磁化的方法，称为支杆法或触头法，如图 4-9 所示。支杆法可以发现与两支杆连线平行的表面和近表面缺陷。

用支杆法磁化工件时，工件表面的磁场强度与磁化电流、支杆间距有关。支杆间距一定时，磁化电流大，则工件表面磁场强度大。电流一定时，支杆间距大，则工件表面磁场强度小。为了达到规定的磁场强度，支杆间距大时，磁化电流也应大。

4. 平行电缆法

将一根绝缘通电的电缆平行置于被检工件表面部位，产生畸变的周向磁场，进行局部磁化的方法，称为平行电缆法，如图 4-10 所示。

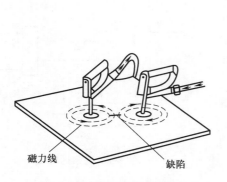

图 4-9　支杆法磁化示意图

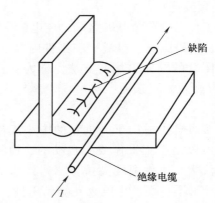

图 4-10　平行电缆法

平行电缆法可用于发现与电缆平行的表面和近表面缺陷。实际检测中，可用于压力容器焊缝，特别是角焊缝中的纵向缺陷的检测。

（二）纵向磁化

使工件上产生纵向磁场并利用纵向磁场进行磁化的方法，称为纵向磁化法。纵向磁化在工件内部建立的是与工件轴向平行的磁化场，可用于发现与工件轴向垂直或与轴向夹角大于45°的表面和近表面缺陷，即横向缺陷。

常用的纵向磁化法有线圈法、磁轭法和电缆缠绕法。

1. 线圈法

将工件置于通电螺线管线圈内，用线圈内的纵向磁场进行磁化的方法，称为线圈法，如图 4-11 所示。它有利于检出与线圈轴垂直的缺陷。

采用线圈法过程中，当线圈直径较大、长度较短时，线圈内径向的磁场强度是不均匀的，靠近线圈壁强，中心弱。磁化小型工件时，应把工件放置于靠近线圈内壁进行磁化，如图 4-12 所示。

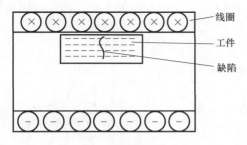

图 4-11　线圈法

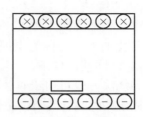

图 4-12　工件在线圈内的放置方法

工件长度比线圈长度大时，由于线圈内磁场随着离开线圈端面距离的增加而迅速降低，工件在线圈之外较远的部位得不到必要的磁化，所以要将工件进行分段磁化，或将线圈沿工件移动磁化，如图 4-13 所示。

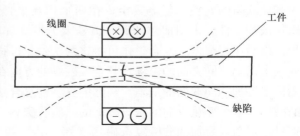

图 4-13　长工件线圈法

2. 磁轭法

利用电磁轭或永久磁铁在工件上产生的纵向磁场进行磁化的方法，称为磁轭法。

所谓电磁轭，就是绕有螺线管线圈的 π 型铁芯，工件置于铁芯两极间，工件与铁芯构成闭合磁回路，当线圈通以电流后，铁芯中感应的磁通流过工件，对工件进行纵向磁化。

如果被检工件的两个端面能够被夹持在磁轭的两极之间，形成闭合磁路，就可以对其做整体磁化，如图 4-14 所示。反之则可以利用磁轭对被检工件做局部磁化，如图 4-15 所示。做局部磁化时，磁轭两极间的磁力线大致与两极的连线平行，如图 4-16 所示，可以检出取向基本与两极连线垂直的缺陷。磁轭的有效检测范围与设备性能、检测条件及工件的形状有关，一般情况下是以两极连线为短轴的椭圆形。

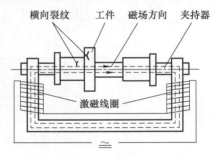

图 4-14　整体磁化

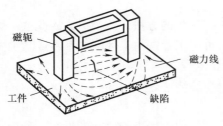

图 4-15　局部磁化

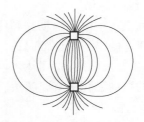

图 4-16　便携式电磁轭两极间的磁力线

便携式交流电磁轭设备简单，操作方便，被广泛用于大型结构件的磁粉检测。在检测过程中，磁极间距应该控制在 75～200mm 以内。检测区域应限制在磁极连线两侧相当于 1/4 最大磁极间距的范围内。为了能检出各种取向的缺陷，在同一被检部位必须做至少两次方向相互垂直的检测。移动磁轭时，有效磁化区域应至少重叠 10% 以上，以避免缺陷漏检。

3. 电缆缠绕法

把通电电缆缠绕在工件上，利用在工件上产生的纵向磁场进行磁化的方法，称为电缆缠绕法，如图 4-17 所示。它可以检出工件的横向缺陷。

电缆缠绕法一般可用于直径较大，或形状不规则，又不能放在固定式螺线管线圈中磁化的工件的检测。

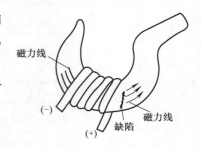

图 4-17　电缆缠绕法

（三）复合磁化

考虑到工件中实际存在的缺陷可能有各种取向，因此，为避免缺陷的漏检，就需要至少在两个相互垂直的方向上磁化被检工件。采用前述的磁化方法要分两次完成这一过程，检测速度很慢。复合磁化可将这两次磁化过程合二为一，即同时在被检工件上施加两个或两个以上不同方向的磁场，其合成磁场的方向在被检区域内随着时间变化，经一次磁化就能检出各种不同取向的缺陷。实际中有多种复合磁化方法，如摆动磁场法，即一个固定方向的磁场与一个变化方向的磁场叠加的螺旋状磁场（图 4-18）；交叉磁轭法，即两个交叉电磁轭呈一定角度叠加的旋转复合磁场（图 4-19）等。复合磁化在磁粉检测中应用广泛，其主要优点是灵敏可靠，检测效率高。

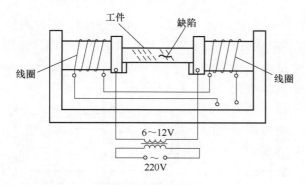

图 4-18　摆动磁场法

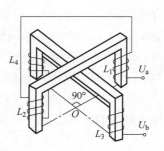

图 4-19　交叉磁轭法

二、磁化电流

磁粉检测中大都利用电流产生的磁场来对工件实施磁化，用于在工件上激发磁场的电流称为磁化电流。磁粉检测常用的磁化电流有交流电、整流电、直流电及冲击电流等。不同种类的电流对工件的磁化是有差异的，各有其优缺点，所以，在磁粉检测中，正确选择磁化电流很重要。

（一）交流电

1. 优点

交流电在磁粉检测中有着最为广泛的应用，这是因为其具有以下优点：

（1）对表面缺陷检测灵敏度高　趋肤效应使磁化电流及其产生的磁通趋于工件表面，提高了表面缺陷检测能力。

（2）适宜于变截面工件的检测　若采用直流电磁化工件，在截面变化处会有较多的漏磁通；而使用交流电磁化，可得到比较均匀的表面磁场分布，检测效果较好。

（3）便于实现复合磁化和感应磁化　复合磁化中，常用两个交流磁化场的叠加来产生旋转磁场，或者采用交流场和直流场叠加产生摆动磁场。

（4）有利于磁粉在被检表面上的迁移　交流电方向不断变化，它产生的磁场也是交变的。被检工件表面受到交变磁场的作用，会有助于磁粉的迁移，从而提高探伤灵敏度。

（5）易于退磁　交流磁化剩磁集中于工件表面，采用交流退磁可方便地将剩磁退掉。

（6）设备结构简单　交流磁粉探伤机直接使用工业电源输送的交流电，不需要整流、滤波等装置，设备结构简单，易于维修，价格便宜。

2. 缺点

（1）剩磁不够稳定　交流电用于剩磁法检测时，有剩磁不稳和偏小的情况，因此，用剩磁法检测时，一般需在交流磁粉探伤机上加配断电相位控制器，以保证获得稳定的剩磁。

（2）检测深度小　交流电趋肤效应固然提高了表面缺陷的检测灵敏度，但对表层下的缺陷检测能力不如直流电，一些近表面缺陷会漏检。对于有镀层的工件最好不用交流电磁化。

（二）直流电

直流电磁化工件时无趋肤效应，在导体内分布均匀，磁场渗透性能好，因此，检测深度大，对近表面缺陷的检测能力比交流磁化强。此外，直流磁化剩磁稳定，无须断电相位控制。但由于直流磁化磁场渗透深度大，退磁也更为困难，有时需要专用的退磁装置。考虑到直流电源供给不便，现代工业中已很少使用。

（三）整流电

整流电是方向不变，但大小随时间变化的电流。整流电既含有直流部分，又含有交流部分，故有时也称为脉动电流。

整流电是通过对交流电整流获得的，分为单相半波、单相全波、三相半波和三相全波整流四种类型。三相半波或全波整流电交流分量很小，波动很小，已接近直流，其磁化效果也近似于直流，在现代磁粉检测中已几乎替代了纯直流磁化。而单相半波或全波整流电交流分量大，电流波动大，尤其是单相半波，电流是由直流脉冲组成，每个脉冲持续半周，在脉冲之间的半周完全没有电流流动，因此，它的磁化效果与直流磁化相差很大。

单相半波整流电是一种常用的磁化电流，它具有以下磁化特点：

（1）兼有渗透性和脉动性　单相半波整流电方向单一，趋肤效应远比交流小，因此能检测近表面缺陷。同时，半波整流电交流分量较大，它的磁场具有强烈的脉动性，能够搅动干燥的磁粉，有利于磁粉迁移。因此，单相半波整流电常与干法磁粉检测相结合，用于检测大型铸件、焊缝的表层缺陷。

（2）剩磁稳定　单相半波整流电所产生的磁场总是同方向的，不存在磁滞回线中的退磁曲线段，所以，无论何时断电，总能在工件上获得稳定的剩磁。

（3）可获得较好的对比度　单相半波整流电磁化工件时磁场不是过分地集中于表面，即使采用严格规范，缺陷上的磁粉也不会大量增加，所以工件本底干净，磁痕轮廓清晰，对比度好，便于观察分析。

（四）冲击电流

冲击电流是一种在瞬间突然释放出来的电流，实际上是一种非周期的脉冲电流。一般可由电容器充放电获得，电流可高达 10000~20000A。

冲击电流只适用于剩磁法，这是因为通电时间非常短，要在通电期间施加磁粉并完成磁粉向缺陷处迁移是困难的。试验证明，冲击电流通电时间要在 1/100s 以上，并反复通电数次，才能获得好的检测结果。

三、磁化规范

为了获得较高的磁粉检测灵敏度，在被检工件上建立的磁场必须具有足够的强度。不同磁化方法的磁化电流计算公式略有不同，以下介绍 GJB 2028A—2019 中几种常用的磁化电流计算方法。

（1）通电法周向磁化规范　通电法周向磁化规范的电流值可参照表 4-1 中的公式进行计算。计算磁化电流时，交流电采用有效值，整流电和直流电采用平均值，采用峰值时应进行换算。当制件的当量直径变化大于 30% 时应分段选用磁化规范。

表 4-1　通电法周向磁化规范

检测方法	电流值计算公式		用途
	三相全波整流电	交流电	
连续法[①]	$I=12D\sim20D$	$I=8D\sim15D$	用于标准规范，检测 $\mu_{rm}\geqslant200$ 的制件的开口性缺陷
	$I=20D\sim32D$	$I=15D\sim22D$	用于严格规范，检测 $\mu_{rm}\geqslant200$ 的制件的夹杂物等非开口性缺陷
			用于标准规范，检测 $\mu_{rm}<200$（如沉淀硬化钢类）制件的开口性缺陷
	$I=32D\sim40D$	$I=22D\sim28D$	用于严格规范，检测 $\mu_{rm}<200$（如沉淀硬化钢类）制件的夹杂物等非开口性缺陷
剩磁法[①]	$I=30D\sim45D$	$I=20D\sim32D$	检测热处理后矫顽力 $H_c\geqslant1kA/m$、剩磁 $B_r\geqslant0.8T$ 的制件

注：1. 计算公式的范围选择应根据制件材料的磁特性和检测灵敏度要求具体确定。

2. μ_{rm} 是最大相对磁导率；I 是磁化电流值（A），D 是制件直径（mm），对于非圆柱形制件，则采用当量直径，当量直径 $D=$ 周长/π。

① 相关概念请参见本章第三节。

（2）正中心导体法周向磁化规范　当中心导体的轴线与制件的中心轴线近于重合时，可采用表 4-1 给出的磁化规范。

（3）支杆法周向磁化规范　使用支杆法的周向磁场进行检测时，两支杆电极间距一般控制在 75~200mm 之间，此时推荐使用的磁化规范见表 4-2。

表 4-2　支杆法周向磁化规范

板厚 δ/mm	磁化电流计算公式		
	交流电	单相半波整流电	三相全波整流电
<19	$I=3.5L$~$4.5L$	$I=1.8L$~$2.3L$	$I=3.5L$~$4.5L$
≥19	$I=3.5L$~$4.5L$	$I=2L$~$2.3L$	$I=4L$~$4.5L$

注：I 是磁化电流值（A）；L 是两支杆电极间距（mm）。

（4）线圈法纵向磁化规范　当线圈横截面面积/制件横截面面积≥10，并且制件靠近线圈内壁放置时，线圈安匝数可按式（4-3）计算；当制件置于线圈中心时，线圈安匝数按式（4-4）计算。式（4-3）和式（4-4）适用于三相全波整流电，使用其他电流时可参考三相全波整流电。

$$IN=(IN)_1=\frac{K}{\dfrac{L}{D}}(1\pm10\%) \tag{4-3}$$

$$IN=(IN)_1=\frac{1690R}{6\left(\dfrac{L}{D}\right)-5}(1\pm10\%) \tag{4-4}$$

式中，I 是磁化电流值（A）；N 是线圈匝数；$(IN)_1$ 是低填充系数线圈安匝数；K 是系数，取 45000；L 是制件长度（mm）；D 是制件直径或有效直径（mm）；R 是线圈半径（mm）。

四、退磁

（一）退磁的必要性

退磁就是将工件内的剩磁减少到零或最小的操作过程，使剩磁对工件的使用性能不产生不利影响。

铁磁材料磁化后，工件中仍保留一定的剩磁，剩磁的大小与工件的材质、几何形状等因素有关。保留剩磁的工件在后续的加工、使用过程中会产生麻烦，例如：带剩磁的工件在加工、使用中会吸附金属粉屑，轻则影响工作，重则危及运行的安全，像轴承、油路系统工件，工作在摩擦部位的工件等；剩磁会对精密仪器、电子器件的工作产生干扰，像飞机或轮船的罗盘、仪表表头等；带有剩磁的工件在电弧焊接时会产生电弧偏吹，电镀时会产生电镀电流偏移等。在磁粉检测中有时也需要对有剩磁的工件退磁后再进行检测，否则剩磁的存在会导致错误结论。总之，剩磁在大多数情况下是有害的，应将剩磁降低到不影响使用的程度。

（二）退磁原理

退磁就是使构件内的剩磁减为零，也就是打乱构件内由于磁化而取向一致排列的磁畴，使之恢复到未磁化前的杂乱无章的状态，最终使工件对外不再显示磁性，即剩磁 $B_r=0$。

退磁时，将工件置于交变磁场中并将磁场的幅值逐渐降为零，即可实现退磁，如图 4-20

所示。退磁场强度不断变换的目的是为了能不断地使磁畴翻转，而振幅逐渐减小，就能使磁滞回线的轨迹越来越小，当退磁场降为零时，构件中的残留剩磁即接近于零。

退磁过程开始时，退磁场强度必须稍大于（至少也要等于）磁化时的磁化场强度，并且在每个交变的周期内，为了使构件内剩磁能得到充分的翻转，退磁场强度的减小应不大于10%。

（三）退磁方法

常用的退磁方法有两种：交流退磁法和直流退磁法。

1. 交流退磁法

应用交流电产生的磁场对工件进行退磁的方法，称为交流退磁法。

常用的交流退磁法是把工件放入通以交流电的退磁线圈中，然后使工件通过并逐渐离开线圈至1.5m外，或者将工件放入退磁线圈中不动，而逐渐将电流降低为零。

交流电退磁深度较浅，只适用交流电磁化的工件。

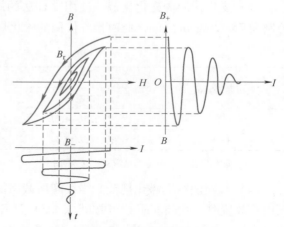

图4-20　退磁原理示意图

2. 直流退磁法

用直流电产生的磁场对工件进行退磁的方法，称为直流退磁法。直流电退磁时，既要不断变换电流的方向，同时又要逐渐减小电流。

常用的直流退磁法，一般采用特殊开关装置不断地变换直流电的正负极，改变电流的方向，从而得到反转磁场。而磁场的减弱程度可通过调压器自动降压来控制。直流退磁法常用的电流为整流电。

直流电没有趋肤效应，对于直流磁化的构件，采用直流换向衰减退磁比交流退磁更有效。直流退磁法可以退去工件较深的剩磁，退磁效果比交流退磁法好。

五、系统性能与灵敏度评价

在磁粉检测中，要使用标准试板、环形试块和A型灵敏度试片等评价磁粉检测系统的综合性能及检测的灵敏度，并间接地考察检测的操作方法是否合理。

（1）标准试板　通过观察图4-21所示试板上最浅的磁痕，可以比较和评定用磁轭法或支杆法检测时磁粉材料与检测系统的灵敏度。试板的厚度、宽度和长度可以根据实际需要变更。试板材料应与被检材料相同，所有低合金钢材料可用一种低合金钢材料代替。被检材料厚度在19mm以下时，试板厚度应在6.4mm以内；被检材料厚度在19mm以上时，试板厚度取19mm。试板上的10个小槽用电火花成形机床加工，每个槽长3mm。第1个槽深0.125mm，其他各槽依次按0.125mm的增量加深，第10个槽深1.25mm。小槽宽0.125mm±0.025mm。小槽内用环氧树脂一类的不导电材料填满。

（2）环形试块　通过观察图4-22所示的人工缺陷环形试块上显示的缺陷磁痕，可以比较和评定用中心导体法及直流或全波整流电励磁检测时，磁粉材料与检测系统的灵敏度。环形试块的材料为退火处理的9CrWMn钢锻件，硬度为90～95HRC。试块上依次排列着12个

$\phi(1.78\pm0.08)$ mm 的通孔。第 1 个通孔中心至试块外缘的距离（D）为 1.78mm，其他各孔中心至试块外缘的距离均在前一孔的基础上递增 1.78mm，即第 2 孔的 D 为 3.56mm，第 3 孔的 D 为 5.34mm。依此类推，第 12 孔的 D 为 21.34mm。测试时，用合适直径的铜棒对试块做周向磁化。根据不同标准，为满足灵敏度要求，在不同的磁化电流条件下，试块外缘应显示不同的磁痕数目。若磁痕数目达不到规定值，就应校正所采用的检测系统。

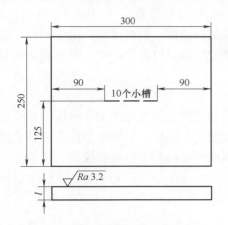

图 4-21　磁粉检测系统性能测试板

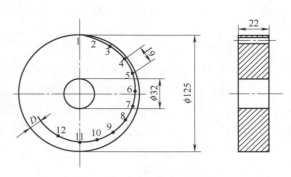

图 4-22　人工缺陷环形试块

（3）A 型灵敏度试片　A 型灵敏度试片是一面刻有一定深度的直线或圆形细槽的纯铁薄片，其尺寸和图形见表 4-3。其中槽深为 7～15μm 的试片适用于高灵敏度检测；槽深为 30μm 和 60μm 的试片分别适用于中等灵敏度和低灵敏度检测。A 型灵敏度试片用于被检工件表面有效磁场强度和方向、有效检测区以及磁化方法是否正确的测定。试验时，磁化电流应能使试片上显示清晰的磁痕。

表 4-3　A 型灵敏度试片规格

种类	规格：缺陷槽深/试片厚度/μm	图形和尺寸/mm
A1 型	7/50	
	15/50	
	30/50	
	15/100	
	30/100	
	60/100	

注：分数的分子为槽深，分母为试片厚度。

第三节　磁粉检测工艺

一、磁粉检测方法

（一）按施加磁粉的时间分类

按施加磁粉的时间分类，可分为剩磁法和连续法。

1. 剩磁法

剩磁法是利用工件中的剩磁进行检测的方法。先将工件磁化，切断外加磁场后再对工件施加磁粉或磁悬液进行检查。剩磁法只适用于剩磁 B_r 在 0.8T、矫顽力 H_c 在 800A/m 以上的铁磁材料。一般说来，经淬火、调质、渗碳、渗氮的高碳钢、合金结构钢都可满足上述条件，低碳钢和处于退火状态或热变形后的钢材都不能采用剩磁法。剩磁法检测效率高，中小零件可单个或数个同时进行磁化，施加磁粉或磁悬液，然后进行检查，效率远高于连续法；剩磁法的缺陷磁痕显示干扰少，易于识别并有足够的检测灵敏度。但剩磁法只限于剩磁、矫顽力满足要求的工件，并在交流磁化时，要对磁化电流的断电相位进行控制，否则剩磁会有波动。

2. 连续法

连续法是在外磁场作用的同时，对工件施加磁粉或磁悬液，故也称外加磁场法。连续法并不是指磁化电流连续不断的磁化，它通常是间断性反复通电磁化。操作中须注意磁场的最后切断应在施加磁粉或磁悬液动作完成之后，否则，刚刚形成的磁痕容易被搅乱。连续法适用于一切铁磁材料，比剩磁法有更高的灵敏度，但它的检测效率要低于剩磁法，有时还会产生一些干扰磁痕评定的杂乱显示。

（二）按显示材料分类

按显示材料分类，可分为荧光法和非荧光法。

1. 荧光法

荧光法是以荧光磁粉作显示材料，它的检测灵敏度高，适用于精密零件等要求较高的工件。被检表面不宜采用普通磁粉的工件也应采用荧光法。荧光法检查时通常要在暗室内紫外线灯下进行。

2. 非荧光法

非荧光法以普通磁粉作显示材料，检查时在自然光下进行。普通磁粉种类很多，使用非常广泛。

（三）按磁粉分散介质分类

按磁粉分散介质分类，可分为干法和湿法。

1. 干法

干法以空气为分散介质，检查时将干燥磁粉用喷粉器喷撒到干燥的被检工件表面。干法适用于粗糙工件表面，如大型铸件、焊缝表面。

2. 湿法

湿法是将磁粉分散、悬浮在适合的液体中，如常用油或水作分散剂，称为油或水磁悬液，使用时将磁悬液施加到工件表面。湿法灵敏度高，能检出细微的缺陷，并且磁悬液可以回收重复使用。

此外，磁粉检测方法还可以根据磁化方法，如按磁化电流种类和磁化方向进行分类。

在实际应用中，正确选择磁粉检测方法是取得理想检测结果的必要条件。选择的依据是被检工件的形状、尺寸、材质和检验要求等。在检测方法确定之后，还要对一些重要的检测内容做出选择，主要项目有：磁化电流种类、磁化方法、磁化磁场（即磁化电流）的大小、磁化持续时间、磁粉种类和磁悬液的浓度等，这些方法和技术条件的选择，都会影响到检验效果，正确、合理地选择这些技术条件是磁粉检测人员必须掌握的要领。

二、磁粉检测工艺

磁粉检测工艺是磁粉检测技术的具体应用，是保证工件达到检测要求的各项实施措施。由于被检工件品种繁多，形状、尺寸、材质以及检测要求各不相同，检测工艺必须根据各自特点制定。检测工艺包括的内容很多，有检测方法、设备、器材的选用，磁化方法、磁化电流的种类和大小，磁粉和磁悬液的选择，还有操作程序等。由于其中一些选择项目关系到检测技术应用的成功与否，工艺程序也将根据它们制定，因此，在实施工艺程序之前，必须对各部分做出明确的选择。

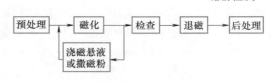

磁粉检测

（一）检测方法的选择

1. **连续法与剩磁法**

连续法和剩磁法在工艺程序上的差异在于施加磁粉或磁悬液的时间上。连续法的操作步骤如图 4-23 所示。

其中磁化与施加磁粉或磁悬液是同步进行的，操作时应注意磁化是间断反复进行的，即每通电磁化 1~3s 后，断电间隔 1~2s，再反复

图 4-23　连续法的操作步骤

这个磁化动作，直到磁粉或磁悬液施加完毕，最后的断电应在施加磁粉或磁悬液动作完成之后。湿法中为防止磁悬液流动破坏磁痕，磁粉或磁悬液施加完毕后还需要通电（1/4~1s）1~2 次，以巩固磁痕。

剩磁法的操作步骤如图 4-24 所示。

图 4-24　剩磁法的操作步骤

其中施加磁悬液是在磁化动作完成之后。通电磁化持续时间短，一般为 1/2~1s，重复磁化 2~3 次。脉冲磁化电流只能用于剩磁法，磁化持续时间应大于 1/120s，并反复磁化 2~3 次。

剩磁法仅限用于满足特定条件的材料，即剩磁不小于 0.8T，矫顽力不低于 800A/m 的材料，不满足这个条件的工件应一律采用连续法。应根据工件检测要求和两种方法的特点进行选择。例如，工件要求有高的检测灵敏度时，应选择连续法；对于批量大的工件要求效率时，应选择剩磁法；对于形状比较复杂的工件（如齿轮、螺纹等），因截面变化易于产生漏磁场，采用连续法会形成严重的背景，不易判断，所以应选用剩磁法；对于有涂镀层的工件，由于涂镀层的存在会使漏磁场减弱，原则上只能采用连续法。

2. **干法与湿法**

干法检验时要求磁粉和被检工件表面都应充分干燥，否则容易产生黏结形成假磁痕。喷洒磁粉应限于通电磁化的持续时间内，干法不间断磁化时间比湿法长很多，如日本要求每次最低 15s 以上。与湿法相比，干法灵敏度一般要低一些，操作也比较复杂，工作环境也易受到污染，所以使用远不如湿法广泛。但在湿法受到限制的情况下，干法可以发挥其作用。例如，表面粗糙的工件采用湿法时，被检面的磁痕背景很重，难以判断，应采用干法；高温工

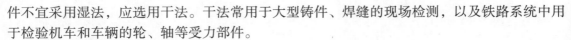

件不宜采用湿法，应选用干法。干法常用于大型铸件、焊缝的现场检测，以及铁路系统中用于检验机车和车辆的轮、轴等受力部件。

（二）磁化方法与磁化电流的选择

磁化方法、磁化电流应根据工件的形状、尺寸、材质和需要检测的缺陷种类、方向和大小来选择。

磁化场方向应尽可能与被检缺陷垂直，或至少保证有较大的夹角。对于任意方向的缺陷，原则上应进行两个垂直方向的磁场磁化和检查，这可以是两次独立的磁化和检查。对于有复合磁化条件的，也可以一次同时完成两个方向的磁化和检查。如果工件中仅是某一方向的缺陷具有危害性，可以采用合适的单方向磁化。磁化场的方向应尽可能与被检工件表面平行，减少由于不平行产生的漏磁场对检测效果的影响。对于大型工件和整体磁化检测效果不佳的复杂工件，应采用支杆法、磁轭法进行局部磁化。对精密工件，如抛光、磨削、镀层的工件以及材质不允许局部加热的工件，应避免采用直接通电法，以免烧伤工件。

磁化电流的选择影响很大。磁化电流偏小，则缺陷不能产生足够的漏磁场，影响检测能力；磁化电流太大，非缺陷部位也会产生漏磁通，使工件本底模糊，给缺陷判断带来困难。合理的磁化电流应能使要求检出的缺陷产生足够的漏磁场，形成明显的磁痕，同时其他部位的漏磁场应尽可能弱。磁化电流的选择应参考相关检测标准的磁化规范，周向磁化按直径计算，纵向磁化根据长径比求得。确定磁化电流值还要考虑工件材质的磁特性，对于导磁性能差的工件应取电流的上限，甚至突破限制。磁化电流选择是否合理要用试片、试块进行校验。A 型标准试片是常用的一种，校验时应将试片贴于磁化效果最差的有效检测部位进行。为保证检测效果，校验在确定磁化电流值时必须进行，并且在检验过程中也应定期校验。

（三）磁粉的选择

荧光和非荧光磁粉的选择即为荧光法和非荧光法的选择，两种不同显示材料对检测效果的区别在于检测灵敏度上。荧光法优于非荧光法，但必须满足照明条件要求，荧光法要求在暗室（可见光照度低于 20lx）和紫外线（观察处强度不低于 $1000\mu W/cm^2$）灯下进行。不满足照明条件时，荧光法灵敏度下降。例如，暗室随可见光照度的增大，灵敏度下降迅速，以至于一些不满足黑暗条件的现场检测，其灵敏度反而不及非荧光法。在配置荧光磁悬液时应注意，分散剂应无荧光反射，磁悬液浓度比非荧光磁粉要低得多。对于检测要求高的工件、精密工件和由于色泽对比不宜采用非荧光法的工件应采用荧光法。非荧光磁粉品种很多，适用面宽，加之可见光照明很方便，应用非常广泛。非荧光磁粉的检测能力与磁粉粒度有很大关系，大粒度磁粉适宜于大宽度缺陷的检测，小粒度的磁粉可以检出宽度很小的缺陷。有文献报告，磁粉粒度在整个缺陷宽度至 1/2 缺陷宽度尺寸范围内漏磁场有最好的吸附效果。在实际使用中，常以小粒度磁粉与偏大的磁化电流匹配，用以检查微小缺陷；以大粒度磁粉与偏弱的磁化场匹配，用以检查粗糙表面的大缺陷。使用非荧光磁粉时应根据被检工件表面的色泽取用具有最大反差颜色的磁粉，如光亮工件取用黑磁粉，黑色工件取用白磁粉等。

（四）工艺流程

工艺流程的正确执行是获得良好检测结果的保证。下面简单介绍磁粉检测工艺流程。

1. 预处理

预处理是对即将进行磁粉检测的工件做预备性处理。工件表面状况对缺陷检出有较大影响，检验前必须清除工件表面的油脂、污垢、锈蚀、氧化皮等。清除方法很多，可以喷砂、溶剂清洗、砂纸打磨、抹布擦洗等。通电磁化的工件，在电极接触部位应特别注意清洗，如有非导电层（如油漆）必须清除干净，保证良好导电性。另外，干法检验时要干燥被检面；采用水磁悬液时，要注意工件表面的油迹会使水磁悬液无法润湿工件表面，产生"水断"现象，必须认真检查，排除这种现象。

2. 磁化

磁化方法和磁化电流的选择前已述及。通电磁化的时间有一定的技术要求，因为磁化电流一般都比较大，如连续通电，仪器、工件都可能出现热损伤。从检验缺陷角度看，有短暂的磁化（如 1/2s）就足够了，所以磁化工件一般都采用间断通电方式。如连续法，为兼顾磁化瞬间施加磁悬液，通常按通电 1~3s 间断 1~2s 这个动作反复，直到施加磁悬液完毕，这样可使热量不至于太高，又能达到检测效果。在采用湿式连续法时，还应注意磁痕不要被磁悬液的流动破坏。

3. 施加磁粉或磁悬液

干法检验通常采用压缩空气将装在磁粉散布器（如球形喷粉器）中的磁粉弥散在被检表面上方的空气里。喷粉时，气流速度应很低，把磁粉均匀散布到工件表面上，并可借助弱气流吹掉被检面上多余的磁粉，以利缺陷磁痕的显示。干法检验也可用简便方法散布磁粉，将磁粉装入纱布袋中，用手抖动来进行散布。湿法检验施加磁悬液的方法有多种，可用喷枪将磁悬液喷淋到工件表面上，还可采用喷罐、涂刷和浸泡工件等多种施加方法。磁悬液在使用中要经常搅拌，以保证磁悬液均匀。

4. 检查

检查缺陷是磁粉检测的关键，应在规定的照明条件下进行。检测人员应掌握磁粉检测时工件中可能出现的缺陷种类，以及它们的磁痕形状、特征，以便准确地识别各种缺陷，分析其产生原因。检测人员应具备识别真伪缺陷的能力，遇到可疑时，要反复验证，必要时可借助放大镜观察、渗透、涡流等方法加以鉴别。对有缺陷的工件，应根据验收标准确定缺陷等级，并对工件做出结论和质量评价。

5. 退磁

退磁的原理、方法和要求按前述要求操作。在工艺操作中必须注意如下问题：周向磁化后的工件，往往对外不呈现磁性，采用仪表也检查不出剩磁，但仍然必须进行退磁，否则这些工件与其他铁磁体接触时就将产生漏磁。

工件若需要进行两次磁化检查，在两次磁化工序之间是否需要退磁，要视情况而定。如果第二次磁化能够克服第一次磁化的影响，可不进行退磁；如二次交流磁化，后一次的磁场大于前次也可不进行退磁。反之，第二次磁化不能克服前次磁化的影响时，必须进行退磁；如先直流磁化后进行交流磁化，则需要退磁。

6. 后处理

经磁粉检测的工件要进行后处理。对检测合格的工件要进行清洗，去除工件表面残留的磁粉、磁悬液，如果使用水磁悬液，清洗后应进行脱水防锈处理。经检测不合格的工件应另外存放，并在工件上标记缺陷的位置和尺度范围，以便进一步验证和返修。对于无法返修的报废品，应在检测报告中注明其数量，对主要缺陷（报废原因）进行定性、定量、定位分析。如有可能，还要对缺陷产生原因进行分析，提出防止缺陷的意见和建议。

三、磁痕分析

磁粉在被检表面上聚焦形成的图像称为磁痕。磁粉检测中，要求检测人员根据磁痕特征、生产工艺和材料种类，分析磁痕的性质、大小以及形成原因，这一过程称为磁痕分析。磁痕分析是磁粉检测的重要内容之一，它是获得正确磁粉检测结论的重要环节。

磁粉检测所发现的磁痕有假磁痕、非相关磁痕和相关磁痕（缺陷磁痕）之分，检测人员在观察磁痕过程中必须进行磁痕分析，识别真假缺陷磁痕，才能保证产品质量。

磁粉检测中磁痕的成因多种多样。例如，被检表面上残留的氧化皮与锈蚀或涂料斑点的边缘、焊缝熔合线上的咬边、粗糙的机加工表面等部位都可能会滞留磁粉，形成磁痕。这类磁痕的成因与缺陷的漏磁场无关，是假磁痕，在干粉检测中较为多见。此外被检表面上如存在金相组织不均匀、异种材料的界面、加工硬化与非加工硬化的界面、非金属夹杂物偏析、残余应力或应力应变集中区等磁导率发生变化或几何形状发生突变的部位，则磁化后这些部位的漏磁场也能不同程度地吸附磁粉形成磁痕，出现所谓非相关磁痕。观察磁痕时，应特别注意区别假磁痕、非相关磁痕和相关磁痕（即缺陷磁痕）。正确识别磁痕需要丰富的实践经验，同时还要了解被检工件的制造工艺。如不能判断出现的磁痕是否为相关磁痕时，应进行复验。另外，可查阅磁粉检测图谱中一些缺陷相关磁痕的照片，作为分析实际磁痕的借鉴和参考。

磁粉检测中常见的相关磁痕主要有：

1. 发纹

发纹是一种原材料缺陷。钢中的非金属夹杂物和气孔在轧制、拉拔过程中随着金属的变形伸长形成发纹，如图4-25所示。

图4-25　发纹

发纹的磁痕特征为：

1）磁痕呈细而直的线状，有时微弯曲，端部呈尖形，沿金属纤维方向分布。

2）磁痕均匀而不浓密。擦去磁痕后，用肉眼一般看不见发纹。

3）发纹长度多在20mm以下，有的呈连续，也有的呈断续分布。

2. 非金属夹杂物

非金属夹杂物的磁痕显示不太清晰，多呈现分散的点状或短线状分布，如图4-26所示。

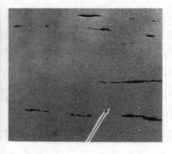

图4-26　非金属夹杂

3. 分层

分层是板材中常见的缺陷。钢板切割下料的端面上若有分层，经磁粉检测后就会出现呈长条状或断续分布的、浓而清晰的磁痕，如图 4-27 所示。

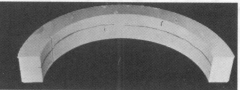

图 4-27　分层

4. 锻造裂纹

锻造裂纹多出现在变形比较大的部位或边缘。锻造裂纹的磁痕浓密、清晰，呈直的或弯曲的线状，如图 4-28 所示。

5. 折叠

折叠是一种锻造缺陷，其磁痕如图 4-29 所示，特征为：

1）磁痕多与工件表面成一定角度，常出现在工件尺寸突变处或易过热部位。

2）磁痕有的类似淬火裂纹，有的呈较宽的沟状，有的呈鳞片状。

3）磁粉聚集的多少随折叠的深浅而异。

图 4-28　锻造裂纹

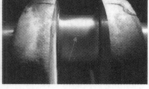

图 4-29　折叠

6. 焊接裂纹

焊接裂纹产生在焊缝金属或热影响区内，其长度可为几毫米至数百毫米；深度较浅的为几毫米，较深的可穿透整个焊缝或母材。焊接裂纹的磁痕浓密清晰，有的呈直线状，有的弯曲，也有的呈树枝状，如图 4-30 所示。

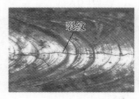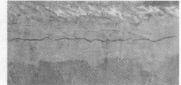

图 4-30　焊接裂纹

7. 淬火裂纹

淬火裂纹的磁痕浓密清晰，如图 4-31 所示，其特征是：

1）一般呈细直的线状，尾端尖细，棱角较多。

2）渗碳淬火裂纹的边缘呈锯齿状。

3）工件锐角处的淬火裂纹呈弧形。

8. 疲劳裂纹

疲劳裂纹磁痕中部聚集的磁粉较多，两端磁粉逐渐减少，显示清晰，如图 4-32 所示。

图 4-31（1）　　　图 4-31（2）　　　图 4-32（1）　　图 4-32（2）

图 4-31　淬火裂纹　　　　　　　　　　图 4-32　疲劳裂纹

四、磁粉检测的应用

（一）铸、锻件的检测

由于尺寸、形状关系，铸、锻件的磁粉检测有时是很困难的，虽然其外表面可用支杆触头法检测，但对于大零件的检测很费时且内表面不能检测。为此，可采用图 4-33 所示方法，如果所用的磁化装置有足够高的功率多向输出，零件上的三个电回路可同时通电，采用湿法，磁悬液可以很容易施加到内表面和全部覆盖面。

图 4-34 所示为一起重钩，A 区受拉应力，B 区受拉应力和压应力，C 区则受拉应力。磁粉检测的步骤可以是：①从钩上除去灰尘和油脂；②用磁轭所产生的平行于钩轴的交流场磁化并施加磁粉检查 A 区和 B 区；③用磁轭所产生的平行于钩轴的交流场磁化并施加磁粉检查 C 区；④用直流场重复②和③以检查近表面缺陷。

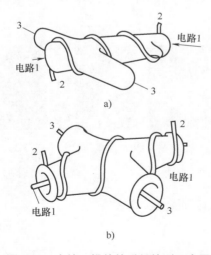

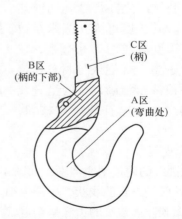

图 4-33　大铸、锻件的磁粉检测示意图　　　图 4-34　锻造起重钩的磁粉检测

a）电路 1 和 3 是直接通电法，电路 2 是电缆缠绕法

b）电路 1 和 3 是中心导体法，电路 2 是电缆缠绕法

（二）焊缝的检测

如图 4-35 所示，将一柔性电缆放在试件的表面并通过磁化电流，如果电缆紧靠表面，磁力线近乎与表面垂直，是与检测缺陷所需方向垂直的，但如果电缆用衬垫提高离开表面一段距离 a，则仅在电缆下面宽 $2a$ 的一条带可被有效磁化，磁化分量平行于表面。电缆的返回回路与磁化部分相距至少 $10a$，推荐的磁化电流为 $I=30a$（A）（a 以 mm 计）。此法的优点是可以避免使用支杆触头可能引起烧伤的危险，对于水下磁粉检测也是非常有用的。

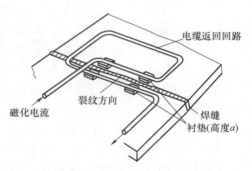

图 4-35 用柔性电缆放在试件表面检测焊缝纵向缺陷

第四节 其他磁检测方法概述

一、漏磁场检测

铁磁材料被磁化后，其表面和近表面缺陷在材料表面形成漏磁场，通过检测漏磁场来发现缺陷的无损检测技术，称为漏磁场检测。其实，前几节讲述的磁粉检测也是一种漏磁场检测，但习惯上人们把用传感器测量漏磁通的检测方法称为漏磁场检测，而把用磁粉检测漏磁通的磁粉检测和漏磁场检测并列为两个概念。

漏磁场检测流程如图 4-36 所示。

图 4-36 漏磁场检测流程

由于漏磁场检测是用磁传感器检测缺陷，相对于磁粉、渗透等方法，有以下优点：

（1）易于实现自动化 漏磁场检测方法是由传感器获取信号，通过相关软件计算判断有无缺陷，它的这一特点非常适于组成自动检测系统。实际工业生产中，漏磁场检测方法被大量用于钢坯、钢棒、钢管的自动化检测。特别需要指出的是，漏磁场检测是埋地输油管线等最主要的检测方法，采用漏磁技术、用于埋地管道检测的装置（俗称"管道猪"）能可靠地检测出腐蚀深度为壁厚 10% 的缺陷，检测的壁厚范围为 ≤30mm，"管道猪"可在埋地管道中爬行 300km。图 4-37 所示为用于埋地管道检测的装置。

图 4-37 用于埋地管道检测的装置

（2）较高的检测可靠性 由计算机根据检测到的信号判断缺陷的存在与否可以从根本上解决磁粉检测中人为因素的影响，因而具有较高的检测可靠性。

（3）可以实现缺陷的初步量化　缺陷的漏磁信号和缺陷形状具有一定的对应关系，在特定条件下，漏磁信号的峰值和表面裂纹深度有很好的线性关系。缺陷的可量化使得这种方法不仅可用于缺陷检测，还可以对缺陷的危险程度进行初步判断，这是实现无损评价的基础。

（4）可同时检测内外壁缺陷　在管道检测中，在高达 30mm 的壁厚范围内，可同时检测内外壁缺陷。

（5）高效、无污染　自动化的检测可以获得很高的检测效率，如德国生产的一种漏磁探伤机（其检测钢管焊缝的原理如图 4-38 所示），检测钢管的速度可达 10 ～ 60m/min。同时，检测方法本身也决定了其对环境的无污染性。

漏磁场检测方法的局限性如下：

（1）只适用于铁磁材料　只有铁磁材料被磁化后，表面或近表面缺陷才能在试件表面产生漏磁通，因而，漏磁场检测和磁粉检测一样只适合于铁磁材料的表面检测。

（2）检测灵敏度低　由于检测传感器不可能像磁粉一样紧贴在被检测表面，不可避免地和被检测

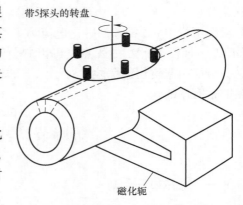

图 4-38　漏磁方法检测钢管焊缝的原理图

面有一定的提离值，从而降低了检测灵敏度。对于一般情况，文献给出的漏磁场检测灵敏度为深 0.1 ～ 0.2mm 的表面裂纹。

（3）缺陷的量化粗略　缺陷的形态是复杂的，而漏磁通检测得到的信号相对简单。在实际检测中，缺陷的形状特征和检测的信号特征不存在一一对应关系，因而漏磁场检测只能给出缺陷的初步量化。

（4）受被检测工件的形状限制　由于采用传感器检测漏磁通，漏磁场方法不适合检测形状复杂的试件。

二、巴克豪森噪声检测

（一）巴克豪森噪声的概念

铁磁材料具有许许多多小的磁畴结构，它们由畴壁分割开来。材料在外磁场作用下磁化时，磁畴壁发生位移或磁畴转动，使趋向外磁场方向的畴扩大，反向磁化的畴缩小，材料呈现磁化状态。材料经初始磁化阶段后，在进一步磁化过程中，畴壁位移须克服材料内部存在的不均匀应力、杂质、空穴等因素造成的多个势能垒，因而为非连续的、跳跃式的不可逆运动，在磁化曲线和磁滞回线最陡区域表现为阶梯式跳跃性的变化，如图 4-39 所示，垂直段表示跳跃大小，水平段为两次跳跃等待的时间。磁畴和畴壁的这种不连续跳跃，称为巴克豪森跳跃。

若将一导体线圈置于材料表面，并对材料施一交变磁化场，则材料畴壁的不可逆跳跃将在线圈内感应一系列电压脉冲信号，放大后通过扬声器可听到沙沙的噪声。这一现象是德国物理学家 Barkhausen 最先于 1919 年发现的，故称巴克豪森效应，相应的磁噪声称为磁巴克豪森噪声，简称 MBN。图 4-40 所示为接收 MBN 的示意图。

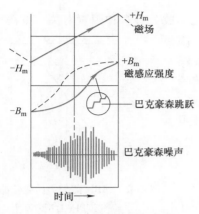

图 4-39 巴克豪森跳跃与磁噪声

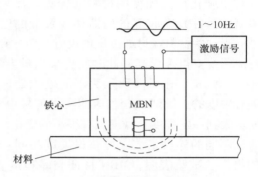

图 4-40 MBN 信号的接收

依畴壁两边和磁畴磁化方向所形成的角度，畴壁可分为 180°畴壁和 90°畴壁。180°畴壁两边畴的磁化方向相反。对 MBN 来说，180°畴壁的不可逆跳跃产生的磁通变化最大，MBN 信号也最强，而 90°畴壁的不可逆跳跃和磁畴转动产生较弱的 MBN 信号。

（二）应力和显微组织对巴克豪森噪声的影响

1. 应力的影响

对钢铁材料，应力状态对巴克豪森信号的影响可用图 4-41 简要说明。假定材料试样有四个相等的磁畴，磁化方向如图 4-41a 所示排列，其磁化强度的总和为零。当受拉应力时，由于应力与磁畴的相互作用而产生附加磁弹性能，磁化方向趋向应力方向的畴扩大，磁化方向垂直应力方向的畴则缩小，当应力大到一定程度，则磁化方向平行拉应力的畴将会吞并其他方向的畴而成长至由 180°畴壁分割的磁畴（图 4-41b）。试样受到压应力时，则磁化方向垂直压应力方向的畴将会随应力增大逐渐扩大并消灭其他方向的磁畴（图 4-41c）。

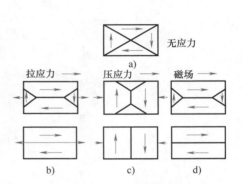

图 4-41 应力作用下磁畴的配置

当试样受到外磁场作用时，磁畴磁化方向与磁场方向一致的畴扩大，而垂直方向的畴会缩小，使磁畴的配置产生与力的作用相似的变化（图 4-41d）。

很显然，当拉应力方向平行磁化场方向时，由于 180°畴增大，畴壁快速不可逆移动，所产生的巴克豪森噪声将增强。而压应力效应则相反，此时畴壁移动引致的磁通变化较小，衍生的 MBN 也少。

图 4-42 所示为 MBN 随应力的变化曲线。曲线 1 为磁化方向平行应力方向，MBN 随拉应力增大而增大，随压应力增大而减弱，当应力达到某程度（接近屈服强度）时，会呈现饱和。曲线 2 为磁化方向垂直应力方向，则 MBN 随拉应力增加而减弱，随压应力增大信号增强。

2. 显微组织的影响

巴克豪森噪声与材料的微观结构、热处理工艺、化学成分等多种因素有关。如图 4-43a 所示，对于硬化后高硬度的材料（淬火、淬火回火、渗碳、渗氮等零件）有较胖的磁滞回线及低的巴克豪森噪声信号。当这些材料经过如过度回火时，会导致硬度的降低，磁滞回线变得瘦而高，此时巴克豪森噪声随之增强，如图 4-43b 所示。图 4-44 所示为不同硬化处理的连杆螺栓，随着硬度的连续降低，相应的噪声信号也随之增大，但硬度增大到一定程度，噪声只有很小的变化。

通过不同的淬火工艺，可获得硬度相同、晶粒大小不同的组织。试验表明，MBN 特征与晶粒度直径有关。图 4-45 显示的是晶粒直径分别为 5μm、11μm、14μm、17μm 的情况下 MBN 的脉冲数按噪声幅度分布的情况。

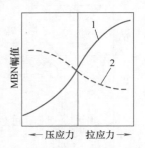

图 4-42　MBN 随应力的变化曲线
1—磁化方向平行应力方向
2—磁化方向垂直应力方向

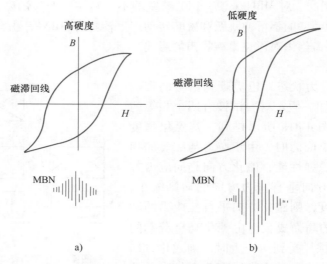

图 4-43　材料的磁滞回线、硬度及磁噪声信号的关系

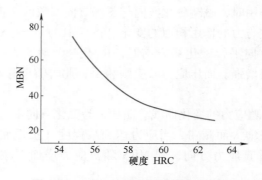

图 4-44　MBN 信号随硬度的变化关系

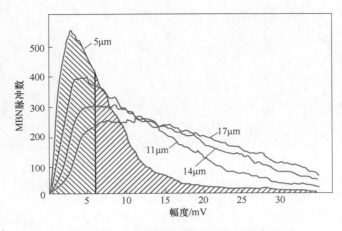

图 4-45　不同晶粒度的噪声幅度分布

（三）巴克豪森噪声检测的应用

根据巴克豪森噪声对应力和显微组织的依赖效应，该技术主要应用于以下几方面：

1）检测钢铁材料和构件的残余应力，如焊接、热处理、使用变形等引起的残余应力。

2）检测钢铁材料显微组织的变化，如淬火、回火、渗碳、渗氮等各种热处理过程导致的组织结构、硬度的变化，判断热处理缺陷、硬度及硬化层深度以及钢种分选等。

3）检测应力和显微组织变化相联系的综合效应，如材料表面的热处理缺陷、机加工磨削烧伤缺陷、材料疲劳的软化和硬化以及疲劳寿命的预测等。

复习思考题

1. 简述磁粉检测的原理。磁粉检测能否发现不锈钢焊缝中的缺陷？
2. 简述磁化方法的选择依据及其分类方法。分析交叉电磁轭旋转磁场探伤机的工作原理。
3. 简述磁粉检测的基本过程与检测灵敏度的评价方法。
4. 简述漏磁场检测的原理及其优缺点。
5. 简述巴克豪森噪声及其应用。

参考文献

[1] 李喜孟. 无损检测 [M]. 北京：机械工业出版社，2001.

[2] 李家伟，陈积懋. 无损检测手册 [M]. 北京：机械工业出版社，2001.

[3] 谢小荣，杨小林. 飞机损伤检测 [M]. 北京：航空工业出版社，2006.

[4] 沈玉娣. 现代无损检测技术 [M]. 西安：西安交通大学出版社，2012.

[5] 中国航空工业第一集团. 磁粉检测 GJB 2028A—2019 [S]. 北京：国家军用标准出版发行部，2019.

第五章
渗透检测

渗透检测是一种检测材料（或零件）表面开口缺陷的无损检测技术。该技术不受被检部件的形状、大小、组织结构、化学成分和缺陷方位的限制，可广泛适用于锻件、铸件、焊接件等各种加工工艺的质量检验，以及金属、陶瓷、玻璃、塑料、粉末冶金等各种材料制造的零件的质量检测。渗透检测不需要特别复杂的设备，操作简单，缺陷显示直观，检测灵敏度高，检测费用低，对复杂零件可一次检测出各个方向的缺陷。

但是，渗透检测受被检物体表面粗糙度的影响较大，只能检出表面开口的缺陷，不适于检查多孔性疏松材料制成的工件和表面粗糙的工件；只能检出缺陷的表面分布，难以确定缺陷的实际深度，很难对缺陷做出定量评价，对内部缺陷无能为力，检出结果受操作者技术水平的影响也较大。

第一节　渗透检测的物理基础

一、渗透检测的基本原理

液体渗透检测的基本原理是利用渗透液的润湿作用和毛细现象而进入表面开口的缺陷，随后被吸附和显像。渗透作用的深度和速度与渗透液的表面张力、黏附力、内聚力、渗透时间、材料的表面状况、缺陷的大小及类型等因素有关。

（一）表面张力

液体的表面张力是两个共存相之间出现的一种界面现象，是液体表面层收缩趋势的表现。表面张力可以用液面对单位长度边界线的作用力来表示，即用表面张力系数来表示，其单位为 N/m。液体表面层中的分子一方面受到液体内部的吸引力，称为内聚力；另一方面受到其相邻气体分子的吸引力。由于后一种力比内聚力小，因而液体表面层中的分子有被拉进液体内部的趋势。一般来说，容易挥发的液体（如丙酮、酒精等）的表面张力系数比不易挥发的液体（如水银等）的表面张力系数小，同一种液体在高温时比在低温时的表面张力系数小，含有杂质的液体比纯净液体的表面张力系数要小。

（二）液体的润湿作用

液体与固体交界处有两种现象：第一种现象是液体之间的相互作用力大于液体分子与固体分子之间的作用力，称为固体不被液体润湿，如水银在玻璃板上收缩成水银珠，水滴在有油脂的玻璃板上形成水珠那样；第二种现象是液体各个分子之间的相互作用力小于液体分子与固体分子之间的相互作用力，称为固体被液体润湿，如水滴在洁净的玻璃板上，水滴会慢慢散开那样。

固体被液体润湿的程度可以用液体对固体表面的接触角来表示。接触角 θ 是液面在接触点的切线与包括该液体的固体表面之间的夹角。如果一种液体对某种固体的接触角小于 90°，则此时称该液体对这种固体表面是润湿的。接触角越小，说明液体对固体表面的润湿能力越好。当接触角大于 90° 时，称液体对该固体表面是不润湿的。同一种液体对不同的固体来说，可能是润湿的，也可能是不润湿的，水能润湿无油脂的玻璃，但不能润湿石蜡；水银不能润湿玻璃，但能润湿干净的锌板。

润湿作用与液体的表面张力有关系。内聚力大的液体，其表面张力系数也大，对固体的接触角也大。

（三）液体的毛细现象

将一根很细的管子插入盛有液体的容器中，如果液体能润湿管子，那么液体会在管子内上升，使管内的液面高于容器里的液面。如果液体不能润湿管子，管内的液面就会低于容器的液面，如图 5-1 所示，通常将这种润湿管壁的液体在细管中上升，而不润湿管壁的液体在细管中下降的现象称为毛细现象。

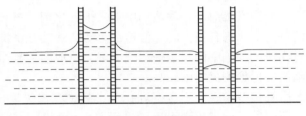

图 5-1　毛细现象

液体在毛细管中上升或下降的高度可用下式计算：

$$h = \frac{2\sigma\cos\theta}{r\rho g} \tag{5-1}$$

式中，h 是液体在毛细管中上升或下降的高度；σ 是液体的表面张力系数；θ 是液体对固体表面的接触角；ρ 是液体的密度；r 是毛细管的内半径；g 是重力加速度。

由式（5-1）可知，液体在毛细管中上升的高度与表面张力系数和接触角余弦的乘积成正比，与毛细管的内径、液体的密度和重力加速度成反比。

（四）液体渗透检测的基本原理

可将零件表面的开口缺陷看作是毛细管或毛细缝隙。由于所采用的渗透液都是能润湿零件的，因此渗透液在毛细作用下能渗入表面缺陷中去（图 5-2）。此时在不进行显像的情况下可直接进行观察，如果使用显像剂进行显像，灵敏度会大大提高。

显像过程也是利用渗透的作用原理。显像剂是一种细微粉末，显像剂微粉之间可形成很多半径很小的毛细管，这种粉末又能被渗透液所润湿，所以当清洗完零件表面多余的渗透液后，给零件的表面敷撒一层显像剂，根据上述的毛细现象，缺陷中的渗透液就容易被吸出，形成一个放大的缺陷显示，如图 5-3 所示。

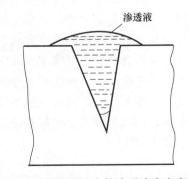

图 5-2　留在裂纹中的渗透液逸出表面

渗透剂是渗透检测中最为关键的材料，直接影响检测的精度。渗透剂应具有以下性能：

1）渗透性能好，容易渗入缺陷中去。

2）易被清洗，容易从零件表面清洗干净。

3）对于荧光渗透液，要求其荧光辉度高；对于着色渗透剂，则要求其色彩艳丽。

4）其酸碱度应呈中性，这样可对被检部件无腐蚀，毒性小，对人无伤害，对环境污染亦小。

5）闪点高，不易着火。

6）制造原料来源方便，价格低廉。

渗透剂按其显示方式可分为荧光渗透剂和着色渗透剂两种。按其清洗方法可分为水洗型渗透剂、后乳化型渗透剂和溶剂去除型渗透剂三种。

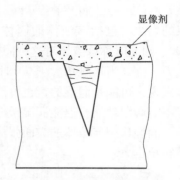

图 5-3　粉末显像剂的作用原理

水洗型渗透剂即在渗透剂中加入了乳化剂，可直接用水来清洗。乳化剂含量高时，渗透剂容易清洗（在清洗时容易将宽而浅的缺陷中的渗透剂清洗出来，造成漏检），但检测灵敏度低。乳化剂含量低时，难于清洗，但检测灵敏度较高。

后乳化型渗透剂不含有乳化剂，只是在渗透完成后，再给零件的表面渗透剂上加乳化剂。所以使用后乳化型渗透剂进行着色检测时，渗透液保留在缺陷中而不被清洗出来的能力强。

溶剂去除型渗透剂不用乳化剂，而是利用有机溶剂（如汽油、酒精、丙酮等）来清洗零件表面多余的渗透剂，进而达到清洗的目的。

二、乳化作用

把油和水一起倒进容器中，静置后会出现分层现象，形成明显的界面。如果加以搅拌，使油分散在水中，形成乳浊液，由于体系的表面积增加，虽能暂时混合，但稍加静置，又会分成明显的两层。如果在容器中加入少量的催渗剂，如加入肥皂或洗涤剂，再经搅拌混合后，可形成稳定的乳浊液。催渗剂的分子具有亲水基（亲水憎油）和亲油基（亲油憎水）两个基团。这两个基团不仅具有防止油和水两相互相排斥的功能，而且还具有把油和水两相连接起来不使其分离的特殊功能。因此，在使用了催渗剂后，催渗剂吸附在油水的边界上，以其两个基团把细微的油粒子和水粒子连接起来，使油以微小的粒子稳定地分散在水中。这种使不相容的液体混合成稳定乳化液的催渗剂叫作乳化剂。

液体渗透检测中，使用的乳化剂将零件表面的后乳化型渗透剂与水形成乳化液，以便能用水洗去。要求乳化剂具有良好的洗涤作用，高闪点和低的蒸发速率，无毒、无腐蚀作用，抗污染能力强。一般乳化剂都是渗透剂生产厂家根据渗透剂的特点配套生产的，可根据渗透剂的类型合理选用。

第二节　渗透检测技术

一、渗透检测材料

渗透检测材料是渗透剂、清洗剂和显像剂等材料的总称。渗透检测材料的选择决定了渗透检测系统的灵敏度。使用灵敏度等级合适的渗透剂，对检测出需要控制的不连续至关重要。同时，还要控制好检测工艺，最大限度地显示工件上的不连续。渗透剂的灵敏度等级和方法可在 QPL-AMS2644—2019《被鉴定的产品目录 检验材料：渗透》合格产品目录上查询。

决定使用哪个灵敏度等级的渗透剂由被检工件的检测要求决定，通常检测要求会对渗透剂的灵敏度有明确规定。同时，渗透检测材料也必须是同族组的，即完成一个特定的渗透检测过程须使用特定的渗透材料组合系统。

二、渗透检测的基本步骤

渗透检测一般分为六个基本步骤：预清洗、渗透、清洗、干燥、显像和检验。

渗透检测

（一）预清洗

零件在使用渗透液之前必须进行预清洗，用来去除零件表面的油脂、铁屑、铁锈，以及各种涂料、氧化皮等，防止这些污物堵塞缺陷，阻止渗透液的渗入，也防止油污污染渗透液，同时还可防止渗透液存留在这些污物上产生虚假显示。通过预清洗将这些污物去除，以便使渗透液容易渗入缺陷中去。

由于被检零件的材质、表面状态以及污染物的种类不同，预清洗的方法也各不相同。预清洗方法可分为：

1）机械方法，包括吹砂、抛光、钢刷及超声波清洗等。

2）化学方法，包括酸洗和碱洗等。

3）溶剂去除法，利用三氯乙烯等化学溶剂或利用酒精、丙酮等进行液体清洗。但预清洗后的零件必须进行充分的干燥。

（二）渗透

渗透是将渗透液覆盖被测零件的表面，覆盖的方法有喷涂、刷涂、流涂、静电喷涂或浸涂等多种方法。实际工作中，应根据零件的数量、大小、形状以及渗透液的种类来选择具体的覆盖方法。一般情况下，渗透剂的使用温度为 15~40℃。根据零件的不同、要求发现的缺陷种类不同、表面状态的不同和渗透剂的种类不同选择不同的渗透时间，一般渗透时间为 5~20min。渗透时间包括浸涂的时间和渗透液滴落的时间。

对于某些零件，在渗透的同时可给零件加载荷，以使细小的裂纹张开，有利于渗透剂的渗入，以便检测到细微的裂纹。

（三）清洗

在涂覆渗透剂并经适当的时间保持之后，则应从零件表面去除多余的渗透剂，但又不能将已渗入缺陷中的渗透剂清洗出来，以保证取得最高的检验灵敏度。

水洗型渗透剂可用水直接去除。水洗的方法有搅拌水浸洗、喷枪水冲洗和多喷头集中喷洗几种，应注意控制水洗的温度、时间和水洗的压力大小。后乳化型渗透剂在乳化后，用水去除，要注意乳化的时间要适当，时间太长，细小缺陷内部的渗透剂易发生乳化而被清洗掉；时间太短，零件表面的渗透剂乳化不良，表面清洗不干净。乳化时间应根据乳化剂和渗透剂的性能以及零件的表面粗糙度来决定。溶剂去除型渗透剂用溶剂予以擦除。

（四）干燥

干燥的目的是去除零件表面的水分。溶剂型渗透剂的去除不必进行专门的干燥。用水洗的零件，若采用干粉显示或非水湿型显像工艺，在显像前必须进行干燥，若采用含水湿型显像剂，水洗后可直接显像，然后进行干燥处理。

干燥的方法有：干净的布擦干、压缩空气吹干、热风吹干、热空气循环烘干等方法。干燥的温度不能太高，以防止将缺陷中的渗透剂也同时烘干，致使在显像时渗透剂不能被吸附到零件表面上来，并且应尽量缩短干燥时间。在干燥过程中，如果操作者手上有油污，或零件筐和吊具上有残存的渗透剂等，会对零件表面造成污染，从而产生虚假的缺陷显示。凡此种种在实际操作过程中都应予以避免。

（五）显像

显像就是用显像剂将零件表面缺陷内的渗透剂吸附至零件表面，形成清晰可见的缺陷图像，也是为了增加缺陷显示和背景之间的对比度，同时减小工件表面光的反射。

根据显像剂的不同，显像方式可分为干式、水型和非水型，也有不加显像剂的自显法。自显像降低了渗透剂的灵敏度，所以应该采用较高一级的渗透剂，更强的黑光灯可用来弥补自显像降低的灵敏度。零件表面涂敷的显像剂要施加均匀，且须一次涂覆完毕，一个部位不允许反复涂覆。

（六）检验

在着色检验时，显像后的零件可在自然光或白光下观察，不需要特别的观察装置。在荧光检验时，则应将显像后的零件放在暗室内，在紫外线灯的照射下进行观察。对于某些虚假显示，可用干净的布或棉球沾少许酒精擦拭显示部位，擦拭后显示部位仍能显示的为真实缺陷显示，不能再现的为虚假显示。检验时可根据缺陷中渗出渗透剂的多少来粗略估计缺陷的深度。

观察完成后，应及时将零件表面的残留渗透剂和显像剂清洗干净。

三、常见缺陷的显像特征

在渗透检测中，检出的缺陷种类繁多，造成的原因也是多方面的。目前，对于缺陷的分类方法尚待统一，为此，本书仅将常见缺陷给予简单介绍。常见的缺陷有：铸造裂纹、锻造裂纹、焊接裂纹、磨削裂纹、淬火裂纹、应力腐蚀裂纹、疲劳裂纹、冷隔、折叠、分层、气孔、夹杂、氧化夹杂、疏松、缝隙等。

（一）气孔

气孔是零件浇注时，钢液中（或铁液、铝液等）进入了气体，在铸件凝固时，气泡没能排出来，而在零件内部形成呈球形的缺陷。这种气孔在机加工后露出表面时，利用渗透检验可予以发现。至于那些在铸件表面上经常发现的气孔，是因为在透气性不好的砂型中浇注时，由于砂型里所含的水分高温时形成了蒸汽，且被迫进入金属液中，在金属表面便形成了梨形的表面气孔。在焊件的表面，也会因基体金属或钎料潮湿等原因，在焊缝处形成气孔。

（二）疏松

疏松是铸件在凝固结晶过程中，补缩不足而形成的不连续、形状不规则的孔洞。这些孔洞多存在于零件的内部，经抛光或机加工后便露出零件表面。渗透检测时，零件表面的疏松能轻易地被显示出来。疏松又可进一步细分为：点状显微疏松、条状显微疏松和聚集块状显微疏松几种形式。条状和聚集块状显微疏松是由无数个靠得很近的小点状疏松孔洞连成一片而形成的，因而荧光显示比较明亮。在聚集的疏松孔洞之中，通常存有较大的疏松孔洞，擦去荧光显示后，有的在白光下目视检查便可以发现。

（三）非金属夹杂

1. 钢锭或铸件中的非金属夹杂

在浇注钢锭或铸件时，要在熔炉浇包或锭模中加进易氧化的材料（如铝、镁、硅等）作氧化剂，这些材料的氧化物或硫化物一般都比熔液轻，大部分可浮到钢液的顶部或铸件的冒口处。但也有少量氧化物存留在钢液（或铸件）中，形成材料中的夹杂。分散的夹杂通常不会对零件产生危害，但有时这些夹杂在零件中聚集成大块，大块夹杂对零件是有害的。铸件中的夹杂在机加工后露出表面时，才能通过渗透检验发现。材料中的分层、发纹等缺陷就是由钢锭中聚集的夹杂形成的。

2. 铸件表面夹渣

铸造时，由于模具原因，常常在铸件的表面产生夹灰、夹砂或模料等外来物夹渣，在对铸件进行吹砂、腐蚀或其他机加工的过程中，这些外来物可以全部或部分地清除掉，但往往在零件表面留下不规则的孔洞，并在孔洞中可发现或多或少的残留夹杂物。

3. 铸件表面的氧化皮夹杂

当在非真空条件下浇注零件时，由于金属液表面与空气接触而氧化，这样便产生了金属氧化皮。如果金属氧化皮被卷进金属液中，且在零件凝固后保留在铸件中或裸露在铸件的表面，露出表面的夹杂往往呈条状或絮丝状。由于它们在显像时多呈疤块状，所以又称其为氧化斑疤。氧化斑疤与铸件颜色相同，一般较难通过目测观察出来，但渗透检测则能够很容易地发现这种缺陷。

（四）铸造裂纹

铸造裂纹是当金属熔液接近凝固温度时，如果相邻区域由于冷却速度不同而产生了内应力，在凝固收缩过程中，由于内应力的作用，便可在铸件中产生裂纹。按产生裂纹的温度不同，铸造裂纹分为热裂纹和冷裂纹。热裂纹是在高温下形成的，出现在热应力集中区，且一般比较浅。冷裂纹是在低温时产生的，通常产生在厚薄截面的交界处。渗透检测时，裂纹显示具有呈锯齿状和端部尖细的特点，较容易识别。对于较深的裂纹由于吸出的渗透剂较多，有时呈圆形显示。

（五）冷隔

冷隔是一种线性铸造缺陷。在浇注时，若两股金属液流到一起而没有真正熔合，当其延伸至铸件的表面时，则会呈现出紧密、断续或连续的线状表面缺陷。冷隔常出现在远离浇口的薄截面处，如果浇铸模内壁上某处在金属液流到该处之前，已经沾上了飞溅的金属，金属液流到此处时，遇到已经冷却的飞溅金属时，它们也不能熔合在一起，而出现冷隔。

在进行荧光检测时，冷隔表现为光滑的线状。

（六）折叠

折叠是在铸造和轧制零件的过程中，由于模具太大，材料在模具中放置位置不正确，坯料太大等原因，而产生的一些金属重叠在零件表面上的缺陷。折叠通常与零件表面结合紧密，渗透剂渗入比较困难，但由于缺陷显露于表面，采用高灵敏度的渗透剂和较长的渗透时间，是可以发现的。

（七）缝隙

在辊轧、拉制棒材时，若棒材的表面上出现一种纵向且很直的表面缺陷，犹如棒材上有一条裂纹一样，则称之为缝隙型缺陷。坯料上的裂纹是产生缝隙型缺陷的原因之一，但大部分缝隙型缺陷是由辊轧和拉制工艺造成的。图 5-4 所示为辊轧工艺造成缝隙型缺陷的示意图，图 5-4a 所示当辊轧金属表面上存在金属凸耳时，辊轧后在棒材上产生折叠，这种折叠沿棒材纵向呈现为一条长而直的缺陷外形。图 5-4b 所示当辊轧的金属不能充满轧模时，在以后的辊轧过程中，将挤出金属而形成缝隙，这种缝隙往往贯穿整根棒材。在拉制棒材或丝材时，由于模具上的缺陷，可能在棒材或丝材上布满贯穿性拉痕，这也是一种缝隙型缺陷。

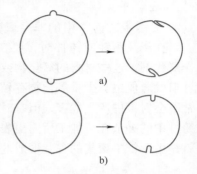

图 5-4　辊轧棒材上缝隙型缺陷产生的原因示意图

（八）焊接缺陷

焊缝上最常见的缺陷为根部未焊透（或根部未熔合）和裂纹。这两种缺陷对焊接结构的使用影响很大，未焊透是指焊缝背面由于没达到熔化温度而残留有未焊合的基体金属缝隙。焊缝上的裂纹是由于焊缝处的金属在凝固过程中，受组织应力和热应力的共同作用而造成的金属开裂。未焊透和裂纹均可以用渗透检测法进行检测。

（九）磨削裂纹

零件在磨削加工过程中，由于砂轮的粒度不当或砂轮太钝、磨削进给量过大、冷却条件不好或零件上碳化物偏析等原因，可能引起表面局部过热。在热应力和加工应力的共同影响下，将产生磨削裂纹。磨削裂纹一般比较浅且非常细微，其方向基本与磨削方向相垂直，并沿晶界分布或呈网状。

（十）疲劳裂纹

零件在使用过程中，若长期受交变应力的作用，可能在应力集中区域产生疲劳裂纹。疲劳裂纹往往始于零件表面的划伤、刻槽、截面突变的拐角处及表面缺陷处，一般都开口于零件表面，且都能用渗透检测法予以检测。

四、缺陷显像的判别

（一）真实缺陷的显示

零件表面的真实缺陷大致可分为以下四类：

（1）连续线状缺陷　包括裂纹、冷隔、铸造折叠等缺陷。

（2）断续线状缺陷　这类缺陷的显像可能排列在一条直线或曲线上，或是由相近的单条曲线组成。当零件进行磨削、喷丸、吹砂、锻造或机械加工时，零件表面的线性缺陷有可能被部分堵住，渗透检验缺陷的显像表现为断续的线状。

（3）圆形显像　通常由铸件表面的气孔、针孔、圆形飞溅或疏松等缺陷形成，较深的表面裂纹显像时，由于能吸出较多的渗透剂，也可能显示出圆形的影像。

（4）小点状显像　是由针孔、显微疏松等产生的影像。

（二）虚假的显像

零件表面由于渗透剂污染和清洗不干净而产生的显像称为虚假显像，产生虚假显像的原因可能有：操作者手上的渗透剂对被检部件的污染；检验工作台上的渗透剂对被检部件的污染；显像剂受到渗透剂的污染；清洗时，渗透剂飞溅到干净的零件表面上；擦布或棉纱纤维上的渗透剂污染；零件筐、吊具上残存的渗透剂与清洗干净的零件接触而造成的污染；已清洗干净的零件上又有渗透剂渗出，污染了相邻的零件表面。

虚假显像从显像特征分析也很容易辨别：用蘸有酒精的棉球擦拭，虚假的显像容易被擦掉，且不再重新显像。在进行渗透检测时，应尽量避免产生虚假的显像。为此，首先，操作者自己要保持干净（手上、身上无渗透剂和其他污染物）；其次，零件筐、吊具和工作台要始终保持干净，要使用无绒的布擦洗零件。

复习思考题

1. 渗透剂有何性能要求？分为几类？
2. 渗透检测的六个主要步骤是什么？
3. 虚假显像产生的原因是什么？如何避免？

参 考 文 献

［1］李喜孟. 无损检测［M］. 北京：机械工业出版社，2001.
［2］万升云，等. 渗透检测技术及应用［M］. 北京：机械工业出版社，2019.
［3］夏纪真. 工业无损检测技术：渗透检测［M］. 广州：中山大学出版社，2019.
［4］《国防科技工业无损检测人员资格鉴定与认证培训教材》编审委员会. 渗透检测［M］. 北京：机械工业出版社，2004.
［5］金信鸿，张小海，高春法. 渗透检测［M］. 北京：机械工业出版社，2018.

第六章

声发射检测

声发射是指材料中局域源能量快速释放而产生瞬态弹性波的现象。声发射信号携带了与材料发生断裂位置以及断裂程度相关的重要信息，因此可以通过分析所接收的声发射信号来研究材料性能及动态评价结构的完整性。1950 年，德国学者凯赛尔（J. Kaiser）对金属中的声发射现象进行了系统研究。1964 年，美国首先将声发射检测技术应用于火箭发动机壳体的质量检验并取得成功。此后，声发射检测技术获得了迅速发展。

我国在 20 世纪 70 年代初引入了声发射检测技术，主要用于解决断裂力学研究中材料开裂点预报及其测量的难题。20 世纪 80 年代初，尝试将声发射技术用于压力容器检验等，并逐渐应用于化工、航空、土木以及电力等工程领域。本章主要介绍声发射检测的基本原理、声发射信号处理与分析方法和声发射检测应用等内容。

第一节　声发射检测的基本原理

声发射检测是一种通过探测和分析材料中声发射源的信号来评定材料性能或结构完整性的无损检测方法，其原理如图 6-1 所示。从声发射源发射的弹性波传播至被检测材料表面时，由于波的振动引起了材料表面位移的变化，可以用声发射传感器探测位移变化情况，进而将其转换为电信号，然后再经放大、滤波等处理后进行存储，最后可对声发射信号进行分析及判定。若对声发射信号进行实时检测，就可以连续监测材料或结构内部变化的整个过程。因此，声发射检测属于一种动态无损检测方法。本节将从了解声发射源入手，逐一展开声发射检测技术及其原理等学习内容。

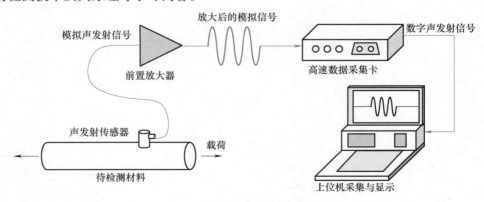

图 6-1　声发射检测原理示意图

当材料或结构受应力作用时，由于其微观结构的不均匀以及缺陷的存在，导致局部产生应力集中，造成不稳定的应力分布。当这种不稳定状态下的应变能积累到一定程度时，不稳定的高能状态一定要向稳定的低能状态过渡，这种过渡通常是以塑性变形、相变和裂纹的开裂等形式来完成。在此过程中将产生应变能并被释放，其中一部分以弹性应力波的形式释放出来，这种以弹性应力波的形式释放应变能的现象即所谓的"声发射"。产生应力波的部位即为声发射源（下简称"源"），通过分析"源"释放的声信号可以确定材料发生损伤以及缺陷的位置，甚至可以评价出损伤程度和缺陷大小。

在经过 60 多年的研究后，人们建立了多种声发射"源"模型以研究声发射产生的机制。"源"模型主要包括两大类：一类是稳态源模型，即将"源"看作一个能量发射器，并利用应力、应变等宏观参量来得到该问题的稳定解；另一类是动态源模型，应用于在"源"附近随时间变化的应力应变场分析，计算与"源"行为有关的动力学变化。

图 6-2 给出了一个基于稳态源模型的裂纹扩展"源"事件的能量分配过程。对于裂纹扩展这样一个事件，释放的能量中仅有少部分转变为弹性波能，其他则转变为新界面表面能、晶格应变能和热能。由图 6-2 可见，若能测得"源"事件释放的弹性波能量并且确定能量分配函数，就可以计算出"源"事件的能量，即能够提供一种分析材料微观断裂过程的方法。然而，由于受"源"周围环境、能量释放速率、材料

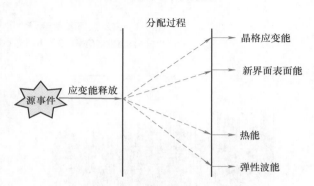

图 6-2　裂纹扩展期间释放应变能的分配过程

纵波和横波波速差异、表面波的频散等因素的影响，导致每个"源"的分配函数互不相同，此外传感器测得的弹性波能量与传感器和"源"的间距密切相关。

（一）突发型和连续型声发射

声发射信号的频率范围很宽，从次声频、声频直到超声频，而且它的幅度动态范围亦很广，从微弱的位错运动直到强烈的地震波，研究表明其位移幅度可以覆盖从 10^{-15} m 到 10^{-9} m，即具有 10^6 量级（120dB）的动态范围。目前人们将声发射信号分为突发型和连续型两类，如果声发射事件的信号是非连续的，且在时间上可以相互分开，则称这种信号为"突发型"声发射信号（图 6-3）；如果大量的声发射事件同时发生，且在时间上不可区分，那么可将这些信号称为"连续型"声发射信号（图 6-4）。实际上，二者并非具有本质性的区别，连续型声发射信号也是由大量小的突发型信号组成的，只是因过于密集而无法逐一分辨而已。

（二）金属材料中的声发射源

引起声发射的材料局部变化称为声发射事件，而声发射源是指材料局部产生声发射现象的物理源点。在金属材料中，有许多种损伤与破坏机制可产生声发射源，经过 60 多年的研究，人们已经查明金属材料中的声发射源如图 6-5 所示。

（三）非金属材料中的声发射源

目前，人们已经对岩石、玻璃、陶瓷和混凝土等非金属材料进行了声发射现象的研究和

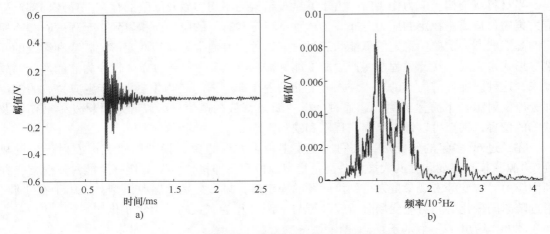

图 6-3　突发型声发射信号类型及相应的频谱曲线

a) 突发型信号波源　b) 突发型信号频谱曲线

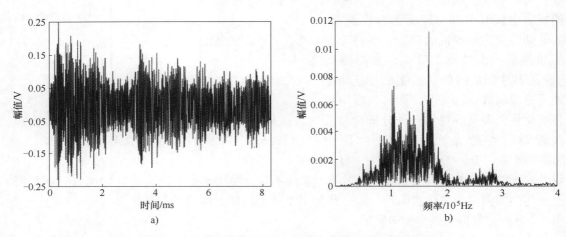

图 6-4　连续型声发射信号类型及相应的频谱曲线

a) 连续型信号波源　b) 连续型信号频谱曲线

应用，因为这些材料均属于脆性材料，具有明显的强度高而韧性差的特点，因此这些材料中的"源"主要为微裂纹开裂和宏观开裂。

（四）复合材料中的声发射源

复合材料是由基体材料和分布于整个基体中的第二相材料熔融固化制备而成的。根据第二相材料的不同，可将复合材料分为扩散增强复合材料、颗粒增强复合材料和纤维增强复合材料。在扩散增强和颗粒增强复合材料中，"源"主要包括基体开裂和第二相颗粒与基体的脱粘。而在纤维增强复合材料中，所包含的

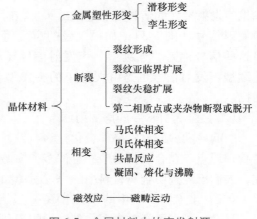

图 6-5　金属材料中的声发射源

声发射源类型则相对较多，主要包括：①基体开裂；②纤维与基体的脱开；③纤维拔出；④纤维断裂；⑤纤维松弛；⑥分层；⑦摩擦。

（五）其他声发射源

除了上述"源"，其他经常遇到的"源"主要有：①常压贮罐的底部泄漏，阀门的泄漏和埋地管道的泄漏；②氧化物或氧化层的开裂；③夹渣开裂；④摩擦源；⑤液化和固化；⑥元件松动、间歇接触；⑦裂纹闭合；⑧变压器局部放电。

第二节　声发射检测的物理基础

声发射信号的形成是与声发射物理过程密切相关的，从声发射源物理机制分析角度出发，是一种很有效的声发射信号处理方法。接下来介绍凯赛尔效应、费利西蒂效应和声波传播等与声发射检测密切相关的物理效应，以帮助理解声发射检测的物理基础。

一、凯赛尔效应

凯赛尔效应指的是声发射现象是不可逆的，是应变能快速释放不可逆性的反映（图 6-6）。产生凯赛尔效应的原因包括位错、滑移、塑性变形和裂纹生成、扩展及断裂等。由于这些物理现象是不可逆的，所以在应变能快速释放时发生的声发射现象也是不可逆的。

材料被重新加载期间，在应力值达到上次加载最大应力之前不产生声发射信号。多数金属材料和岩石中可观察到明显的凯赛尔效应。但是在重复加载前，如产生新裂纹或其他可逆声发射机制，则会违反凯赛尔效应。凯赛尔效应在声发射技术中的重要用途包括：

1）在役构件新生裂纹的定期过载声发射检测。

2）岩体等原先所受最大应力的推测。

3）疲劳裂纹起始与扩展的声发射检测。

4）通过预载措施消除加载销孔的噪声干扰。

5）加载过程中常见的可逆性摩擦噪声的鉴别。

凯赛尔效应反映了声发射现象的实时

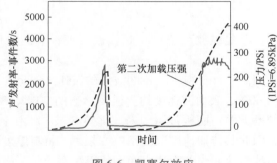

图 6-6　凯赛尔效应

性，连续检测材料的声发射信号可以获得实时的物体内部组织结构的变化信息。

二、费利西蒂效应

材料重复加载时，重复载荷到达原先所加最大载荷前发生明显声发射的现象，称为费利西蒂效应，也称为反凯赛尔效应。重复加载时的声发射起始载荷 P_1 对原先最大载荷 P_2 之比 P_1/P_2，称为费利西蒂比。

费利西蒂比作为定量参数，可反映材料中原先所受损伤或结构缺陷的严重程度，已成为缺陷严重性的重要评定判据。费利西蒂比大于或等于 1 表示凯赛尔效应成立，反之则表示不成立。在一些复合材料构件中，将费利西蒂比小于 0.95 作为声发射源超标的重要判据。

三、声波的传播

弹性波传播是材料对于不平衡或者动态力的响应。对于声发射检测而言，当固体材料受到外部的拉伸力或挤压力时，会出现局部的弹性形变，随着力的增加，弹性形变到达极限形成了固体的剪切变形，在这个过程中会产生两种类型的波，一种是纵波（也称压缩波），另外一种是横波（也称切变波）。上述两种声波在"源"处产生后，将向四周进行传播，当传播到材料表面时，一部分声波会被放置在材料表面且位于该声波传播路径上的声发射传感器直接采集到，形成声发射信号；另一部分则在传播到材料表面后发生复杂的反射与折射现象，致使其中的一部分声波反射回材料内部传播直至逐渐衰减，其余则通过波形转换形成声表面波，继续沿着材料表面进行传播，并由声发射传感器探测到，形成声发射信号。上述波形中，纵波在介质中的传播速度最快，横波和表面波则依次降低。

实际上，声波的传播特性与被检测介质的弹性参数密切相关，声波在介质中的传播理论不作为本章介绍的重点内容（感兴趣的读者可以自行阅读相关书籍，如参考文献［1］，本小节仅仅给出与"源"定位相关的两个重要的声传播特性，即声速与声衰减。

1. 声速

声波在介质中的传播速度，取决于介质的弹性模量、密度和泊松比等参数，因而对于不同的材料，声波在其内部的传播速度也不同。对于理想的均匀介质，纵波声速与横波声速可分别由下式表示：

$$v_L = \sqrt{\frac{E}{\rho} \frac{1-\sigma}{\rho(1+\sigma)(1-2\sigma)}} \tag{6-1}$$

$$v_T = \sqrt{\frac{E}{\rho} \frac{1-\sigma}{2(1+\sigma)}} = \sqrt{\frac{G}{\rho}} \tag{6-2}$$

式中，v_L 是纵波声速；v_T 是横波声速；σ 是泊松比；E 是弹性模量；G 是切变模量；ρ 是密度。

在同一种材料中，不同波形的波速之间呈现一定比率关系。例如，横波声速约为纵波声速的 60%，表面波速度约为横波声速的 90%。声波中纵波、横波以及表面波的速度与声波的频率无关，而板波（又称"LAMB 波"）由于存在多种波模式且与被检测材料的厚度相关，因此其传播速度取决于声波频率与材料厚度的乘积，称之为频散现象，板波声速约分布在纵波声速和横波声速之间。值得注意的是，横波在气体和液体中是无法传播的。目前常见材料的声速见表 6-1。

需要说明的是，在实际材料中，声波传播速度还受到材料均匀性、各向异性以及材料的形状和尺寸（如板波）等因素影响，因此声波传播速度并非固定值，需要在检测前进行声速值的标定。目前，声速主要用于时差定位法来计算"源"的位置，而声速实际测量值的准确程度会影响定位精度，一般为传感器间距的 1%~10%。

2. 声衰减

声衰减是指声信号幅度随着声波传播距离的增加而减小的一种物理现象。声波在材料中的衰减系数，关系到每个声发射传感器的有效检测范围，是声发射源定位中确定传感器间距或工作频率的关键因素。为了降低衰减对测量的影响，常采取包括减小传感器的工作频率或传感器间距等措施。材料中声波的衰减，主要包括几何衰减、材质衰减、频散衰减、散射与衍射衰减，具体如下：

表 6-1　常见材料的声速

材料	纵波声速/（km/s）	横波声速/（km/s）
空气	0.34	—
水	1.48	—
油	1.7	—
铝	6.3	3.1
铸铁	4.5	2.5
钢	5.9	3.23
302 不锈钢	5.56	3.12

（1）几何衰减　几何衰减指的是声波传播中因波阵面扩张引起的声强减小。当声波由一个局域的源所产生时，波动将从"源"部位向所有的方向传播，即使在无损耗的介质中，随着波传播距离的增加，波的幅度也逐渐减小。

（2）频散衰减　频散是在某些物理系统中波速（光波、声波和电磁波等）随频率变化引起的一种现象。对于声发射而言，仅仅导波（如板波）传播存在频散衰减。因为实际的声发射信号包含多种频率成分，由于频散效应，随着波传播距离的增加，各频率成分发生分离或扩展，导致信号幅度下降。

（3）散射和衍射衰减　声波在具有复杂边界或不连续（如空洞、裂纹、夹杂物等）的介质中传播时，会与上述几何不连续发生相互作用，继而导致声波能量转换，产生损耗。

（4）材质衰减　在非理想介质中，由于存在材料内摩擦作用、塑性形变以及裂纹扩展等因素，因此声波传播在其内部传播的总机械能是逐渐衰减的。

（5）其他因素引起的衰减　一种是因声波向相邻介质"泄漏"而造成波的幅度下降，如容器中的水介质；二是因传播路径上的障碍物，如容器上的接管、人孔等造成的损耗。

四、声发射检测技术特点

声发射检测方法在许多方面不同于其他常规无损检测方法，其优点主要表现为：

1）受被检测工件的形状影响小，可以检测不同形状的工件。

2）对缺陷的动态变化较为敏感，能够检测出动态缺陷的微量增长。

3）受外部环境的限制小，高低温、辐射等恶劣环境下均可适用。

4）可提供缺陷随载荷、时间、温度等变量改变而实时或连续变化的信息，因而适用于工业过程在线监控及材料早期损坏预报。

5）可采用多个通道同时检测，能够实现结构整体损伤的高效率检测。

由于声发射检测是一种动态检测方法，而且接收的声信号本身是一种机械波，因此存在如下缺点：

1）声发射特性对材料特性本身十分敏感，又易受到各类环境噪声的干扰，因此对检测数据的解释依赖于数据库和现场检测经验。

2）声发射检测通常需要适当的加载程序。多数情况下，可利用现成的加载条件，但有时需要针对性地进行特殊准备。

3）声发射检测目前只能给出"源"的位置和强度，不能直接给出缺陷的性质和大小，需结合其他无损检测方法进行判定。

第三节　声发射信号处理和分析方法

对声发射信号进行处理和分析的主要目的包括：①确定"源"的位置；②分析"源"的性质；③确定声发射信号发生的时间或载荷；④评定"源"的级别。最终确定被检工件中是否含有缺陷及其状态。

实际上，声发射信号本身是一种复杂的波形，包含了丰富的"源"信息的同时，也会在传播的过程中引入多种干扰噪声。因此，如何选用合适的声发射信号处理方法，以有效地获取"源"信息，是声发射检测技术的发展难点与研究热点。

根据声发射信号处理系统性能和功能，声发射信号的分析和处理主要包括：

（1）信号识别（定性）　通过对感兴趣的信号或信号成分的提取和识别，来推断"源"的性质以及判断"源"的类型。

（2）信号评估（定量）　通过定量分析声发射信号强度和频度等参数，来评价材料或构件的损伤程度。

（3）"源"定位（定位）　通过传感器接收"源"信号的时间参数来确定"源"的位置。其中"源"的识别和定位既是研究的目的，又是对设备进行缺陷评估的重要依据之一。

目前，根据声发射信号分析对象，可将声发射信号处理和分析方法分为声发射信号特征参数分析和波形分析两类。所谓声发射信号特征参数分析，是指借助信号分析处理技术直接分析声发射信号的特征参数，然后依据参数分析结果来对"源"进行评价；而声发射信号波形分析，则是根据所获取信号的时域波形及其频域变量、相关函数等来获取声发射信号所含信息的方法，常见的方法有快速傅里叶变换（Fast Fourier Transform，FFT）以及小波变换等。

采用特征参数分析方法可以实现分析数据的可视化，而且可以借助信号的特征参数来评估损伤等级以及识别开裂机制，故此参数分析法在实际检测应用中具有较好的可行性。需要注意的是，由于声发射信号参数与材料本身的特性有关，而且在材料破坏前夕的变化范围较大，因此声发射特征参数分析方法对材料特性和几何特性的依赖性十分明显。基于波形数据的波形演化分析法则是通过对开裂信号的主频、带宽等频谱特征进行分析，从而提取出结构破坏的前兆信息。与特征参数分析方法相比，波形分析法最突出的特点在于其优越的噪声滤除性能，因此其工程实用性较好。在工程实际中，应根据具体的检测要求来选择合适的信号处理和分析方法，而多数情况下是同时采用上述两种分析方法，二者相互配合以实现材料或结构的声发射检测分析。

一、声发射波形特征参数的定义

声发射特征参数是指从声发射波形中提取的一系列描述波形的参数。图 6-7 所示为突发型标准声发射信号简化波形模型，根据该模型可以得到如下的声发射特征参数：①撞击

（事件）计数；②振铃计数；③能量；④幅度；⑤持续时间；⑥上升时间。

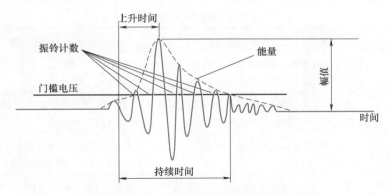

图 6-7　声发射信号简化波形参数的定义

然而，对于连续型声发射信号，上述模型中只有振铃计数和能量参数可以使用。为了更确切地描述连续型声发射信号的特征，需要引入平均信号电平和有效电压值两个特征参数。

声发射信号的幅度通常以分贝幅度 dB_{AE} 表示，定义传感器输出 $1\mu V$ 时为 0dB，则幅值为 V_{AE} 的声发射信号的幅度 dB_{AE} 可由下式算出：

$$dB_{AE} = 20\lg(V_{AE}/V_{ref}) \tag{6-3}$$

式中，V_{ref} 是参考电压，$V_{ref} = 1\mu V$。

表 6-2 给出了常用整数幅度 dB_{AE} 对应的传感器输出电压值 V_{AE}。

表 6-2　常用整数幅度 dB_{AE} 对应的传感器输出电压值 V_{AE}

dB_{AE}	0	20	40	60	80	100
$V_{AE}/\mu V$	1	10	100	1000	10000	100000

实际的声发射信号因受被检测材料的几何效应影响，其波形往往如图 6-8 所示，即呈现一系列波形包络信号。因此，实际检测时对每一个声发射通道，可以通过引入声发射信号撞击定义时间（Hit Definition Time，HDT），将一连串的波形包络划入一个撞击信号。仍以图 6-8 的波形为例，当声发射检测仪器设定的 HDT 大于两个波包过门限的时间间隔 T 时，则这两个波包被视为同一个声发射撞击信号；但如仪器设定的 HDT 小于 T 时，则这两个波包被划归为两个独立的声发射撞击信号。

表 6-3 总结出了一些常用的声发射信号特性参数的含义、特点和用途。这些参数的累加既可以被定义为时间或试验参数（如压力、温度等）的函数，如总事件计数、总振铃计数和总能量计数等，也可以被定义为随时间或试验参数变化的函数，如声发射事件计数率、声发射振铃计数率和声发射信号能量率等。需要说明的是，也可以将表 6-3 中参数中的任意两个进行

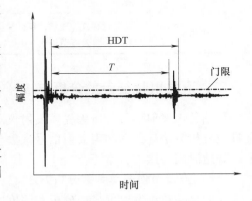

图 6-8　声发射撞击信号的定义

组合并开展关联分析，如声发射事件幅度分布、声发射事件能量-持续时间关联图等。

表 6-3　声发射信号特征参数

参数	含义	特点与用途
撞击计数	超过阈值并使某一通道获取数据的任何信号称为一个撞击，可分为总计数、计数率	反映 AE 活动的总量和频度，常用于 AE 活动性评价
事件计数	由一个或几个撞击，鉴别所得 AE 事件的个数，可分为总计数、计数率	反映 AE 事件的总量和频度，用于源的活动性和定位集中度评价
振铃计数	越过门槛信号的振荡次数，可分为总计数和计数率	粗略反映信号强度和频度，广泛用于 AE 活动性评价，但甚受门槛的影响
幅值	事件信号波形的最大振幅值，通常用 dB 表示	直接决定事件的可测性，常用于波源的类型鉴别、强度及衰减的测量
能量计数	事件信号检波包络线下的面积，可分为总计数和计数率	反映事件的相对能量或强度。可取代振铃计数，也用于波源的类型鉴别
持续时间	事件信号第一次越过门槛到最终降至门槛所经历的时间间隔，以 μs 表示	与振铃计数十分相似，但常用于特殊波源类型和噪声鉴别
上升时间	事件信号第一次越过门槛至最大振幅所经历的时间间隔，以 μs 表示	因甚受传播的影响而其物理意义变得不明确，有时用于机电噪声鉴别
有效值电压 RMS	采样时间内信号电平的均方根值，以 V 表示	与 AE 的大小有关。不受门槛的影响，主要用于连续型 AE 活动性评价
平均信号电平 ASL	采样时间内信号电平的均值，以 dB 表示	对幅度动态范围要求高而时间分辨率要求不高的连续型信号，尤为有用。也用于背景噪声水平的测量
时差	同一个 AE 波到达各传感器的时间差，以 μs 表示	取决于波源的位置、传感器间距和传播速度，用于波源的位置计算
外变量	试验过程外加变量，包括经历时间、载荷、位移、温度及疲劳周次	不属于信号参数，但属于撞击信号参数的数据集，用于 AE 活动性分析

二、声发射特征参数分析方法

早期的声发射信号分析因受声发射仪器信号采集和处理能力的限制，故而多采用的是特征参数分析方法。典型的声发射信号参数包括幅度、振铃计数、持续时间、能量、门槛电压值、到达时间、撞击数率等。

（一）声发射信号单参数分析方法

人们早期对声发射信号的分析和评价通常采用单参数分析方法，其中最常用的单参数分析方法为计数分析法、能量分析法和幅度分析法。

1. 计数分析法

当材料局部发生变化时，可产生突发型声发射脉冲信号，计数分析法是处理该信号的一种常用方法。声发射计数，亦称为振铃计数，是指声发射信号超过某一设定门限的次数，而信号单位时间超过门限的次数则称为计数率。声发射计数率与传感器的响应频率、传感器的

阻尼特性、结构的阻尼特性和门限水平密切相关。对于一个声发射事件，由声发射传感器探测到的声发射计数可以表示为

$$N = \frac{f_0}{\beta} \ln \frac{V_p}{V_t} \tag{6-4}$$

式中，f_0 是传感器的响应中心频率；β 是波的衰减系数；V_p 是峰值电压；V_t 是阈值电压。

计数分析法的缺点是易受样品几何形状、传感器的特性及连接方式、门限压、放大器和滤波器的工作状况等因素的影响。

2. **能量分析法**

考虑到计数分析法在测量声发射信号时存在上述缺点，特别是对于连续型声发射信号适用性较差，因而在对连续型声发射信号进行分析时，多采用基于声发射信号能量的分析方法。目前，声发射信号的能量测量是定量分析声发射信号的主要方法之一。声发射信号的能量与图 6-7 中声发射波形包络的面积成正比关系，通常选用均方根电压（V_{rms}）或均方电压（V_{ms}）进行测量。实际上，目前的声发射仪器多采用了数字化电路，具有直接测量声发射信号波形面积的功能。

以突发型声发射信号为例，可以对每个撞击的能量进行测量，一个信号 $V(t)$ 的均方电压和均方根电压定义如下，

$$V_{ms} = \frac{1}{\Delta T} \int_0^{\Delta T} V^2(t)\, \mathrm{d}t \tag{6-5}$$

$$V_{rms} = \sqrt{V_{ms}} \tag{6-6}$$

式中，ΔT 是平均时间；$V(t)$ 是随时间变化的信号电压。

根据电子学理论，可知 V_{ms} 随时间的变化量即为声发射信号的能量变化率，声发射信号从 t_1 到 t_2 时间内的总能量 E 可表示为

$$E \propto \int_{t_2}^{t_1} V_{rms}^2\, \mathrm{d}t = \int_{t_2}^{t_1} V_{ms}\, \mathrm{d}t \tag{6-7}$$

声发射信号能量的测量可与材料的重要物理参数（如发射撞击的机械能、应变率或形变机制等）直接关联起来，无须重新建立声发射信号模型，并且可以解决小幅度连续型声发射信号的测量问题。此外，测量信号的 V_{rms} 和 V_{ms} 值本身亦有很多优点。首先，不同于计数分析法，V_{rms} 和 V_{ms} 不依赖于任何阈值电压，并且对电子系统增益和传感器耦合状态的微小变化不敏感。其次，V_{rms} 和 V_{ms} 与连续型声发射信号的能量有直接关系，分析过程较为简单，而且很容易对不同应变率或不同样品体积进行修正。

3. **幅度分析法**

相比于前面两种方法，对信号幅度及其分布进行分析可以更多地反映"源"信息，这是因为信号幅度与材料中"源"的强度有直接关系，而幅度分布则与材料的形变机制密切相关。在声发射信号幅度的测量过程中，传感器的响应频率、阻尼特性以及门限电压水平等因素均会对测量结果产生影响。可以选用对数放大器来实现声发射大信号或声发射小信号幅度的精确测量。目前，已经建立了描述声发射信号的幅度、撞击和计数关系的经验公式：

$$N = \frac{Pf\tau}{b} \tag{6-8}$$

式中，N 是声发射信号累加振铃计数；P 是声发射信号撞击总计数；f 是传感器的响应频率；

τ 是声发射撞击的下降时间；b 是幅度分布的斜率参数。

（二）声发射信号其他分析方法

除了上述方法之外，经历图分析法、关联图分析法和分布图分析法等也是声发射信号常用的分析方法，这些方法均是基于对声发射波形提取出的特征参数进行分析，从而简化分析的数据量，因此在声发射检测信号分析领域中亦具有重要地位。

1. 经历图分析法

经历图分析法是指通过对声发射信号的某一个特征参数随时间或其他外变量的经历变化进行分析，从而获取"源"在整个实验过程中的状态和发展趋势。图 6-9 所示为某台压力容器在加压过程中裂纹扩展声发射信号随时间的变化经历图。

声发射参数经历图分析方法可以用来评价材料的凯赛尔效应和费利西蒂比效应，也可用于获取加载过程中材料声发射活动的规律，还可以判断裂纹的萌生及分析其扩展的时间。总结来看，采用经历图分析方法对"源"进行分析，可以实现如下目的：

1）声发射源的活动性评价。

2）凯赛尔效应和费利西蒂比效应评价。

3）恒载声发射评价。

4）起裂点测量。

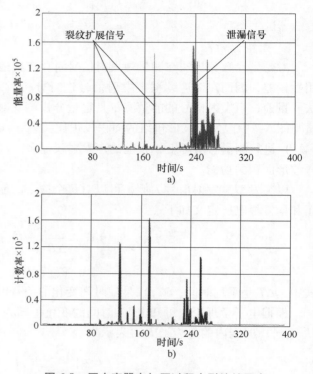

图 6-9　压力容器在加压过程中裂纹扩展声发射信号随时间的变化经历图

a）能量率随时间的变化图　b）计数率随时间的变化图

2. 分布图分析法

分布图分析法是指根据声发射信号的某一参数值进行撞击或事件计数分布统计的一种分析方法。分析时通常以持续时间、幅值或能量等作为横轴，声发射撞击数等作为纵轴，进而观察声发射计数在某一参数上的分布情况。由于不同"源"具有不同的产生机制，因此其特征分布亦不相同，如金属塑性变形和裂纹扩展二者的区别，复合材料基体开裂和纤维断裂之间的区别。分布图分析法多用于故障损伤的鉴别，此外，该方法也可用于评价"源"的强度。图 6-10 所示为某台压力容器在加压过程中裂纹扩展声发射信号随时间的参数分布图。

3. 关联图分析法

关联图分析方法是声发射信号分析中最常用的方法之一，该方法可对任意两个声发射信号的波形特征参数之间的关联图进行分析。具体来说，是将某两个声发射信号波形参数分别作为横坐标和纵坐标，而图上每个点则代表一个声发射撞击，因此可通过对这两个参数的关联性分析来获取"源"的特征，也可用于噪声的鉴别。此外，当压力容器在加压导致裂纹扩展直至泄漏的过程中，包含两种"源"，那么通过关联分析，就可以知道在同样计数或能

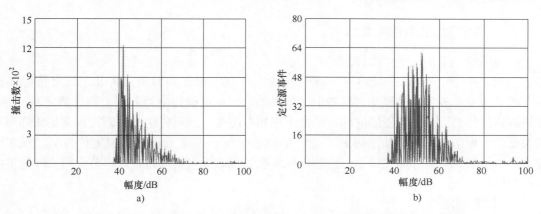

图 6-10　压力容器在加压过程中裂纹扩展声发射信号随时间的参数分布图

a）所有撞击信号的幅度分布图　　b）所有定位源信号的幅度分布图

量的条件下，两种"源"的持续时间之间的差异情况。图 6-11 所示为某台压力容器在加压过程中裂纹扩展和泄漏声发射信号参数的关联图。通过对比分析可以发现，在同等能量和计数值的情况下，泄漏信号的持续时间要远大于裂纹扩展信号的持续时间。

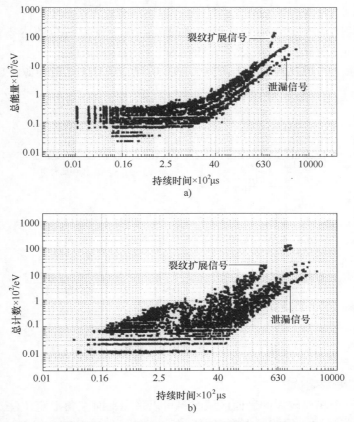

图 6-11　压力容器在加压过程中裂纹扩展和泄漏声发射信号参数的关联图

a）能量与持续时间的关联图　　b）计数与持续时间的关联图

三、声发射源定位技术

在缺陷的声发射定位检测过程中，其核心问题是由传感器接收到的声发射信号反推"源"的问题，即所谓的"反向源"或"逆源"问题。通常的做法是将几个压电传感器按一定的几何关系放置于被检测材料的指定位置上，从而组成传感器阵列，通过测定从"源"发射的声波传播到各传感器的时间，据此求出相对时差，然后将这些时差代入满足该阵列几何关系的方程组中求解，从而得到"源"的位置坐标，即完成了缺陷的定位检测。在实际应用中为了推导方便和简化计算，传感器通常按特定的几何图形布置。本节介绍几种简单的定位方法。

（一）直线定位法

当被检物体的长度与半径之比很大时，可采用直线定位进行声发射检测，如管道、棒材、桥梁拉索以及钢梁等。直线定位法是一种在一维空间中确定"源"位置坐标的方法，大多用于焊缝缺陷定位。具体来说，是在一维空间中放置两个传感器，它们所确定的"源"位置必须在两个传感器连线上。其定位原理如图 6-12a 所示，假设在 1 号和 2 号传感器之间有一个"源"释放出一个声发射信号，则"源"位置可以由下式确定：

$$d = \frac{1}{2}\left[D - (T_2 - T_1)V\right] = \frac{1}{2}(D - \Delta t V) \tag{6-9}$$

式中，T_1 是声发射信号到达 1 号传感器的时间；T_2 是声发射信号到达 2 号传感器的时间；D 是两传感器之间的距离；V 是声波在被检测材料中的传播速度。

图 6-12b 所示为"源"在传感器阵列外部的情况，此时，无论声源距离 1 号传感器有多远，时差 $\Delta t = T_2 - T_1 = D/V$，"源"被定位在 1 号传感器处。

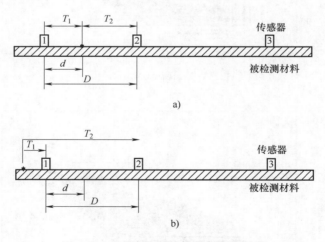

图 6-12　声发射源时差直线定位原理图

（二）平面三角形定位法

当需要监测一个相对较大的平面区域时，可以采用平面三角形定位法进行"源"定位。如图 6-13 所示，通过三个传感器来确定声发射信号到达时间及两个时差，就可由式（6-10）计算出"源"位置。

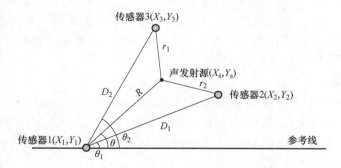

图6-13　声发射源时差平面三角形定位原理图

$$\begin{cases} R = \dfrac{1}{2}\,\dfrac{D_1^2 - \Delta t_1^2 V^2}{\Delta t_1 V + D_1 \cos(\theta - \theta_1)} \\[3mm] R = \dfrac{1}{2}\,\dfrac{D_2^2 - \Delta t_2^2 V^2}{\Delta t_2 V + D_2 \cos(\theta_2 - \theta)} \end{cases} \tag{6-10}$$

（三）四传感器阵列平面定位法

四传感器阵列平面定位法实际上是对前面介绍的平面三角形定位法的改进，分析式（6-10）可知某些条件下求解会得到双曲线的两个交点，此时将存在1个真实的"源"和1个伪"源"，而如果增加一个传感器，即采用由图6-14所示的四个传感器构成的菱形阵列进行平面定位，则只会得到一个真实的"源"。

假设根据传感器 S_2 和 S_3 之间的时差 Δt_X 计算得到双曲线为1，而由传感器 S_1

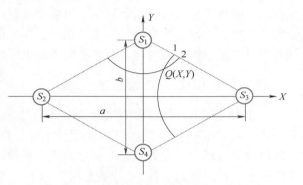

图6-14　声发射源时差四传感器法定位原理图

和 S_4 之间的时差 Δt_Y 所得双曲线为2，"源"为 Q，传感器 S_2 和 S_3 间距为 a，传感器 S_1 和 S_4 的间距为 b，则"源"位于两条双曲线的交点 $Q(X, Y)$ 上，其坐标可由式（6-11）和式（6-12）确定。

$$X = \dfrac{L_X}{2a}\left[L_X + 2\sqrt{\left(X - \dfrac{a}{2}\right)^2 + Y^2} \right] \tag{6-11}$$

$$Y = \dfrac{L_Y}{2b}\left[L_Y + 2\sqrt{\left(Y - \dfrac{b}{2}\right)^2 + X^2} \right] \tag{6-12}$$

式中，$L_X = \Delta t_X V$；$L_Y = \Delta t_Y$。

（四）声发射源定位的影响因素

在"源"定位检测过程中，由于材料内部结构的非匀质性、各向异性以及加载条件、受载历史的不同等，会对声发射信号的传播速度等产生一定影响，从而影响到"源"的定位精度。总结来看，主要的影响因素包括：

1. 波速的影响

声发射信号在材料内部的传播过程中若遇到不连续结构，则会引起声波传播路径的改变，同时波速也可能会有所改变。然而现有的"源"定位方法都无法解决波速在介质内部传播过程中不断发生变化的问题，通常是将声发射信号的传播速度假定为常数来进行定位计算，因此定位检测结果会出现不同程度上的误差。

2. 衰减的影响

"源"处产生的声信号，在材料内部的传播过程中会因介质内部存在的不连续性或非均质性而逐渐减小，该现象称之为声发射信号的衰减特性。由于声发射信号存在这一特性，当传感器与"源"距离较大时，使得本应该被采集到的声发射信号因为衰减信号幅值过低而被传感器漏掉，造成较大的误差甚至漏检。

3. 传感器位置的影响

根据上述"源"的定位计算公式可知，声发射传感器位置的坐标是作为已知参数的，因此传感器位置布置将对"源"定位产生直接影响，所以在声发射检测过程中，一方面要合理布置传感器阵列，同时还需要知道阵列中每个传感器的准确坐标。

4. 时差的影响

传感器接收到的"源"信号的时差是对其定位的关键参数，该参数的提取将对"源"定位的准确性产生直接影响。目前大多数声发射信号时差都是通过阈值法提取的，即设置一个阈值门槛，声发射信号通过门槛的那个点即为声发射信号的到达时间。然而，由于声发射信号本身的复杂性与随机性，会在不同程度上降低该方法的准确性。

四、声发射信号处理技术

由于声发射信号的波形中蕴含了很多与"源"密切相关的信息，因此人们在波形分析的基础上研发了一些声发射信号处理技术，来进一步分析"源"的特性。在波形分析中，有效的信号处理方法是提取波形信息的重要手段，是准确获取信号信息的前提。本小结简单介绍一下"FFT 频谱分析""小波分析"以及"人工神经网络模式识别"三种信号处理技术（更为详细的原理介绍部分，感兴趣的读者可以自行阅读相关书籍，如参考文献［2］）。

（一）基于 FFT 的频谱分析技术

频谱分析是一种将复杂信号分解为较简单信号的技术。许多物理信号均可以表示为多个不同频率简单信号的"和"。找出一个信号在不同频率下的信息（如振幅、功率、强度或相位等）的做法即为频谱分析。频谱分析技术以其相对简单的可操作性及良好的实用性而被广泛应用于声发射信号的研究。频谱分析已成为声发射检测重要的信号分析手段，其中以FFT 为主的频谱分析方法可以将时域的数字信号迅速地变换为它所对应的频谱，从而可以得到关于信号的频域特征信息。声信号处理中通常采用离散傅里叶变换（Discrete Fourier Transform，DFT）对检测信号进行频域分析，其原理见式（6-13）和式（6-14）。

$$X(k) = \sum_{n=0}^{N-1} x(n) e^{-j2\pi nk/N} \qquad (k = 0, 1, \cdots, N-1) \qquad (6\text{-}13)$$

$$x(n) = \frac{1}{N} \sum_{k=0}^{N-1} X(k) e^{+j2\pi nk/N} \qquad (n = 0, 1, \cdots, N-1) \qquad (6\text{-}14)$$

式中，$X(k)$ 是离散频谱的第 k 个值；$x(n)$ 是时域采样的第 n 个值。时域与频域的采样数目相同均为 N。频域的每一个采样值（谱线）都是从对时域的所有采样值的变换而得到的，反之亦然。

（二）小波分析技术

与 FFT 不同，小波变换同时具有在时域和频域描述信号局部特征的能力，既可以反映出某个局部时间范围内信号的频谱信息，又可以给出某一频率范围内信息对应的时域信息情况。因此，小波变换技术对于分析含有瞬态现象的声发射信号是非常合适的。

定义任意平方可积的函数为 $\psi(t)$，其傅里叶变换为 $\psi(w)$，如果 $\psi(w)$ 满足：

$$\int_R \frac{|\psi(w)|^2}{|w|}\mathrm{d}w < \infty \qquad (6\text{-}15)$$

则 $\psi(w)$ 可称为小波基函数，将 $\psi(t)$ 进行伸缩和平移后可以得到一个小波序列：

$$\psi_{a,b}(t) = a^{-\frac{1}{2}}\psi\left(\frac{t-b}{a}\right), \quad a,b \in R; a \neq 0 \qquad (6\text{-}16)$$

式中，a 是尺度因子；b 是时间因子；t 是时间。

对于任意平方可积的函数 $f(t) \in L^2(R)$，其连续小波变换的定义为

$$W_f(a,b) = \langle f, \psi_{a,b} \rangle = |a|^{-\frac{1}{2}}\int_R f(t)\psi^*\left(\frac{t-b}{a}\right)\mathrm{d}t \qquad (6\text{-}17)$$

若对式（6-16）中的 a 和 b 进行离散化处理，即取 $a = a_0^m (a_0 > 1)$，$b = nb_0 a_0^m (b_0 \in R; m, n \in Z)$，则可定义 $f(t)$ 的离散小波变换函数。考虑到计算机运算的方便性，尺度因子 a 通常取值为 2。对于声发射信号的局部分析，小波变换在时域采用较小的时窗，而在频域采用较大的频窗，对于 a 值较大（即低频信号）的分析则与局部分析相反。由于小波函数具有可变的时窗和频窗，因此小波变换在时域和频域同时具有良好的局部化特性，对于含有瞬态变化特征的声发射信号具有较好的适用性。

（三）人工神经网络模式识别分析技术

研究人员通过对大量的声发射信号进行人工神经网络模式识别分析，发现这种技术能够对某些声发生源的性质进行判断。在众多人工神经网络模型中，误差反向传播（back propagation，BP）训练算法的神经网络模型应用较为广泛，该模型包含输入层、隐含层和输出层，其中隐含层内可以包含一层或多层神经节点。BP 神经网络学习需要一组已知目标输入/输出的学习样本集，训练时先使用随机值作为权值，输入学习样本得到网络输出，然后计算输出值与目标输出的误差，根据误差及对应准则修改权值，从而使误差减小，反复循环直至误差达到预设的范围时，网络训练完成。研究表明，采用该方法可以对压力容器产生声发射源信号的机制进行定量分析，包括表面裂纹、深埋裂纹、夹渣未焊透、残余应力和机械撞击摩擦等。

第四节　声发射检测的应用

目前，声发射技术作为一种重要的无损检测技术手段已经在多个领域得到了广泛应用，如石油化工、航空航天、金属加工以及土木工程等行业。本节将介绍声发射技术的几种典型应用。

一、声发射在材料特性研究中的应用

由于声发射特征参数能够较好地表征金属构件的损伤演化，因此通过其

声发射检测

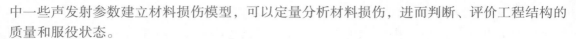
中一些声发射参数建立材料损伤模型，可以定量分析材料损伤，进而判断、评价工程结构的质量和服役状态。

（一）材料脆性表征

材料、工件或结构在交变载荷作用下容易发生疲劳断裂，这是工程领域中最为常见的破坏形式之一。声发射技术特别适用于监测脆性材料失稳开裂演化过程，可以连续、实时地监测载荷作用下脆性材料内部微裂纹的产生和扩展，而且可以对其破坏位置进行定位。以表面渗层（渗氮、渗碳等）的脆性评价为例，传统方法是采用检查维氏硬度，根据压痕周围破坏情况来评定脆性等级，这种方法只能定性表征而不能定量表征。采用声发射监测与三点弯曲试验相结合的方式，即在对经过渗碳/渗氮的试件进行三点弯曲试验的同时采用声发射进行监测，计算其开裂应力和变形量，可以同时实现脆性的定性和定量表征。

（二）材料损伤表征

材料损伤表征通常采用将损伤演化后的试样与标准无损伤试样进行特征比较的方式，来表征材料的损伤程度。材料损伤表征的关键是损伤变量的选取，并且建立能够反应损伤变量与材料内部损伤演化规律的本构关系。

选取合适的损伤变量和准确地建立损伤模型有助于受损材料的力学性能及宏观物理性能劣化的表征。目前损伤模型的建立大部分是在实验测试的基础上，采用统计学原理进行损伤分析，并依此建立材料损伤的本构关系或是推导损伤演化方程来评估材料的损伤程度。因此定义一种物理意义明确且可反映损伤微观结构效应、便于测量和计算分析的损伤变量来表征材料的损伤程度，建立能够正确反映材料性能特点的本构关系和损伤演化方程，是解决实际工程问题的前提和关键。

在前面两节的学习过程中，可知声发射特征参数可用于表征金属构件的损伤演化。例如，研究材料裂纹扩展过程引起的声发射事件关系时，发现试件拉伸过程累积声发射参数（如声发射能量和累积振铃计数等参数）随时间有相似的变化形式，说明能够反映金属试件拉伸过程的损伤，可以选用这些参数建立试件拉伸过程中的损伤模型。因此，可以通过试件在某一特定荷载或特定时刻的声发射累积参数与最大荷载作用时的声发射累积参数的比值，来表征材料的损伤状态，本节中定义损伤因子 D 表示材料或试件的损伤程度：

$$D = \frac{N}{N_0}$$

(6-18)

式中，N_0 是极限荷载时的累积声发射参数值；N 是一定荷载或时间时对应的累积声发射参数值。当比值为 1 时，说明试件承载能力达到极限荷载，此时试件损伤严重；当比值为 0 时，试件没有发生损伤。

此外，应用声发射技术还可以研究应力腐蚀断裂、氢脆断裂和监测马氏体相变等。

二、声发射在焊接质量检测中的应用

在进行金属焊接时，焊缝金属在凝固和冷却过程中会在其内部产生热应力，若在此种情况下产生裂纹，将伴随着能量释放，进而产生声发射信号，因此可以对接收到的声发射信号进行分析，以监测焊接质量和帮助判断焊接构件的完整性。另一方面，声发射可以在压力容器等焊接件的服役过程中对其进行定期无损检测，通过检测是否有新的声发射源，焊缝裂纹是否在扩展，以及裂纹扩展速率来对焊接件的质量和性能进行定性及定量评估，适用于服役过程的早期事故预报。

此外，将焊接过程的声发射实时监测结果在线反馈给焊接系统，能够帮助技术人员及时调整焊接参数以避免或减少焊接缺陷的产生。例如，多层熔化焊接工艺，如果待焊完后再进行监测就会造成材料、能源以及人工的浪费，通过对最初几道焊缝进行声发射检测，若连续接收到裂纹扩展信号时，可利用其反馈控制焊接参数，避免重复产生缺陷，从而降低生产成本。

（一）焊接质量监测

相较于其他无损检测手段，声发射技术是焊接件焊后裂纹检测的一种理想手段。在焊接件焊后冷却过程中，焊接热胀造成的拉应力和冷缩产生的压应力，会在焊缝未熔合、夹渣和咬边等应力集中系数较大的位置处萌生裂纹，这些缺陷会极大地影响焊缝质量，是引起焊接件失效的危险隐患。声发射技术可以通过检测裂纹等缺陷产生时释放的声信号，有效地对其进行定位检测，这种方法对于氩弧焊、电阻焊、自动焊、电子束焊以及搅拌摩擦焊等工艺过程均适用。

焊接过程中存在强的噪声源，这些噪声源既包括了焊接设备工作时的电弧和电磁等干扰，同时又含有焊条药皮或熔渣的凝固和开裂等，这些噪声与裂纹扩展释放的声发射信号会混叠在一起，因此在使用声发射技术时，需要针对噪声类型，采用适合的信号处理方式对其进行抑制，如频谱分析、能量分析和事件/振铃分析等方法。一般来说，噪声强弱与具体的焊接方法和工艺密切相关，并且与焊接过程的稳定程度有关。例如，有熔渣覆盖层的各种焊接，其噪声电平要比氩弧焊高 15~30dB。声发射技术在电子束焊接中的应用具有较强的代表性，这是因为电子束焊是在真空中进行的，难以采用焊后缺陷检测再返修的方式，最佳方式就是在焊接过程中进行实时监测，以便发现问题及时处理。实际上，由于电子束焊接过程中噪声干扰比较少，可以实现有效的声发射监测。

相比于焊接过程中裂纹监测，由于焊接之后环境噪声已基本消除，因此对于焊后裂纹的声发射检测更为容易。目前，焊后裂纹可分为热处理裂纹和延迟裂纹两类。对于高强度合金焊后的热处理裂纹，采用声发射检测技术可以确定裂纹的扩展以及裂纹的性质，而对于氢致延迟裂纹，则可以对它的产生和扩展进行动态监测。

声发射技术除了上述应用之外，还可以用于电阻点焊的质量监测。在点焊过程中，缺陷引起的声发射信号会受到电极间电压、焊接电流以及电极位移噪声的影响，一般来说可以利用频谱分析技术进行噪声识别，进而通过数字滤波技术将其抑制甚至是完全去除。

（二）压力容器在役检测

压力容器声发射检测可以分为服役前出厂检测、在役定期检测以及运行过程中在线监测。压力容器含有的缺陷类型主要包括焊瘤、咬边、凹坑、夹渣、气孔、未焊透、未熔合和裂纹等。其中，裂纹具有快速脆断和延迟等特性，是压力容器中最危险的缺陷。由于裂纹扩展或失稳扩展时会释放出强烈的声发射信号，因此可以采用声发射技术进行检测。目前，声发射技术已成为金属压力容器检测和安全评定的重要无损检测方法之一，其主要特点在于这种检测方法是在容器受载过程中进行动态监测，因此特别适合于无法进行内部检验和焊缝中存在大量超标缺陷的压力容器在线检测。声发射技术在压力容器检测的应用主要有以下几个方面：

（1）裂纹扩展检测　压力容器在焊接加工和实际服役过程中，不可避免地会存在裂纹，从而导致压力容器在加压时加速了裂纹的扩展，影响压力容器使用的安全性，因此可以采用声发射技术对上述情况实时监测以确保压力容器的安全使用。

（2）机械摩擦检测　压力容器的加压试验过程中，其壳体容易产生应变，导致压力容器的外部脚手架、柱腿、外部保温及容器支座等部件产生机械摩擦，从而释放出声发射信号，通过监测信号的特征可以分析出容器的磨损情况，据此来对压力容器进行合理调节，有利于提高其服役的安全性和生产效率。

（3）焊接残余应力释放检测　由于焊缝与压力容器母材的材质不同，因此在热处理后仍然存在残余应力，服役过程中残余应力的释放会使其内部应力比较集中的部位发生局部屈服，导致位错运动的产生从而诱发声发射信号，因此利用声发射技术可以及时有效地检测压力容器残余应力释放情况，为工业生产中压力容器的安全使用提供了技术保障。

（4）泄漏检测　在对压力容器进行水压和气压试验的过程中，压力容器上人孔、法兰和缺陷穿透部位的泄漏，能够产生大量声发射信号，因此可以通过监测声发射信号并对信号撞击数、幅度和能量等参数进行分析，以确定泄漏源的具体位置，从而对其进行修复以提高压力容器服役的安全性和服役寿命。

三、声发射在土木结构健康监测中的应用

声发射技术作为一种优势明显的结构质量及服役状态的实时监测手段，在土木结构安全监测中被加以推广应用，包括楼房、桥梁、大坝、隧道的检测以及混凝土结构裂纹的动态监测。目前，声发射技术在土木工程中的应用主要有以下几个方面：

（一）确定损伤位置

如"声发射源定位技术"一节所述，土木结构领域中的声发射定位监测同样是指采用多个声发射传感器对结构进行的实时监测。由于每个传感器在接收到同一个开裂信号时会存在时间差，根据时间差和传感器的布置方式以及相应的定位算法，可以计算出开裂信号产生的具体位置。声发射对高频率的微小开裂信号十分敏感，因而能达到较高的定位精度。

（二）开裂类型识别

声发射监测另一个主要应用是判定声发射开裂信号的性质。一般来说，根据不同开裂类型产生的声发射信号特征，可将其分为张拉型、剪切型与拉剪混合型三种。目前，用于开裂类型识别的方法主要包括基于声发射参数特征判别法、基于矩张量分析的简化格林函数分析方法以及基于机器学习的信号分类方法。基于声发射参数特征判别法是指根据从声发射信号中提取的一些典型特征值来分析和判别土木结构开裂类型的一种方法。在声发射参数特征值中，上升时间/振幅（Risetime amplitude，RA）与平均频率（Average frequency，AF）常常被用于对开裂机制的定性分析。一般而言，张拉开裂对应的声发射事件具有较小的 RA 值与较大的 AF 值；与张拉开裂情况相反，剪切开裂所对应的声发射事件具有较大的 RA 值与较小的 AF 值。不难看出这种判别方法具有计算简单以及可操作性强等优点，但由于 RA 值等变化范围较大且影响因素较多，导致其识别准确率相对较低。相比于声发射参数特征判别法，基于矩张量分析的简化格林函数分析方法识别更为准确，缺点则是这种方法要求使用较多数量声发射传感器而且操作十分复杂烦琐。近年来，随着机器学习及深度学习算法在工程领域的广泛应用，该方法也成功地用于声发射技术领域，如通过声发射信号类别及幅度与模态信号样本熵两种特征之间的映射关系，利用高斯过程二元分类方法，建立声发射信号的拉

剪识别模型。这种方法既不需要数量众多的声发射传感器，也无须复杂烦琐的操作步骤，更为重要的是该方法对于开裂类型识别的准确率相对较高。

（三）破坏前兆信息分析

在结构或构件发生整体失稳破坏前，所释放的声发射信号会呈现出一定的变化规律。从声发射信号中提取出能够反映结构破坏前兆的特征信息，并据此实现结构破坏的预警预测，这是声发射技术应用于土木结构安全监测最为重要的一个方面。

声发射常用的前兆特征指标可分为直接指标和间接指标两类。所谓直接指标是指利用声发射仪器进行采集后，由该仪器自动计算生成的原始数据指标；而间接指标则是在直接指标基础上，进一步分析计算得出来的。常用的直接指标包括能量、撞击数、振铃计数、计数率等。结构在失稳破坏前会出现一段低水平撞击数的"平静期"现象，"平静期"可作为失稳破坏的前兆判别信息。

综上，声发射在土木结构健康监测中的应用主要是通过定位结构发生破坏的具体位置，以及利用开裂类型识别来获知损伤的演化过程，并通过前兆信息分析实现结构发生失稳破坏前的预警预测，从而避免结构安全事故。

四、声发射在管道泄漏监测中的应用

管道泄漏引起内部介质和泄漏孔的摩擦进而释放出应力波，该应力波携带了泄漏源信息并且会沿着管壁进行传播。具体来说，在泄漏点处由于管内外存在压差，导致管道中的流体在泄漏处形成了多相湍射流，这不仅紊乱了管道内流体的正常流动，而且引起管道及周围介质相互作用，进而不断地向外辐射能量，其中一部分能量将在管壁上形成高频应力波，即声发射信号。该声发射信号将沿管壁向两侧传播，布置在管道外壁的声波传感器可监测到声发射信号的大小和位置。实际应用中，在没有泄漏发生时，声波传感器接收到的是背景噪声信号；当有泄漏发生时，利用FFT等信号处理算法很容易将产生的声发射信号从背景噪声中提取出来。例如，采用两个以上的传感器，则按"声发射源定位技术"一节原理即可实现对泄漏源的定位。声发射在管道泄漏监测应用中的优点是检测速度快、成本低、环境适应性强；缺点是检测距离短，两个传感器的间距通常在 $100\sim300m$。

需要说明的是，管道泄漏声发射信号是一种连续型信号，频带范围主要分布在 $1\sim80kHz$，因此检测仪器无须较高的采样率。另外，泄漏声发射信号本质上属于一种非平稳随机信号，该信号可能会受到泄漏孔径形貌、介质压力、管道周围介质、环境噪声等诸多因素的影响；而从波形来看，泄漏声发射信号则属于一种导波，具有多模态特性，在管道内传播时存在频散现象，这些均是进行泄漏声发射信号处理时需要考虑的因素。

复习思考题

1. 什么是声发射？
2. 金属材料中的声发射源有哪些？
3. 声发射检测方法的特点是什么？
4. 为什么要用其他无损检测方法对声发射源进行评价？常用的无损检测方法有哪些？
5. 什么是弹性变形和塑性变形？

6. 什么是凯赛尔效应（Kaiser effect）？

7. 什么是费利西蒂效应（Felicity effect）？什么是费利西蒂比？

8. 什么是突发型声发射信号？什么是连续型声发射信号？

9. 造成声衰减的主要因素有哪些？

10. 声波在固体介质中的传播速度与哪些因素有关？

参 考 文 献

［1］李喜孟. 无损检测［M］. 北京：机械工业出版社，2001.

［2］沈功田. 声发射检测技术及应用［M］. 北京：科学出版社，2015.

［3］李冬生，杨伟，喻言. 土木工程结构损伤声发射监测及评定：理论、方法与应用［M］. 北京：科学出版社，2017.

［4］勝山邦久. 声发射（AE）技术的应用［M］. 冯夏庭，译. 北京：冶金工业出版社，1996.

［5］耿荣生，沈功田，刘时风. 声发射信号处理和分析技术［J］. 无损检测，2002，24（1）：23-28.

［6］沈功田，耿荣生，刘时风. 声发射信号的参数分析方法［J］. 无损检测，2002，24（2）：72-77.

［7］张延兵，宋高峰. 基于BP神经网络训练的储罐底板声发射检测评价方法［J］. 无损检测，2020，42（5）：24-27，33.

［8］李家伟，郭广平. 无损检测手册［M］. 2版. 北京：机械工业出版社，2011.

第七章
无损检测新技术

近年来，随着基础物理学理论、材料学、电子技术、信息技术、计算机科学与技术等学科领域的快速发展，以及解决复杂装备结构检测的需求，新的无损检测技术不断涌现。本章将简要介绍近年来获得广泛关注和应用的几种无损检测新技术，包括：激光超声检测、红外无损检测、太赫兹检测及非线性超声检测技术。

第一节　激光超声检测

激光超声检测是指用脉冲激光在物体中激励产生超声波和接收超声波的过程，激光发射系统在被检测物体上产生高热量，从而产生超声脉冲信号。 激光超声检测
由于超声波是物体受热激发的，并在物体表面和内部进行传播，所以它携带
有物体的厚度、缺陷、应力以及材料属性等信息。用于超声信号探测的激光接收系统根据不同的需要放置在发射系统的同侧或异侧。当检测激光照射到样品表面时，超声振动会对它的反射光进行调制，使超声振动信息转变为光信息。激光干涉仪能够测量细微的表面位移或振动，它把光信号携带的超声振动信息解调出来。

激光激发超声现象在固体、液体和气体中均存在，而且对样品的形状基本没有限制，使得激光超声技术有着很广泛的应用领域。目前，激光超声检测技术已被广泛应用于材料缺陷探测和定位、内部损伤过程监测、断裂机理研究等工程领域中，特别是对固体材料的力学和热学性质研究，以及对具有生物活性的化学和生物物质的光化学反应动力学和热力学的研究，更显示出激光超声检测技术具有其他检测技术难以替代的优越性。

一、激光超声检测的优势

与目前广泛应用的超声检测技术相比，激光超声检测技术所具有的显著优势包括：

（1）非接触　通过激光脉冲在构件上激励超声、用激光光学方法检测超声，实现了完全意义上的非接触检测。发射源到被测物之间的距离可远至 10m，能够在高温、高压、有毒或放射性等恶劣条件下进行远距离非接触无损检测。

（2）宽带　激光超声在时间和空间上都具有极高的分辨率，激发的超声脉冲宽度可达 lns，频率可达 GHz，而相应的波长只有几微米，这就提高了探测微小缺陷的能力和测量的精度，非常适合超薄材料缺陷的无损检测和物质微结构的研究。

（3）实时在线　由于激光超声的激发和检测都是在瞬间完成的，能够快速实现检测，是工业上定位、在线监测、快速超声扫描成像的极好手段。

（4）适用面广　激光可以在固体、气体和液体中产生超声波，且激光能够在较大范围内倾斜入射到复杂型面结构表面进行超声波的激发和探测，对样品形状基本无限制。同时，激光超声检测技术与机器人技术和偏转反射镜扫描技术结合起来，可实现大范围的扫描，特别适用于大型复杂结构的快速原位检测，使得激光超声检测技术有着很广泛的应用领域。

二、激光超声激发原理

按照入射激光的功率密度和固体表面条件的不同，固体中激光激励超声波的原理一般可分为热弹性激发原理和烧蚀性激发原理。

（一）热弹性激发原理

热弹性激发对应使用的激光功率密度较低，照射到固体表面的激光会使其局部温度迅速升高，表面发生热胀冷缩的机械变形。固体表面同时受到外部约束和内部的相互约束，在不断发生热胀冷缩的过程中，固体表层就会产生相应的应变和应力，而超声波即是由热膨胀效应引起的应力产生的。以金属材料为例，当金属表面处于自由状态时，材料表层发生膨胀引起的主要应力平行于材料表面，理论上它相当于时间上是阶跃函数 $H(t)$ 的切向力源，可以激发超声纵波、横波和表面波。由于固体浅表层的局部升温并没有导致材料的任何相变，所以热弹性激发具有无损的特点，它是激光超声使用最广泛的方法。

（二）烧蚀性激发原理

烧蚀性激发对应使用的激光功率密度一般高于固体表面的损伤阈值，相应的温升速度更快，在激发过程中甚至可以使固体表面部分材料被气化、电离产生等离子体，这个现象可能会产生垂直于材料表面的反作用力脉冲，从而激发超声波。这种机制的超声激发效率比热弹性的高几个数量级，可以获得大幅度的纵波、横波和表面波；但是，由于它每次会对表面产生微米尺度的损伤，所以仅限于某些需要较强超声信号的场合。

三、激光超声检测原理

激光超声接收方法一般分为干涉仪法和非干涉仪法。非干涉仪检测方法是利用超声到达样品表面或沿着表面传播时，样品表面的形状或反射率的改变，导致反射光的位置或强度变化来实现的。常用的非干涉仪法有：光偏转技术和光栅衍射技术等。干涉仪检测方法是基于超声在表面传播或到达样品表面时的位移引起光束的相位和频率调制。常用的干涉仪检测方法有：光外差干涉仪技术、差分干涉仪技术、速度干涉仪技术。

（一）非干涉仪检测

1. 光偏转法

光偏转法又称刀刃法。刀刃法是光检测方法中最基本和最简单的方法，在激光超声非接触检测中应用最多的一种方法。刀刃法是由 Adler 提出的检测激光表面波的方法。刀刃法的原理

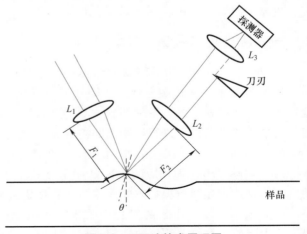

图7-1　刀刃法技术原理图

如图 7-1 所示。一束直径为 D 的激光束经过焦距为 F_1 的透镜 L_1 聚焦到样品表面上，在样品表面受到声扰动时，同时入射于表面的探测光斑的尺寸比要检测的最短声波长小时，会因为样品表面的声扰动发生变形，使反射光发生偏转。反射光通过焦距为 F_2 的聚焦透镜 L_2 后，一半被刀刃挡住，另一半透过 L_3 聚焦进入光电二极管，若表面受到声扰动，光通量发生相应的变化，光电二极管输出的电流便携带了声脉冲的信息。

2. 光栅衍射法

表面栅衍射原理是将声表面波的位移作为电场振幅来检测，原理如图 7-2 所示。当入射光斑的尺寸相当于几个声波长时，由于 Bragg 效应或者 Raman-Nath 效应，光束发生衍射，出现一级或者多级衍射光分布在镜式反射的零级光的一侧或者两侧。衍射光的传播方向与声波和光波有关，设 θ_0 为入射角，θ_n 为衍射角，则

$$\sin\theta_n = \sin\theta_0 \pm n\lambda/\lambda_0 \tag{7-1}$$

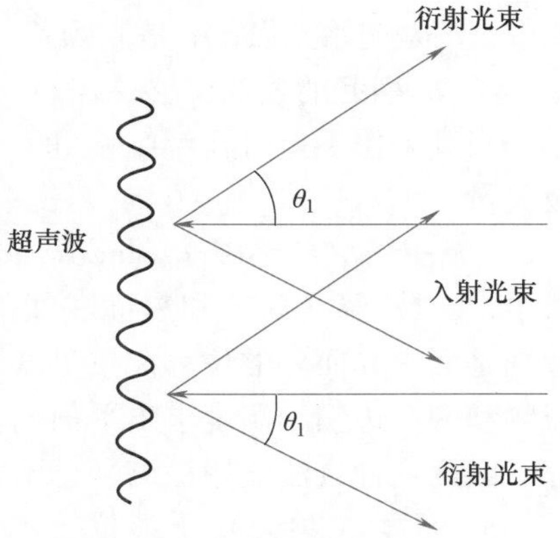

式中，λ 与 λ_0 分别是光波长与声波长。当声振幅比光波长小得多时，第一级和零级衍射光的相对强度为

$$\frac{I_1}{I_0} = \left[J_1(k_0 u) \right]^2 \tag{7-2}$$

式中，$J_1(k_0 u)$ 是第一类一阶贝塞尔函数；u 是峰值表面位移；I_1，I_0 分别是第一级和零级衍射光强；k_0 是光波矢，$k_0 = \dfrac{2\pi}{\lambda}$。

采用光栅衍射法测量声信号振幅时，要事先知道材料的声波频率和速度。该方法已用于材料表面声波的测量，其缺点是效率低，且要求满足镜面反射。

（二）干涉仪检测

1. 零差干涉仪技术

基于零差干涉仪原理建立的光探针检测仪，可以测量任何垂直于表面的位移。一束激光垂直照射在样品的振动表面，从表面反射的光的相位受到垂直表面位移的调制。设振动位移为 $u_n\cos(\omega t+\varphi)$，则光相位的变化 $\Delta\Phi$ 为

$$\Delta\Phi = 2k_0 u_0\cos(\omega t+\varphi) \tag{7-3}$$

式中，k_0 是光波矢，$k_0 = \dfrac{2\pi}{\lambda}$；$u_0$ 是声位移的振幅；ω 是角频率；t 是时间；φ 是初始相位。

相位调制可以用两种技术将其转换成光电流：一种是将相位调制转换成光电流振幅，也叫作零差干涉仪技术；一种是把相位调制转换成射频电流的相位，即外差干涉仪技术。零差干涉仪原理如图 7-3 所示。

2. 差分干涉仪技术

差分干涉仪是将来自同一光源的两束光照射

图 7-2　表面栅衍射原理

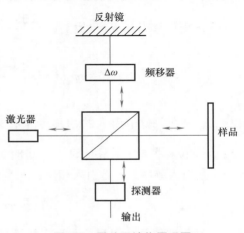

图 7-3　零差干涉仪原理图

163

到样品的同一点以实现对样品的差分干涉探测，其原理如图7-4所示。两束探测光可以是相同频率，也可以使其中一束通过 Bragg 声光调制产生频移；然后接收从表面反射的光束，若有 N 个散斑的平均光强被探测器接收，则检测光强为

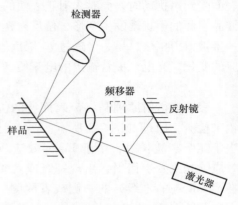

$$i \propto \sqrt{N} I_{\mathrm{sp}} \cos\left[2\pi f_{\mathrm{B}} t + (k_1 - k_2)\delta(t) + \varphi(t)\right] \quad (7\text{-}4)$$

式中，I_{sp} 是初始光强；f_{B} 是光频差；t 是时间；$\delta(t)$ 是 δx 和 δz 引起的表面位移；$\varphi(t)$ 是相位变化量。

当其采用零差时 $f_{\mathrm{B}} = 0$，k_1 和 k_2 是两束探测光的波矢量。

$$(k_1 - k_2)\delta(t) = 4\sin\theta(\sin\varphi\delta x + \cos\varphi\delta z) \quad (7\text{-}5)$$

式中，φ 是 $(k_1 - k_2)$ 和表面法线的夹角；δx 和 δz 分别是面内和面外的位移。按贝塞尔函数展开，由载频和两个边频的高度求出平面内垂直于平面的位移。因此这种方法适用检测平行于表面的位移。

图7-4　差分干涉仪原理图

3. 速度（时延）干涉仪技术

速度干涉仪原理是基于来自振动的样品表面散斑光与自身经历时间延迟后的散射光相干涉的原理，如图7-5所示，可以应用于粗糙表面检测，且不受低频振动的影响。速度干涉仪有双波束干涉仪和多波束干涉仪。

双波束干涉仪的原理是一束激光照射到传播超声波的表面，被表面反射，多个散斑的反射光汇聚至光分束镜，一束 S 光直接投射至光电探测器，另一束 R 光投射至反射镜前经历时延。S 光和 R 光之间的时延与光路配置有关。

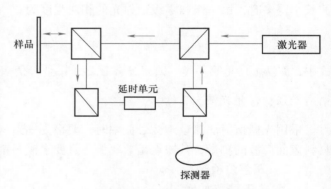

图7-5　时延干涉仪原理图

令表面位移引起 R 光的相移为 $\dfrac{2\pi u(t)}{\lambda}$，则 S 光的相移为 $\dfrac{4\pi u(t-\tau_{\mathrm{d}})}{\lambda}$，光电流的表达式为

$$i(t) = \eta p_i \left\{ 1 + \cos\left[\frac{4\pi u(t)}{\lambda} - \frac{4\pi u(t-\tau_{\mathrm{d}})}{\lambda} + 2\pi\upsilon'\tau_{\mathrm{d}} + \varphi\right] \right\} \quad (7\text{-}6)$$

式中，φ 是在一臂中引入的相移，为了保证干涉仪相位平方律检测条件 $2\pi\upsilon'\tau_{\mathrm{d}} + \varphi = \pm\dfrac{\pi}{2} + m\pi$；$u$ 是位移振幅；t 是时间；τ_{d} 是时延；η 是光电探测器的转换效率；p_i 是入射光束能量；υ' 是引入频率；φ 是引入相位；m 是整数。当 $u(t) \ll \lambda$，上式的交流分量为

$$i(t) \approx \eta p_i \frac{4\pi}{\lambda}\left[u(t) - u(t-\tau_{\mathrm{d}})\right] \quad (7\text{-}7)$$

这种干涉仪的缺点是检测效率低且只适用于高频超声。

四、激光超声检测应用

激光超声检测技术有着广泛的应用。利用激光束与被检测物体表面相互作用，通过热弹或烧蚀原理在材料中产生宽频或窄带的超声波，比传统超声检测具有更高的空间分辨率，且具有非接触、可远距离探测等许多优点，尤其适合于一些恶劣环境场合，适合在高温、腐蚀性、辐射性以及被检件具有较快的运动速度等条件下使用。另外，激励光束与被检测物体表面无须保持严格的垂直等固定的角度关系，也不需要复杂的扫查机构。因此，激光超声不仅适用于弯曲和粗糙表面，还适用于材料无损评估和其他领域的应用，如材料物理特性表征、缺陷检测、加工过程监测，以及复杂形貌的工件或高温高压等恶劣环境下构件的无损检测与监测等。

1）几何尺寸测量，如厚度、高度等。采用激光超声可实现高温环境下工件的厚度检测。通过对超声信号差值和互相关处理，可实现高温压力容器壁厚的无损检测。

2）力学特性评价，如测量残余应力、弹性模量。激光激发的声表面波既具有声表面波的一般特点，又具有激光超声的优点，可用于残余应力和弹性模量的检测。根据声弹性理论，瑞利波速度的相对变化与材料表面的二维应力有关。在已知材料声弹性系数的基础上，只要测量出具有残余应力的材料中的表面波声速变化分布，就可以检测出表面残余应力的分布，该声速变化应该是由纵向残余应力和横向残余应力共同影响的结果。

3）缺陷检测。激光超声检测技术对包括纵波、横波和瑞利波在内的整个超声波都具有较高的灵敏度，所以可以通过选择不同的波形来探测体内、表面和亚表面的缺陷。

第二节 红外无损检测

红外无损检测是基于红外辐射原理，通过扫描、记录或观察被检测对象的红外热辐射信号，进行工件表面及内部缺陷检测或分析材料内部结构的无损检测方法。与射线、超声、磁粉、渗透及涡流等传统无损检测技术相比，红外无损检测具有直观、快速、单次扫描面积大、可远距离及非接触检测等优点，近年来得到快速发展。

一、红外无损检测基础

（一）红外辐射概念

1800年，英国科学家赫谢耳在可见光谱的红光外侧发现了一种人眼看不见的射线，这种射线被称为"红外线"，也称"红外辐射"或"热辐射"。任何高于绝对零度（0K）的物体时时刻刻都在向周围环境辐射红外线，并且绝大多数处于常温状态的物体的辐射峰值恰好在红外波段，所以红外线的热效应比可见光要强得多。物体所发出的红外热辐射与材料成分、结构及表面粗糙度等自身特性有关，还与波长、温度相关。

红外辐射是一种电磁波，它的波长范围是 $760nm \sim 1mm$，介于微波与可见光之间。根据波长不同，红外辐射又分为三个波段：①近红外波段，波长 $0.75 \sim 3\mu m$；②中红外波段，波长 $3 \sim 20\mu m$；③远红外波段，波长 $20\mu m \sim 1mm$。

（二）红外辐射理论

热辐射基本定律是红外无损检测技术的理论基础，主要包括基尔霍夫定律、普朗克辐射定律和斯蒂芬-玻尔兹曼定律。

1. 基尔霍夫定律

基尔霍夫定律描述了物体的辐射出射度与吸收比之间的关系：在热力学平衡的条件下，相同温度的不同物体对相同波长的单色辐射出射度与单色吸收比的比值都相等，且等于该温度下黑体对同一波长的单色辐射出射度。数学表达式可写为

$$C = \frac{M_{b\lambda T}}{\alpha_{b\lambda T}} = \frac{M_{b\lambda T}}{1} = M_{b\lambda T} \tag{7-8}$$

式中，$M_{b\lambda T}$ 是黑体的辐射出射度；$\alpha_{b\lambda T}$ 是黑体的吸收比，数值为 1。基尔霍夫同时引出黑体概念，在任何情况下，对一切波长的入射辐射率都等于 1 的物体，称为黑体。

基尔霍夫定律表明，物体的辐射能力越大，它的吸收能力也越大。

2. 普朗克辐射定律

由基尔霍夫定律的描述以及量子学相关理论，普朗克推导出黑体辐射的普朗克公式。普朗克辐射定律是黑体辐射的基本定律，其确定了物体波长和温度与黑体辐射出射度的关系：

$$M_{b\lambda}(\lambda, T) = \frac{2\pi hc^2}{\lambda^5} \frac{1}{e^{hc/(\lambda k_B T)} - 1} = \frac{c_1}{\lambda^5} \frac{1}{e^{c_2/\lambda T} - 1} \tag{7-9}$$

式中，c 是真空中的光速，$c = 3 \times 10^8 \text{m/s}$；$h$ 是普朗克常数，$h = 6.6256 \times 10^{-34} \text{J} \cdot \text{s}$；$k_B$ 是玻尔兹曼常数，$k_B = 1.38054 \times 10^{-23} \text{J/k}$；$c_1$ 是第一辐射常数，$c_1 = 2\pi hc^2$；c_2 是第二辐射常数，$c_2 = hc/k_B$；T 是热力学温度；λ 是波长；$M_{b\lambda}(\lambda, T)$ 是辐射出射度。

3. 斯蒂芬-玻尔兹曼定律

根据基尔霍夫定律和普朗克公式，斯蒂芬-玻尔兹曼定律被提出，其是描述黑体的全波段辐射出射度 $M_b(\lambda, T)$ 与温度 T 的关系，该定律是所有红外测温的基础定律。此处给出运算及化简后的表达式：

$$M_b(\lambda, T) = \frac{c_1}{c_2} T^4 \frac{\pi^4}{15} = \sigma T^4 \tag{7-10}$$

式中，σ 是斯蒂芬-玻尔兹曼常数，$\sigma = c_1 \pi^4 / 15 c_2^4$。

由该定律可知，物体红外辐射的能量密度与其自身的热力学温度 T 的四次方成正比。因此，材料表面微弱的温度变化可以引起非常大的辐射功率变化。

（三）红外辐射在大气中的传输

红外辐射作为一种电磁波，它在传输方面具有自己的特点。当红外辐射在大气中传输时，大气中的水蒸气、二氧化碳、臭氧、一氧化碳等气体的分子会有选择地吸收一定波长的红外辐射，导致红外辐射的能量发生衰减，且这种衰减具有选择性。

实验表明，能够顺利地透过大气的红外辐射主要有三个波长范围：$1 \sim 2.5\mu m$、$3 \sim 5\mu m$ 和 $8 \sim 14\mu m$。一般将这三个波长范围叫作"大气窗口"。

二、红外无损检测技术特点

红外检测的实质是红外测温。红外测温是非接触测温，具有测温速度快、测温范围宽、灵敏度高、对被测温度场无干扰、热惯性误差小等优点，可用于在线检测。特别是伴随热像仪的出现，以及光电成像技术、计算机技术及图像处理技术等的飞速发展，红外检测可以将物体发出的红外辐射以"热图像"的形式显示出来，观测效果直观，能检测出细微的热状

态变化，成为具有独特优势的无损检测方法。

和其他无损检测方法相比，红外无损检测技术具有以下优点：

（1）适用范围广 任何温度高于绝对零度（0K）的物体都有红外辐射，因此，红外无损检测具有广泛的适应性。

（2）检测结果直观 采用红外热像仪或热电视，可以以图像的方式，测取被检物表面的温度场，被检物表面各处的温度分布一目了然。

（3）检测效率高 红外探测器的响应速度可以达到纳秒级，且能够实施大面积快速扫描，检测效率非常高。

（4）检测灵敏度高 目前的红外探测器对红外辐射的探测灵敏度很高，可以检测出0.01℃的温度差，能够捕捉到被检测对象热状态的细微变化。

（5）操作安全 红外无损检测可以实现远距离的非接触式检测，安全性好，尤其适合监测电气设备、动力机械设备及高温设备等的运转状况。

红外无损检测技术的主要局限性有：

（1）确定温度值困难 使用红外无损检测技术可以诊断出设备或结构等热状态的微小差异和细微变化，但是很难准确地确定出被检对象上某一点确切的温度值。其原因是被检物体的红外辐射除与其温度有关外，还受其他因素的影响，特别是物体表面状态的影响。

（2）难于确定被检物体的内部热状态 物体的红外辐射主要是其表面的红外辐射，主要反映了表面的热状态，而不可能直接反映出物体内部的热状态。所以，如果不使用红外光纤或红外观察窗口作为红外辐射传输的途径，则红外无损检测技术通常只能直接诊断出物体暴露于大气中部分的过热故障或热状态异常。

（3）价格昂贵 红外无损检测仪器是高技术产品，更新换代迅速，生产批量不大，因此与其他检测仪器或常规检测设备相比，其价格是很昂贵的。

三、红外无损检测技术及原理

红外无损检测技术根据是否依赖于外部热激励源，可分为被动红外检测和主动红外检测。被动红外检测是利用被测目标的温度与周围环境温度不同的条件，在被测目标与环境的热交换过程中进行检测。主动红外检测是指通过增加主动激励源的方式来增强被检测对象表面的热辐射，以得到温度差异更明显的热图，提高检测精度。

基于主动红外热像技术的无损检测，影响其检测效果的主要是热激励、红外图像采集及红外图像处理等三方面内容。

（一）热激励

表面温差越大，则越容易被红外热像仪识别，缺陷被检出的可能性就越大。热激励的目的是将外部能量输入检测对象，提高缺陷处与周围正常区域的温度差，并且将这一温度差反映到材料表面。目前，常用的热激励加载方式有热灯激励、超声激励以及电磁激励等。此外，微波、激光等激励方式在特定场合也得到较好应用。

1. 热灯激励

热灯激励包括热效率较高的大功率卤素灯和红外线灯，卤素灯本身的启动时间长，热惯性大，一般采用长周期激励调制办法或低频锁相方式。相比于其他激励方式，卤素灯激励法的光谱区域广，适用于大多数材料的检测，但是检测工艺参数研究要复杂一些，需要确定调制频率。

2. 超声激励

超声激励是将超声波脉冲发射到样品中，利用声能在工件中衰减而转化成的热能来进行检测。其主要依据是缺陷及损伤区域的弹性性质与邻近无缺陷区域存在不同。超声激励对缺陷具有选择性加热的特点，受背景噪声影响小，得到的热图像对比度高。但接触式超声激励需要耦合剂，复杂形貌构件的检测受限。

3. 电磁激励

电磁激励是基于电磁涡流感应原理的一种激励方式，优点是检测速度快、非接触，信噪比高，特别适合于金属材料的裂纹检测；缺点是对弱导电材料和绝缘材料不适用，且由于电流的趋肤效应，探测深度较浅。

4. 其他激励方式

微波作为红外热像无损检测技术的热激励源，对陶瓷、木制品等材料具有良好的热激励效果，但不适用于金属零件。

此外，还有研究者将激光作为主动红外热像无损检测的激励源进行研究。激光激励虽然具有能量集中的优势，但是激励源设备复杂，操作不当易对人员和材料造成损伤。

综上所述，不同热激励手段各有其特点和适用场合，应根据零件形状、材料种类、检测环境及条件等选择合适的热激励方式。

（二）红外图像采集

红外热像无损检测技术的核心设备之一是红外热像仪，用于接收被测目标的红外辐射能量并获得红外热像图，即将物体发出的不可见红外能量转变为可见的热图像，它的性能直接影响到对缺陷的检测效果。

温度分辨率是表征红外热像仪测温精度的关键参数，决定热像仪温度分辨率的核心元件是红外探测器。根据使用的传感器不同，目前的红外热像仪可分为制冷型和非制冷型两种。制冷型使用红外光子探测器，优点是灵敏度高、响应快，缺点是探测波段窄、需在低温下工作（一般低于200K）。非制冷型使用热探测器，优点是可以在常温下工作，无须制冷，缺点是灵敏度低、响应慢。制冷型红外热像仪检测精度要比非制冷型高，制冷型量子阱红外热像仪是目前温度分辨率最高的热像仪，其温度分辨率可以达到0.01℃。

（三）红外图像处理

在红外无损检测中，由于受到环境噪声、加热不均匀以及实际温度变化等情况的影响，可能会使原始红外图像出现信噪比低、缺陷信号弱、噪声覆盖缺陷信息的情况，因此需要对红外序列数据进行处理，消除噪声干扰、提高信噪比、增强缺陷图像信息，提高缺陷识别度。

红外图像的处理依赖于各种数字图像处理技术，目前在主动红外热像检测技术中应用较多的图像处理方法主要有：原始热图的滤波降噪、缺陷特征提取和边缘检测、序列热图的处理方法等。

四、红外检测技术的应用

（一）材料、结构的损伤检测

红外热像检测不受材料性质的限制，目前主要集中应用于复合材料领域的检测，对裂纹、脱黏、冲击损伤等缺陷的检出率较高，亦可用于复合材料胶接质量、蒙皮铆接质量等的检测。采用长时间持续热激励方式，该技术能够有效检测飞机蜂窝结构内部浸入的液体。此外，红外热像检测可用于检测航天碳-碳材料、碳-碳化硅材料的局部密度不均。

（二）焊接过程检测

在焊接过程中应用红外无损检测技术的场合比较多，如采用红外点温仪在焊接过程中实时检测焊缝或热影响区某点或多点温度，进行焊接参数的实时修正。采用红外热像仪检测焊接过程中的熔池及其附近区域的红外图像，经过分析处理，获得焊缝宽度、焊道的熔透情况等信息，对焊接过程质量与焊缝尺寸进行实时控制。在自动焊管生产线上采用红外线阵CCD实时检测焊接区的一维温度分布，通过控制焊接电流，保证获得均匀的焊缝成形。

（三）设备状态的红外热像诊断

电力和石化目前是红外无损检测技术的两个主要应用领域。

利用红外设备测得电器发热部位的表面温度，通过比较同类设备对应部位的温度值，能够了解电力设备的热状态，从而判断出设备是否正常运行。

类似地，采用红外无损检测方法能够获取石化设备运行状态的大量信息，比如及早发现腐蚀裂纹、冲刷减薄以及局部脱落等故障，给出预知性的维修建议，保证设备的正常运行。

（四）涡轮叶片及涂层检测

采用红外热成像技术对航空设备的涡轮叶片内部冷却风道的缺陷进行检测，通过主动控制激励源和分析测量样件表面的温度场变化，获得样件表面及内部的结构信息，可达到检测的目的。将红外技术与声发射方法配合使用，能够对涡轮叶片损伤进行动态监测，实现静态到动态的转变。此外，红外无损检测技术还可用于航空发动机涡轮叶片热障涂层损伤检测、冷却通道堵塞检测等方面。

第三节　太赫兹检测

太赫兹（THz）波的频率介于微波和红外光之间，是电磁波谱的一部分。由于太赫兹波的弱特性以及缺乏合适的太赫兹源和探测器，太赫兹波的研究一度进展缓慢。近年来，伴随着半导体和超快电子技术的发展，太赫兹无损检测技术也逐步重新成为人们关注的热点，并且在许多领域得到了广泛研究。不过，由于太赫兹检测在实际应用中还存在着一定的局限性，如其在工业探伤方面的应用还不够成熟，因此在现阶段太赫兹检测的应用主要集中于医学、制药、安保等领域。

一、太赫兹检测特点

太赫兹波是某一频段的电磁波，其波的频率范围为$0.1 \sim 10 \text{THz}$，波长为$0.03 \sim 3 \text{mm}$，在电磁波谱中的位置处于微波与红外光之间，也被称为远红外射线，如图7-6所示。与微波相比，太赫兹波段具有更高的频率和更宽的频带宽，因此可以承载更多的信息，并且可以提高通信速率以及分辨率；与红外光相比，太赫兹波的穿透性好，便于实现透射成像，并且在恶劣环境下也具有更好的成像能力。

太赫兹波具有"指纹"特性。对于太赫兹波自身来说，由于自然界中大部分的分子振动以及分子转动频率都位于太赫兹波的频段内，这使得太赫兹波具有识别和鉴别物质的能力。

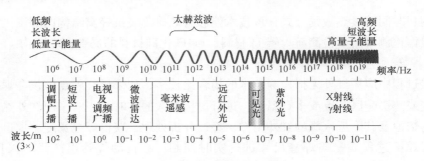

图 7-6　太赫兹波谱

二、太赫兹检测方法

（一）太赫兹成像检测

1. 太赫兹层析成像检测

层析成像技术最早是应用于 X 射线领域的一种无损检测技术，与 X 射线的层析成像相比较，太赫兹层析成像穿透性较差且其分辨率较低，但是太赫兹波照射到物体时不会产生电离效应，因此更加适用于对安全性要求更高的场合。

与 X 射线的层析成像技术原理类似，当太赫兹波入射到被测物体上时，由于太赫兹波与物体作用会发生衍射、散射、折射等，导致发射波的能量在穿过非均质物体之后产生不同程度的衰减，通过这种不同程度的衰减就可以对物体的内部结构进行还原。因此，进一步地通过多角度投影所形成的入射场或散射场，可以实现对物体截面的重建和还原。

2. 太赫兹干涉成像检测

太赫兹干涉成像检测的理论基础是光学领域的范希特-泽尼克定理。该定理主要描述了目标源强度分布与其复相干度所满足的傅里叶变换关系。根据此定理，在不同的基线距离下，对目标辐射信号进行复相干接收获得复可视度函数序列，然后通过傅里叶逆变换即可获取目标图像。

太赫兹干涉成像技术可以有效提高成像分辨率，并且在探测元数目较少的情况下，可以高质量地重建目标图像。

（二）太赫兹光谱技术

太赫兹光谱技术通常是指太赫兹时域光谱技术，其采用脉冲式时域相干测量，具有光谱带宽大的特性，可提供物质在 THz 波段的丰富光谱信息。太赫兹时域光谱技术主要由飞秒激光源、光电导天线或光整流晶体发射器、电光采样探测器、时域延迟装置和计算机组成。通过分光器将飞秒激光分为两束：一束为泵浦光束，其用于产生 THz 波；一束为探测光束，其经过延迟装置与透射或者反射样品后的 THz 光束共同入射到电光采样探测器中，最后经过计算机分析提取延时函数，得到时域光谱图形，通过傅里叶变换可以得到频域光谱。

三、太赫兹检测应用

1. 复合材料检测

复合材料具有较高的机械强度和较低的重量，已在航空航天、风能、土木工程等很多领域得到广泛应用。然而，在复合材料制造以及服役过程中，可能产生空洞、分层和裂纹等缺陷，影响复合材料的使用性能。为确保复合材料的结构完整性，需要对缺陷进行检测和定位。太赫兹技术具有分辨率高、穿透性好等优点，近年来已成为一种很有前途的复合材料缺陷无损检测技术。通过太赫兹脉冲成像（TPI）测量太赫兹脉冲波形（图 7-7），之后利用快速傅里叶变换可以得到时域 THz 波、频率幅值以及相应的相位信息，由此可以得到复合材料的内部信息。

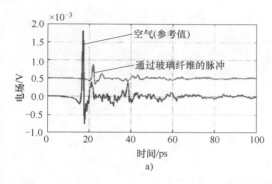 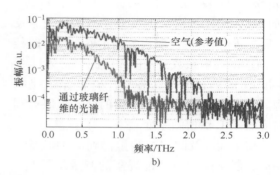

图 7-7　测量得到的太赫兹脉冲波形
a）时域波形　b）傅里叶变换得到的频谱

　　TPI 对纤维取向很敏感。图 7-8 所示为利用 THz 检测到的玻璃纤维复合材料中的分层缺陷，由此可见 TPI 对复合材料中的缺陷具有一定的无损检测能力。

　　与超声检测不同，TPI 在本质上是非接触的。图 7-9a 为 TPI 对纤维复合材料样品探伤成像的效果，图 7-9b 为超声对纤维复合材料样品的成像结果。该纤维复合材料的尺寸为 165mm×20mm×4mm，埋入的空隙约为 100μm。在图 7-9 中，通过太赫兹成像可以清晰地探测到埋藏在板中的孔隙。相比之下，超声成像不能清楚地提供损伤信息。在探测纤维复合材料的隐藏孔隙方面，太赫兹成像的探伤效果要优于超声成像。

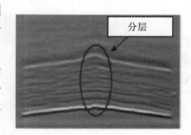

图 7-8　玻璃纤维复合材料的 THz 无损检测

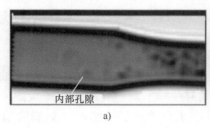 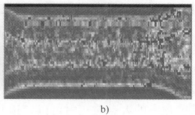

图 7-9　纤维复合材料的探伤成像
a）太赫兹脉冲成像　b）超声成像

2. 热障涂层检测

　　TBC 是一种应用于高温金属表面的先进材料系统，如燃气涡轮和航空发动机中的高温金属。通常，TBC 系统包括陶瓷面漆和金属基板（如 NiCrAlY 或 NiCoCrAlY 合金）上的金属粘接涂层，如图 7-10 所示。在 TBC 结构系统的服役过程中，一些分层、涂层变薄和热生长氧化物（TGO）薄膜的逐渐形成等损伤会逐渐产生并扩展。

当太赫兹波脉冲入射到 TBC 时，在涂层表面和界面上会出现反射。S、R_1、R_2 的反射系数分别为 $(n_0-n_1)/(n_0+n_1)$、$(n_1-n_2)/(n_1+n_2)$ 和 $(n_1-n_0)/(n_1+n_0)$。由于 $n_0<n_1<n_2$，所以反射路径 S 对应的反射系数为负值，反射路径 R_1 对应的反射系数为正值，反射路径 R_2 对应的反射系数为正值。因此，图 7-11 中 S 和 R_1 的路径波形是谷型，R_2 的结果是峰型。进一步，通过图 7-11 中的公式可以得到对应的 TBC 涂层的厚度。

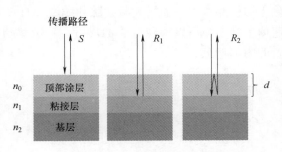

图 7-10　TBC 图层及太赫兹传播路径示意图

用上面提及的方法测量得到的 TBC 涂层的表层厚度与显微镜观察的测量结果基本一致，这也证明了太赫兹波在 TBC 系统无损检测监测方面有着较高的应用潜力。相比之下，TBC 剥离前的典型 TGO 层厚度通常约为几微米，一般小于 THz 波形的脉冲宽度，TGO 层较难被太赫兹波充分探测到。因此，使用高分辨率太赫兹技术进行TGO 层检测仍然是一个问题。

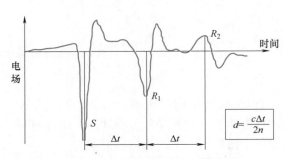

图 7-11　太赫兹检测 TBC 涂层厚度时域信号

3. 制药工业杂质检测

药品生产需要严格的质量把控。如果最终产品未能达到监管机构设定的标准，那么整批产品将被销毁。通常情况下，制药公司生产出一种成品后，会通过抽样检测来分析该批次中一部分成品的质量情况，以推测其整体产品质量。太赫兹波具有获取化学和物理结构信息的能力，并能够以非破坏性的形式实时实现这一功能。太赫兹检测具有明确检测出药品样品的结构和性能（如药物的生物利用度、制造性、纯化性、稳定性、溶出率、溶解度）的能力，有利于实现药品质量的把控。因此，在制药工业领域，太赫兹检测有着很大的应用潜力。

4. 医学影像应用

太赫兹检测在医学检测领域同样具有很大的潜力。在电磁波谱中，太赫兹波段的频率小于 X 射线波段的频率，因此与 X 射线相比，太赫兹辐射所包含的光子能量低，不易破坏组织和 DNA。某些频率的太赫兹辐射可以穿透几毫米含水量低的组织（如脂肪组织）并反射回来，还可以检测到组织中水分含量和密度的差异。因此太赫兹对于实现安全、无痛检测上皮癌有着很好的潜力。

除此之外，太赫兹辐射光谱学可以为化学和生物化学提供新的信息。最近开发的太赫兹时域光谱（THz-TDS）和太赫兹层析成像方法已被证明能够对可见光和近红外光谱区不透明的样品进行测量和获取图像。当样品很薄或吸光度很低时，由于很难区分太赫兹脉冲变化中的样品作用因素与驱动光源的波动因素，因此 THz-TDS 的效用是有限的。不过，THz-TDS

产生的辐射既具有相干性，又具有广泛的光谱，因此这种图像比传统的单频源图像包含更多的有效信息。

5. 安保检测

太赫兹辐射可以穿透织物和塑料，因此可以用于安全检查，远程发现一个人身上隐藏的武器。太赫兹的"指纹效应"为利用太赫兹光谱识别与成像提供了可能。同时太赫兹信号的"指纹效应"可以实现针对特定范围的材料和物体进行检查，避免了其他检测所涉及的身体隐私问题。图 7-12 为利用太赫兹对携带刀具人员进行检测的效果。

图 7-12 通过太赫兹成像检测到的携带刀具人员

第四节 非线性超声检测

由于传播介质中微小的缺陷能导致明显的超声非线性响应，近年来研究人员开始尝试将声波传播过程中的非线性现象应用在超声无损检测领域。这种利用超声传播过程中的非线性响应来表征材料微观结构变化的方法被称为非线性超声检测技术。

非线性超声检测

一、非线性超声检测的优势和特点

传统的线性超声检测技术主要针对材料中宏观缺陷（主要包括裂纹、孔洞、夹杂物等内部缺陷）的存在和分布进行检测和评价。对于微纳尺度缺陷（如位错、微裂纹等），由于超声波波长远大于缺陷尺寸，线性超声检测技术对该类结构材料早期损伤阶段形成的微缺陷并不敏感。

非线性超声检测能够克服传统无损检测方法的不足，有效表征材料微观结构的变化，如位错演化、微裂纹萌生等，是一种有效的材料损伤早期检测手段。非线性超声检测技术的本质是通过实验测量声学非线性（高次谐波、次谐波、混频信号、谐振偏移等）表征材料非线性（材料内部介质中存在的各类缺陷导致的非线性本构关系），进而反映由裂纹、界面和不均匀等造成的介质内不连续性/非线性程度，可以有效实现利用大波长超声信号测量微尺寸缺陷，对材料和结构早期损伤进行有效评价和检测。非线性超声检测技术是面向材料微损伤、微裂纹、材料可靠性等介质状态检测、评价及表征的有效手段，因其对服役结构微损伤较为敏感而受到了广泛关注。

二、非线性超声检测原理

描述声波在介质中传播的波动方程仅在一定条件下才可被近似为线性的。当线性化的条件不能满足时（如介质中存在不连续情况），则波动方程是非线性的，方程中存在非线性项，其解非常复杂。此外，固体介质一般还具有固有的非线性特性（如岩石具有显著的固有非线性特性）。因此，在进行非线性弹性力学研究时，一般需考虑两个非线性源：一是几何非线性，它与固体质点运动方程（欧拉方程或者拉格朗日方程）的描述相关；二是介质非线性，它与应力和应变的展开式描述相关。当一列/多列有限振幅超声波入射到固体介质中传播时，将与固体介质之间产生非线性相互作用，从而产生高频谐波或差（和）频信号，这些信号的产生与固体介质的微观组织结构密切相关，其来源包括两部分：一是源于固体介质中晶格的非谐和特性；二是源于晶体内部的缺陷，如位错、析出相、微孔洞等微结构特征引起的非线性。因此，测量这些谐波信号的幅值或非线性参数可获得反映介质内部微组织的相关信息，从而可应用为介质结构的检测和评价。

常见的非线性超声检测技术包括：基于高次谐波的非线性超声检测技术、基于超声混频效应的非线性超声检测技术。此外，近年来国内外学者结合超声导波和超声非线性效应，开展了非线性超声导波检测的基础和应用研究，也取得了一些进展和成果。

（一）基于高次谐波的非线性超声检测技术

基于高次谐波的非线性检测技术是非线性超声测量中经典的、技术方法相对成熟的检测技术。以超声二次谐波的发生与测量为例，其基本原理是：当某一频率的超声波在固体介质中传播时，若材料内部存在某种程度的损伤，则超声波将会与其发生非线性相互作用，产生频率为基频波双倍的二次谐波。二次谐波幅度与基频波幅度平方的比值可用于反映材料的非线性。图 7-13 所示为二次谐波发生的示意图。

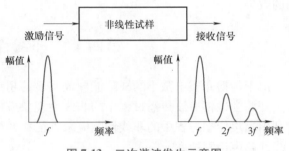

图 7-13　二次谐波发生示意图

具体来讲，以沿 x 方向传播的一维纵波为例，忽略衰减，表征材料损伤程度的非线性系数表达式包含基频波幅值和二次谐波的幅值，即可将材料的非线性系数表示为

$$\beta = \frac{8A_2}{A_1^2 k^2 x} \tag{7-11}$$

式中，k 是超声波的波矢；A_1 是基频波幅值；A_2 是二阶谐波幅值。

通过测量基频波幅值和二次谐波幅值，即可得到材料的非线性系数，并可以评价材料的性能退化以及损伤程度。

（二）基于超声混频效应的非线性超声检测技术

混频效应的理论基础是，当两列超声波在理想材料中相遇时，它们之间满足线性叠加原理，两列波将以原有的频率和方向继续传播，互不影响；但当两列波在非线性材料中相遇时，在它们原本的频率之外，会产生新的频率成分，比如两个基频波信号的和频或差频信号，或者基频波与高阶谐波、高阶谐波与高阶谐波之间的和差频信号。如果两个激励信号在材料中局部区域相遇，那么新产生的混叠信号就会携带这一区域内材料非线性的信息。

根据两个激励信号的位置与入射方向的不同，混合频率响应法可以分为振动声调制法、共线混叠法和非共线混叠法。其中共线非共线混叠法的原理示意图如图 7-14 所示。通常来说，在共线和非共线混叠法中，两个激励信号的频率相差不会太大；而振动声调制方法中，高频超声信号的频率可能会比低频振动信号的频率高数百倍。因此共线与非共线混叠法主要检测基频波信号的和频或差频，而振动声调制法检测的是高频信号两侧出现的调制边频。

（三）非线性超声导波检测技术

非线性超声导波技术结合了超声导波检测技术的高效性以及非线性超声对微损伤检测的

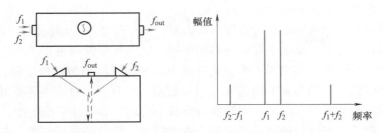

图7-14 共线/非共线混叠法原理示意图

高灵敏度，是一种检测板状和管状结构中早期微小损伤的有效手段。目前常见的非线性超声导波技术主要基于测量导波在波导结构中传播时，由于材料非线性或微损伤的存在导致的二次谐波。以在板状结构中传播的超声导波为例，其优点是可以对固体板材进行长距离快速检测，同时既可以检测试样表面缺陷，也可以对试样内部损伤进行检测与评估，是一种可以对结构件中不可达或隐蔽区域进行检测的有效方法。

但是，由于超声导波具有多模式和频散特性，在不同的频率下，超声导波在传播介质中会呈现出不同的传播速度和声场特征。导波传播过程中所引起的非线性相互作用异常复杂。通常情况下，导波二次谐波不存在显著或强烈的非线性效应，在实验中也难以对相应的非线性效应进行观察与测量。

近些年经过大量研究，非线性超声导波理论、实验和检测应用已取得重要的突破。研究表明：在满足相速度匹配或近似匹配条件下，会产生具有累积效应的导波二次谐波。在理论分析的基础上，选择合适的导波模式和频率，在实验中可成功测量具有累积效应的导波二次谐波，并利用导波二次谐波进行检测和评价。此外，需要说明的是，基于导波二次谐波的评价方法存在无法有效区分非线性源、无法对局部损伤进行定位检测等难题，利用非线性导波混频方法可以有效突破这些局限。

非线性超声导波二次谐波检测技术的基本原理是，通过理论分析，选择满足相匹配条件的初始导波和二次谐波模式对，设置合适的激励信号的频率、周期、相位等参数并对接收到的信号做简单的处理。对接收到的信号的分析处理方法与超声体波二次谐波相似。

三、非线性超声检测的应用

（一）金属材料早期疲劳损伤的评价

疲劳损伤是金属材料结构最常见的损伤形式。工程材料在循环载荷的作用下，往往会产生疲劳损伤。宏观疲劳裂纹形成前的位错、滑移等微观缺陷的积累演化阶段占整个疲劳寿命的80%以上。目前，传统的线性超声检测技术只能有效检测出疲劳裂纹形成的最后阶段，对前期占整个疲劳寿命的80%以上的位错、滑移等微观组织变化或微观缺陷，尚无有效的检测手段和方法。国内外学者利用非线性超声纵波、非线性超声导波等分别对各类金属材料的疲劳早期损伤开展了系统研究。这些研究几乎都证实超声非线性参量随疲劳周期的增加而成比例地增加。需要注意的是：超声非线性参量并非是一直随着疲劳周期的增加单调增长，其在不同的材料中，也表现出不同的变化趋势。此外即使是同一类型的材料，随着疲劳载荷形式的不同，超声非线性参数的变化也是不同的。对疲劳过程中不同超声非线性响应，研究者尝试通过X射线衍射、电子背散射衍射、电子显微镜等手段分析材料微观组织变化来进行解释。

（二）金属材料塑性损伤的评价

金属在承受超过弹性极限的拉伸或压缩应力时，会产生塑性变形损伤。过量的塑性变形损伤会导致材料韧性不足，从而引起装备结构失效。国内外学者利用非线性超声体波、非线性超声表面波和非线性超声导波对各类金属材料中的拉伸或压缩塑性变形进行了检测评价。研究发现超声非线性参量随塑性变形的应变增加而增加，且在塑性应变不断增大的过程中，超声非线性参量的变化是分阶段的，在塑性变形较小时超声非线性平稳增加，当塑性变形达到一定程度后，超声非线性快速增加。以铝合金为例，对塑性变形后铝合金的 X 射线衍射、金相显微分析表明，这种非线性的超声非线性响应与位错密度的增加以及拉伸塑性变形后期位错结构的形成有关。但是不同的金属材料试样中，超声非线性参量与塑性变形程度的变化对应关系也是不同的。通过透射电子显微镜分析不同塑性损伤状态下金属试样的微观结构，如位错密度、析出相尺寸、位错环长度等，将这些微观结构的变化和实验测量的超声非线性参量变化结合起来，可以更好地解释利用非线性参量定量评价材料塑性损伤。

（三）金属材料蠕变和热损伤的评价

金属材料在高温载荷作用下会发生热损伤或蠕变损伤（在热-应力载荷作用下），导致材料的力学性能退化（硬度、强度等变化）。在这个过程中，材料微观尺度上表现出的主要特征是析出相、位错、微孔洞等产生。针对这种损伤，国内外学者也开展了系列研究，利用非线性超声纵波、非线性超声导波等对不同类型的金属材料进行评价，通过 X 射线衍射、透射电镜等分析微观结构的演化来解释非线性超声信号的变化结果。在热和蠕变加载不同程度的金属构件中，测量超声非线性参量的变化，并结合材料微观结构演化，分析和建立非线性超声定量评价金属材料热损伤和蠕变损伤的模型。研究表明：超声非线性参量随着蠕变寿命分数增大总体呈上升趋势，但是在蠕变寿命分数为 0.3~0.4 时，超声非线性参量存在一个小的"隆起"，三次谐波超声非线性参量较二次谐波超声非线性参量对蠕变损伤更为敏感，在蠕变寿命早期显著增加，当蠕变寿命分数超过 0.6 时，超声非线性参量有所下降。需要说明的是：有研究发现，与非线性超声二次谐波相比，三次谐波对特定金属材料的蠕变损伤更加敏感。此外，蠕变寿命早期超声非线性参量增加与析出物体积分数增加以及位错密度增加有关，而蠕变寿命后期超声非线性参量的下降却比较复杂。

（四）金属材料闭合裂纹缺陷的检测

金属材料在制造和服役过程中，不可避免地会在内部或表面产生微小的缺陷，在外部载荷作用下，缺陷会不断扩展。有一类缺陷是未开口的闭合裂纹，超声波在该类缺陷中传播时，粗糙的裂纹面会有相互接触，使一部分超声波穿透裂纹，从而反射和散射的信号降低，此外，闭合裂纹在超声波的作用下会有张开-闭合的"呼吸效应"，从而导致超声波发生波形畸变，产生声学非线性参量。通过测量超声非线性参量就可以检测和定位该类闭合裂纹。国内外学者对该类型缺陷也开展了广泛的研究，通过对闭合裂纹不同距离处的超声非线性参量的测试，发现随着距离闭合裂纹开口位置的增加，非线性参量有明显的变化，此外闭合裂纹的扩展也明显影响超声非线性参量。也有研究通过定义的归一化幅值因子，可直观地在空间轴上得到微裂纹位置，结果证明该方法可对多根微裂纹进行定位。

（五）复合材料结构热疲劳损伤的评价

由于复合材料的加工制造与大多数金属材料相比十分不同，复合材料往往具有一些特殊的物理属性（如各向异性），因此利用超声导波对复合材料进行非线性超声检测依然存在较大困难，限制了非线性超声在复合材料检测中的实际应用。不过近年来，国内外学者针对复合材料结构开展了利用非线性超声导波评价复合材料热疲劳损伤的研究，特别是近期开展的利用超声导波静态分量的非线性效应对复合材料热疲劳-水侵入的评价研究，取得了良好的效果。研究表明：超声导波的二次谐波可以有效评价复合材料的早期热疲劳损伤。超声导波的非线性参量会随着热疲劳周期的增加而随之增加，但是当热疲劳周期增加到一定程度后，其非线性参量值趋于平缓，甚至略有下降。

（六）金属管道结构损伤的评价

金属圆管类结构广泛应用于工业领域，利用非线性超声导波检测或评价该类结构在制造、服役过程中总的缺陷或损伤也越来越引起国内外学者的关注。国内有学者有利用非线性周向超声导波沿轴向对圆管结构加厚过渡区进行扫查，可实现对整个加厚过渡区腐蚀疲劳损伤的检测与评价，也有学者利用轴向超声导波的非线性评价金属管道的热损伤，研究证实了利用满足相匹配模式的超声轴向模态可以有效观察到在金属管道中的导波二次谐波，利用该轴向超声导波的二次谐波就可以实现对金属管道结构损伤的评价。

（七）局部微缺陷的定位检测

利用非线性超声混频技术可以实现对结构中局部微缺陷的定位检测。例如，基于纵波-横波的共线混频技术将非线性参量用于定位评价结构的塑性变形程度或疲劳损伤状态，以及利用共线混频声波信号对金属材料中的微裂纹等损伤行为进行检测和定位评价。研究结果表明：超声共线混频检测技术对结构塑性微损伤、微裂纹以及晶界腐蚀均较为敏感，可用于定量无损评价。此外，利用非线性超声导波混频方法可以弥补共线超声混频以及非共线超声混频检测的不足，能够实现在构件表面单侧激发和接收信号，适用于任意构件厚度，对微损伤非常敏感且能够实现微损伤定位等。但是，超声导波相向或非共线混频的研究目前主要集中在理论和模拟层面，其中超声导波的相向混频，特别是导波的非共线混频的实验验证和微损伤检测研究还较少。

四、非线性超声检测技术未来的发展

非线性超声检测作为一项近年来受到广泛关注的先进无损检测技术，已逐渐在工程领域进行应用，未来的发展主要聚焦于以下几个方面：①服役早期损伤的非线性超声监测与定量化评估；②基于非线性超声的微损伤/微缺陷的精确定位与成像；③非线性声学与激光超声和电磁超声等非接触超声检测技术结合；④非线性超声检测在复合材料（新材料）/复杂结构中的应用等。考虑无损检测新技术与工程的紧密结合，相关研究未来也会集中面向国家需求和应用领域急需解决的科学与技术难题。

复习思考题

1. 激光超声检测技术相比于常规超声检测的优势是什么？

2. 试述激光超声检测技术的应用范围。

3. 简述基尔霍夫定律的定义。

4. 红外无损检测技术有何优缺点？

5. 主动红外检测中，常用的热激励方式有哪些？

6. 阐述太赫兹波的概念及其特点
7. 简述太赫兹检测的应用场景。
8. 非线性超声检测和线性超声检测原理有何区别？
9. 简述非线性超声检测技术的优缺点。

参 考 文 献

［1］李喜孟. 无损检测［M］. 北京：机械工业出版社，2001.

［2］徐春广，李卫彬. 无损检测超声波理论［M］. 北京：科学出版社，2021.

［3］张淑仪. 激光超声与材料无损评价［J］. 应用声学，1992，11（4）：1-6.

［4］何存富. 激光超声技术及其应用研究［D］. 北京：清华大学，1995.

［5］应崇福. 激光超声的原理及其在固体中的应用［J］. 物理，1996（6）：321-327.

［6］CAND A，MONCHALIN J P. Detection of in plane and out of plane ultrasonic displacements by a two channel confocal Fabry Perot interferometer［J］. Applied Physics，1994（64）：414-416.

［7］TANAKA T，IZAWA Y. Nondestructive detection of small internal defects in carbon steel by laser ultrasonics［J］. Japanese Journal of Applied Physics，2001，40（3A）：1477-1481.

［8］陈清明. 脉冲激光在液体中激发的声波特性研究［J］. 光学与光电技术，2006，4（3）：28-31.

［9］高会栋，沈中华，徐晓东. 固体中脉冲激光激发声表面波的理论研究［J］. 应用声学，2002，21（5）：19-24.

［10］李国华，吴淼. 现代无损检测与评价［M］. 北京：化学工业出版社，2009.

［11］沈功田，王尊祥. 红外检测技术的研究与发展现状［J］. 无损检测，2020，42（4）：1-9，14.

［12］刘颖韬，郭广平，曾智，等. 红外热像无损检测技术的发展历程、现状和趋势［J］. 无损检测，2017，39（8）：63-70.

［13］郑凯，江海军，陈力. 红外热波无损检测技术的研究现状与进展［J］. 红外技术，2018，40（5）：401-411.

［14］魏嘉呈，刘俊岩，何林，等. 红外热成像无损检测技术研究发展现状［J］. 哈尔滨理工大学学报，2020，25（2）：64-72.

［15］张博. 大型复合材料撞击损伤的红外热成像检测技术研究［D］. 成都：电子科技大学，2022.

［16］陈大鹏，毛宏霞，肖志河. 红外热成像无损检测技术现状及发展［J］. 计算机测量与控制，2016，24（4）：1-6，9.

［17］郭伟，董丽虹，徐滨士，等. 主动红外热像无损检测技术的研究现状与进展［J］. 无损检测，2016，38（4）：58-66.

［18］姚中博，张玉波，王海斗. 红外热成像技术在零件无损检测中的发展和应用现状［J］. 材料导报，2014，28（4）：125-129.

［19］李晓丽，金万平，张存林，等. 红外热波无损检测技术应用与进展［J］. 无损检测，2015，37（6）：19-23.

［20］田裕鹏. 红外辐射成像无损检测关键技术研究［D］. 南京：南京航空航天大学，2009.

［21］张维力，和丕训，李春荣. 红外诊断技术［M］. 北京：水利电力出版社，1991.

［22］沈京玲，张存林. 太赫兹波无损检测新技术及其应用［J］. 无损检测，2005，27（3）：146-147.

［23］CHEN C H. Ultrasonic and advanced methods for nondestructive testing and material characterization［M］. Singaporei World Scientific Publishing Company，2007.

［24］江运喜，朱政，贺小玉，等. 全电子太赫兹/毫米波快速成像技术在无损检测中的应用［J］. 无损检

测，2011，33（12）：51-53.

［25］李昕磊. 太赫兹干涉成像技术研究［D］. 长沙：国防科学技术大学，2012.

［26］ASHISH Y P，DEEPAK D S，KIRAN B E，et al. Terahertz technology and its applications［J］. Drug Invention Today，2013，5（2）：157-163.

［27］赵毕强，魏旭立，杨振刚，等. 隔热板的太赫兹无损检测［J］. 激光技术，2015，39（2）：185-189.

［28］梁达川，关松. 太赫兹波无损检测技术及其应用［J］. 光电技术应用，2018，33（6）：1-8.

［29］栾艺，詹新宇，靳伟东，等. 太赫兹无损检测技术在毒品检测中的研究进展及应用价值［J］. 国际检验医学杂志，2020，41（11）：1387-1390.

［30］周智伟. 太赫兹技术发展综述：上［J］. 军民两用技术与产品，2020（1）：40-44.

［31］TAO Y H，FITZGERALD A J，WALLACE V P. Non-contact，non-destructive testing in various industrial sectors with terahertz technology［J］. Sensors，2020，20（3）：712.

［32］NAGY P B. Fatigue damage assessment by nonlinear ultrasonic materials characterization［J］. Ultrasonics，1998，36：375-381.

［33］CANTRELL J H，YOST W T. Nonlinear ultrasonic characterization of fatigue microstructures［J］. International Journal of Fatigue，2001，23：487-490.

［34］SAGAR S P，DAS S，PARIDA N，et al. Non-linear ultrasonic technique to assess fatigue damage in structural steel［J］. Scripta Mater，2006，55：199-202.

［35］李卫彬，项延训，邓明晰. 超声兰姆波二次谐波发生效应的理论、实验及应用研究进展［J］. 科学通报，2022，67：583-596.

［36］张剑锋，轩福贞，项延训. 材料损伤的非线性超声评价研究进展［J］. 科学通报，2016，61（14）：1536-1542.

［37］税国双，汪越胜，曲建民. 材料力学性能退化的超声无损检测与评价［J］. 力学进展，2005，35（1），52-68.

［38］JHANG K Y. Application of nonlinear ultrasonics to the NDE of material degradation［J］. IEEE Transaction on Ultrasonics Ferroelectrics and Frequency Control，2000，47（3）：540-548.

［39］KIM C S，PARK I K. Microstructural degradation assessment in pressure vessel steel by harmonic generation technique［J］. Journal of Nuclear Science and Technology，2008，45（10）：1036-1040.

［40］VALLURI J S，BALASUBRAMANIAM K，PRAKASH R V. Creep damage characterization using non-linear ultrasonic techniques［J］. Acta Mater，2010，58：2079-2090.

［41］DOERR C，LAKOCY A，KIM J Y，et al. Evaluation of the heat-affected zone（HAZ）of a weld joint using nonlinear Rayleigh waves［J］. Materials Letters，2017，190：221-224.

［42］DENG M X. Analysis of second-harmonic generation of Lamb modes using a modal analysis approach［J］. Journal of Applied Physics，2003，94（6）：4152-4159.

［43］LIMA W J N，HAMILTON M F. Finite-amplitude waves in isotropic elastic plates［J］. Journal of Sound and Vibration，2003，265（4）：819-839.

［44］DENG M X，WANG P，LV X. Experimental verification of cumulative growth effect of second harmonics of Lamb wave propagation in an elastic plate［J］. Applied Physics Letters，2005，86（12）：124104.1-124104.3.

［45］SRIVASTAVA A，BARTOLI I，SALAMONE S，et al. Higher harmonic generation in nonlinear waveguides of arbitrary cross-section［J］. Journal of The Acoustical Society of America，2010，127（5）：2790-2796.

［46］MATSUDA N，BIWA S. Phase and group velocity matching for cumulative harmonic generation in Lamb waves［J］. Journal of Applied Physics，2011，109（9）：094903.

［47］CHILLARA V K，LISSENDEN C J. Review of nonlinear ultrasonic guided wave nondestructive evaluation：

theory, numerics, and experiments [J]. Optical Engineering, 2016, 55 (1): 011002.

[48] PRUELL C, KIM J Y, QU J, et al. Evaluation of plasticity driven material damage using Lamb waves [J]. Applied Physics Letters, 2007, 91 (23): 231911.

[49] SUN M, XIANG Y X, DENG M X, et al. Experimental and numerical investigations of nonlinear interaction of counter-propagating Lamb waves [J]. Applied Physics Letters, 2019, 114 (1): 011902.

[50] XIANG Y X, ZHU W, DENG M X, et al. Generation of cumulative second-harmonic ultrasonic guided waves with group velocity mismatching: Numerical analysis and experimental validation [J]. EPL (Europhysics Letters), 2016, 116: 34001.

[51] Deng M X, PEI J F. Assessment of accumulated fatigue damage in solid plates using nonlinear Lamb wave approach [J]. Applied Physics Letter, 2007, 90 (12): 121902.

[52] XIANG Y X, DENG M X, XUAN F Z. Creep damage characterization using nonlinear ultrasonic guided wave method: a mesoscale model [J]. Journal of Applied Physics, 2014, 115: 044914.

[53] METYA A K, GHOSH M, PARIDA N, et al. Effect of tempering temperatures on nonlinear Lamb wave signal of modified 9Cr-1Mo steel [J]. Materials Characterization, 2015, 107: 14-22.

[54] RAUTER N, LAMMERING R, KÜHNRICH T. On the detection of fatigue damage in composites by use of second harmonic guided waves [J]. Composite Structures, 2016, 152: 247-258.

[55] HONG M, SU Z Q, WANG Q, et al. Modeling nonlinearities of ultrasonic waves for fatigue damage characterization Theory simulation and experimental validation [J]. Ultrasonics, 2014, 54: 770-778.

[56] LIU M, TANG G, JACOBS L J, et al. Measuring acoustic nonlinearity parameter using collinear wave mixing [J]. Journal of Applied Physics, 2012, 112 (2): 024908.

[57] JIAO J, SUN J, LI N, et al. Micro-crack detection using a collinear wave mixing technique [J]. NDT & E International: Independent Nondestructive Test and Evaluation, 2014, 62: 122-129.

[58] CROXFORD A J, WILCOX P D, DRINKWATER B W, et al. The use of non-collinear mixing for nonlinear ultrasonic detection of plasticity and fatigue [J]. Journal of The Acoustical Society of America, 2009, 126: EL117-EL122.

[59] DENG M X, LIU Z Q. Generation of cumulative sum frequency acoustic waves of shear horizontal modes in a solid plate [J]. Wave Motion, 2003, 37 (2): 157-172.

[60] LI W, DENG M, HU N, et al. Theoretical analysis and experimental observation of frequency mixing response of ultrasonic Lamb waves [J]. Journal of Applied Physics, 2018, 124 (4): 044901.

[61] LI W, CHO Y. Thermal fatigue damage assessment in an isotropic pipe using nonlinear ultrasonic guided waves [J]. Experimental Mechanics, 2014, 54: 1309-1318.

[62] LI W, CHO Y, ACHENBACH J D. Detection of thermal fatigue in composites by second harmonic Lamb waves [J]. Smart Materials and Structures, 2012, 21 (8), 085019.

[63] XIANG Y X, DENG M X, XUAN F Z. Creep damage characterization using nonlinear ultrasonic guided wave method: A mesoscale model [J]. Journal of Applied Physics, 2014, 115 (4): 044914.

[64] CHEN Z M, TANG G X, QU J M, et al. Mixing of collinear plane wave pulses in elastic solids with quadratic nonlinearity [J]. Journal of the Acoustical society of America, 2014, 136 (5): 2389-2404.

[65] 焦敬品, 孙俊俊, 吴斌, 等. 结构微裂纹混频非线性超声检测方法研究 [J]. 声学学报, 2013, 38 (6): 648-656.

[66] DING X Y, ZHAO Y X, DENG M X, et al. One-way Lamb mixing method in thin plates with randomly distributed micro-cracks [J]. International Journal of Mechanical Sciences, 2020, 171: 105371.